ROBUGEN

Mit dieser Ausgabe legen wir den zweiten Teil der von P. Wiench zusammengestellten Biographie bedeutender Ärzte der Geschichte vor.

Robugen GmbH
Pharmazeutische Fabrik, Esslingen/N.

Die Abbildung auf dem Titel
zeigt ein Bildnis von
Robert Koch (1843–1910).

Dieses Buch wurde auf chlor- und säurefreiem Papier gedruckt.

Sonderdruck in zwei Teilen von
P. Wiench (Hrsg.), Die großen Ärzte

Droemersche Verlagsanstalt Th. Knaur Nachf., München

ISBN 3-426-03919-2
Satz MPM, Wasserburg
Druck und Bindung Ebner Ulm
Umschlagentwurf: Prof. Günter Jacki, Institut für Buchgestaltung
der Staatlichen Akademie der Bildenden Künste, Stuttgart.
Printed in Germany 1993 für
ROBUGEN GMBH, Pharmazeutische Fabrik,
73730 Esslingen, Alleenstraße 22–26
(L9334635)

PETER WIENCH (Hrsg.)

ÜBER BEDEUTENDE ÄRZTE DER GESCHICHTE

II

ROBUGEN GMBH
PHARMAZEUTISCHE FABRIK · ESSLINGEN/NECKAR

Geschichte der Medizin in Lebensbildern

Herausgegeben von Peter Wiench

Inhalt

INHALT

Vorwort

Die Geschichte der Medizin reicht bis in die Zeiten zurück, in denen die ersten Zivilisationen entstanden. Sicher kann man bei den magisch-rituellen Konzepten und Praktiken der Priester-Ärzte der frühen Kulturen und der Medizinmänner bei den Naturvölkern nicht von einem Medizinbegriff ausgehen, wie er sich dann im Verlaufe der weiteren Geschichte und vor allem unter dem Einfluß der Fortentwicklung der Naturwissenschaften herausgebildet hat. Unzweifelhaft ist — und Grabfunde aus der Vor- und Frühgeschichte des Menschen ebenso wie schriftliche Zeugnisse der ersten Hochkulturen beweisen dies —, daß der Mensch stets versucht hat, den vielfältigen Krankheiten und Gefährdungen, denen sein Organismus ausgesetzt ist, mit Heilmitteln und Heilverfahren zu begegnen.

Die ersten schriftlichen Zeugnisse, die zur Medizingeschichte vorliegen, kommen zwar aus einer Epoche, die nicht länger als etwa 4000 Jahre zurückliegt, doch ist es möglich, anhand von Knochenfunden, der Untersuchung von Mumien, auch aus frühen Malereien und Bildwerken auf die Frühzeit der Medizingeschichte zu schließen. Anhand von Fossilien konnte man feststellen, daß offensichtlich schon vor 350 Millionen Jahren Bakterien existierten, die zumindest in der Lage waren, Tierorganismen zu zerstören. Säugetierfunde ebenso wie die Überreste von Frühmenschen beweisen zusätzlich, daß der Mensch offensichtlich schon in seinen Anfängen mit Krankheiten zu kämpfen hatte. Verschiedene

altägyptische Papyri sind die ersten schriftlichen Quellen der Medizingeschichte. Sie geben uns einen recht intensiven Einblick in das Konzept und in die verschiedenen therapeutischen Methoden der Heilkunde dieser frühen Hochkultur. In dem Beitrag über Ni-Anch-Sachmet, Arzt am Hofe des Pharaos Sahurê, eines Herrschers der fünften Dynastie, wird dies deutlich.
Zweifellos war auch die Medizin dieser Zeit von magisch-rituellen Vorstellungen geprägt, wie sie sich in der Heilkunde der sogenannten Primitiven, also der Naturvölker, bis in die jüngste Zeit erhalten haben. Sie ging jedoch über den religiösen Rahmen weit hinaus; ähnliches gilt für die Medizin im mesopotamischen Raum und erst recht dann für die Entwicklungen in Ostasien, aber auch in Altamerika, ein Raum, aus dem uns allerdings keine Ärzte namentlich überliefert sind. Die Entwicklung in China macht der Beitrag über Hua T'uo anschaulich, wohl einer der ersten Ärzte, von denen man mit Sicherheit weiß, daß er seinen Zeitgenossen als ein Meister der Akupunktur galt. Zuvor aber hatte sich schon im antiken Griechenland ein medizinisches Konzept herausgebildet, für das der wechselseitige Einfluß von Philosophie und Heilkunde kennzeichnend war und für das der Name des Hippokrates von Kos bis in unsere heutige Zeit stellvertretend geblieben ist. In dem Beitrag über diesen bedeutendsten der antiken Ärzte wird das grundsätzlich Neue dieser medizinischen Konzeption deutlich. Die hippokratische Medizin mit ihren großen ethischen Idealen ist über Alexandria und Rom, wo beispielsweise Galenos wirkte, weiter über Byzanz, der Wirkungsstätte des letzten großen Vertreters der griechischen Medizin, Oreibasios, über das arabische und abendländische Mittelalter sowie die Renaissance bis in die Neuzeit wirksam geblieben. Noch Paracelsus setzte sich intensiv mit der hippokratischen Medizin auseinander.
Den starken Wandel in der Auffassung von den Aufgaben der Heilkunde sowie von ihren Methoden brachte dann das 17. Jahrhundert, wie dies etwa der Beitrag über den Engländer William Harvey, den Entdecker des Blutkreislaufs, aufzeigt. Diese viel stärker als zuvor physiologisch bestimmte Richtung der Medizin fand ihre Fortsetzung dann im 18. und 19. Jahrhundert: Namen wie

Herman Boerhaave, Philippe Pinel, Edward Jenner, Ignaz Philipp Semmelweis stehen hier stellvertretend für viele andere.
Berühmte Ärzte und Bakteriologen wie Rudolf Carl Virchow, Louis Pasteur und Robert Koch kennzeichnen den Übergang der Medizin in die Gegenwart. Sie ist stärker als je zuvor naturwissenschaftlichen Methoden verpflichtet, was besonders die Beiträge über Alexander Fleming, Selman Abraham Waksman und Gerhard Domagk verdeutlichen können. Gleiches gilt für die Krebsforscher Charles Brenton Huggins, Waro Nakahara, Alexander Haddow und Karl Heinrich Bauer.
Nach der Betonung der naturwissenschaftlichen Betrachtungsweise hat die Heilkunde zunächst zaghaft begonnen, sich über das Physische hinaus wieder dem geistig-seelischen Bereich zuzuwenden. Philippe Pinel (1745 bis 1826) gehört zu den Begründern der Psychiatrie. Jean Martin Charcot (1825 bis 1893) ist einer der großen Neuerer dieses im 19. Jahrhundert zu immer größerer Anerkennung gelangenden Zweiges der Medizin. Nicht zuletzt unter seinem Eindruck stand Sigmund Freud, der Begründer der Psychoanalyse, die das Bild vom Menschen revolutioniert hat. Seine Schüler — darunter Alfred Adler und Carl Gustav Jung — gaben der neuen Wissenschaft erheblich weiterführende Impulse.
Der Auswahl der Biographien liegt also ein weitgesteckter Begriff vom Beruf (oder der Berufung) des Arztes zugrunde, so wie er sich uns aus der Geschichte darstellt. In den Lebensbeschreibungen bedeutender Ärzte aus fünf Jahrtausenden stellt sich dar, welche Veränderungen sowohl Ethos und Selbstverständnis des Arztes als auch die Methoden der Heilkunde durchlaufen haben: Von magisch-irrationalen zu empirisch-rationalen Grundvorstellungen reicht die Geschichte der Medizin. Sie vereint gegensätzliche Gestalten wie den universal gebildeten Paracelsus, für den die »Philosophia« immer noch vor der »Physica« stand, und die spezialisierten Mediziner unseres Jahrhunderts, die vielfach mit streng naturwissenschaftlich-rationalen Methoden nach den Ursachen der Krankheiten forschen und Möglichkeiten zu ihrer Heilung suchen.

Über diese verschiedenen Konzeptionen gibt die Einführung von Christian Probst einen Überblick. Sie stellt damit auch die notwendigen kultur- und geistesgeschichtlichen Zusammenhänge her. Natur-, Geistes- wie auch politische Geschichte spielen in der Entwicklung der Medizin zu jedem Zeitpunkt eine große Rolle. Das wird aus den in diesem Band vereinten Biographien — sie entstammen sämtlich dem im Kindler Verlag erschienenen zwölfbändigen Werk *Die Großen der Weltgeschichte* — deutlich. Diese Auswahl kann — zumal sie von vielen Gesichtspunkten bestimmt ist — keinen Anspruch auf strenge Systematik erheben. Sie ist aber in vollem Umfang geeignet, einen weitgehenden Einblick in Geschichte und Entwicklung der Heilkunde vor dem jeweiligen kulturellen, wissenschaftlichen, geistesgeschichtlichen und politischen Hintergrund der Zeit zu geben. Dies geschieht in einer Reihe exemplarischer Einzeldarstellungen.

Peter Wiench

Die grossen Ärzte: von Rudolf Carl Virchow bis Charles Brenton Huggins

Werner Leibbrand

Rudolf Carl Virchow
(1821—1902)

Daß ein ernsthafter Wissenschaftler und ärztlicher Gelehrter den fragwürdigen Ruhm der Popularität erringt, ist selten. Freilich hat das 19. Jahrhundert naturwissenschaftliche Ergebnisse und Errungenschaften aufzuweisen, die in die gebildete Laienschicht drangen: den Satz Robert Maiers von der Erhaltung der Energie, dessen sloganartige Abwandlung Emil Du Bois Reymond in Vorlesungen verbreitete; und bei Edisons Glühbirne oder Bells Telefon sorgte schon der tägliche Umgang mit ihnen für zunehmende Kenntnisnahme. Aber unter der Menge hochberühmter Ärzte der Zeit stand nur Rudolf Virchow als lebensgroße Wachsfigur im Berliner Panoptikum nahe der Friedrichstraße, selbstverständlich vor der Leiche eines schönen jungen Mädchens; dieser Schlager des Begründers Castan konkurrierte mit jenem anderen Kabinett der Madame Tussaud, die, von der Schweiz kommend, in London schon früh ein solches Institut eröffnet hatte, das bis heute besteht. Aber Rudolf Virchow war in diesem Punkt einzigartig; das Kind schon träumte davon: von einer Popularität, die selbst der ehrwürdige Wilhelm Waldeyer als Anatom nicht erzielte. Von ihm träumte immerhin auch der Abiturient, der in Berlin Medizin zu studieren gedachte.

Wie es zu dieser — übrigens vielfachen — Volkstümlichkeit kam, wird zu klären sein; in jedem Fall war sie echt, auch dort, wo er irrte. Es gibt gewissermaßen viele Virchows: den pathologischen Anatomen, den die medizinische Wissenschaft ehrt, den Archäologen und Ethnologen Virchow, der damals neue Disziplinen zu Ansehen erhob, und den Kulturpolitiker Virchow, dessen soziale Ziele sich in zahllosen volkstümlichen Vereinen der Berliner Arbeiterschaft sehr deutlich abzeichneten.

Erzählt man in aller Kürze sein Leben, so hat es auf dem Hintergrund einer zwiespältigen geistigen Welt zu geschehen, deren Abenddämmerung der naturphilosophischen Romantik langsam verblaßte, und deren Morgenröte des naturwissenschaftlichen Denkens unter dem Bild jener Morphologie begann, deren Begriff Goethe geschaffen hatte. Die romantische Abkunft knüpft nicht nur an den Lehrer Johannes Müller in Bonn an, der seine Physiologie gewiß ebenfalls gegen das faustische Wort verteidigen mußte: »Weh Dir, daß Du ein Enkel bist«, sondern in Virchows Innenleben zeigte sich noch 1842 jenes Stück Totalitätssucht der Romantiker, wenn er seinem Vater schrieb, er suche eine Erforschung der Natur schlechthin, die von der Göttlichkeit bis zum toten Stein reichen solle. Dieses »Brio« des Gedankens war schon einmal in der Renaissance von Vésale konzipiert worden, als er daran ging, die Anatomie aus den Fesseln der vergangenen Irrtümer zu befreien.

Die pommersche Kleinstadt Schivelbein wurde mit der Geburt am 13. Oktober 1821 sein Heimatort; er war der Sohn eines landwirtschaftlichen Kämmerers und dessen Ehefrau Johanna Maria Hesse. Agrarische Interessen waren ihm ins Gemüt eingeschrieben wie Heimatliebe, die ihn dann und wann überkam, wenn ihm ein Pommerscher Landsmann begegnete. In der verwandtschaftlichen Umgebung deutete nichts auf medizinische Interessen. Schivelbein war ein rückständiger, von Junkern beherrschter Ort. Die östliche Subalternität aber schlug bei ihm in sozialen Kampfeseifer um und verlieh dem Kulturpolitiker die nötige Impetuosität. Der nicht wohlhabende junge Mann bezog die von Johann Goercke 1795 begründete Berliner Pépinière zur Ausbildung begabter Militärärzte. Bedeutende Ärzte sind aus diesem durchaus reaktionären Institut hervorgegangen (Ernst Leyden, Eugen Goldscheider, Emil von Behring, Hermann Helmholtz und manche andere neben Hermann Nothnagel und dem Konstitutionsforscher Ferdinand Hüppe).

Das war 1839. Johannes Müller, damals in Berlin lehrend, und der ebenfalls einstige Romantiker Johann Lukas Schönlein waren seine Lehrer. Schon während des Studiums zeigen seine Briefe eine klare kritische Schärfe gegenüber den politisch-sozialen Zuständen. 1843 promovierte er bei Johannes Müller über den Rheumatismus der Hornhaut des Auges. Schon in den traditionellen Thesen der Arbeit verficht er den Liberalismus. Virchow wurde Kompanie-Chirurg in der Charité, zugleich begann er mit dem Prosektor Robert Froriep mikroskopisch zu arbeiten. Er wurde nach einigen personalen Hindernissen Nachfolger seines Chefs. Mit ihm hatte er eine Referatenzeitschrift herausgegeben, die ihm die Einsicht in die französische und englische Literatur ermöglichte. In Frorieps *Neue Notizen* erschienen schon 1845 seine ersten wichtigen Arbeiten über Fibrin und das »weiße Blut«, die ihn zu zwei großen Entdeckungen führten: der Analyse des bisher falsch gesehenen Embolievorgangs und der Leukämie. Die Forschungen wurden in Friedrich Henles und Karl von Pfeufers »Zeitschrift für rationelle Medicin« fortgesetzt. Zu seinen wissenschaftlichen Weggenossen gehörten der zeitweilig in Paris lebende Histopathologe Hermann Lebert, der Veterinärmediziner Ernst Friedrich Gurlt, weitere Beziehungen bestanden zu Ludwig Traube und A. Mendelsohn. Schon hier möge angeführt sein, daß sein enger jüdischer Umgang ihn als Philosemiten kennzeichnet.
Bei der Gründungsfeier des Friedrich-Wilhelm-Instituts, dem er angehört hatte, wurde Virchow am 3. Mai 1845 zum Festredner gewählt. Seine Darlegung war ein Programm im Sinn der Absage an Naturphilosophie romantischen Gepräges, an Vitalismus, und zugleich die programmatische Forderung, sich innerhalb der klinischen Beobachtung auf physikalisch-chemische Untersuchungen zu beziehen, Experiment und Obduktion einschließlich Mikroskopie in den Vordergrund der Forschung zu rücken und nach Möglichkeit die Gesetze der Mechanik zu beachten: Theodor Schwanns Einfluß zeigt sich in der schon hier auftretenden Feststellung, Leben sei Zellaktivität. Im August gleichen Jahres hielt er eine zweite Rede, in der er über Embolie und Thrombophlebitis diskutierte. In beiden Vorträgen wird ein aggressives Brio lautstark

bemerkbar. Als Karl Wunderlich und Wilhelm Griesinger seine Publikation ablehnten, gründete er ein eigenes Organ.
Alle diese Vorgänge spielten sich noch vor seinem Staatsexamen ab. Während der Examenszeit griff er die Humorallehre des berühmten Wiener Pathologen Carl Rokitansky in dessen erster Auflage des Werkes derart an, daß Rokitansky in der zweiten Auflage diese ganze Darlegung des Humoralismus strich. Virchow war damals etwa 25 Jahre alt.
1844 gründete der Gynäkologe und Geburtshelfer Carl Mayer zwei avantgardistische wissenschaftliche Vereinigungen, die für Virchow als Podium seiner Forschungsdarlegungen gelten können. Schon 1846 gibt er private Kurse der pathologischen Anatomie. 1847 erschien, mit Benno Reinhardt zusammen herausgegeben, der erste Band des berühmt gewordenen »Archivs«, nämlich für pathologische Anatomie und Physiologie und für klinische Medizin. Man sieht deutlich, daß Virchow den alten Totalitätsgedanken nun sachlich umformte, indem er diese Disziplinen in einer Zeitschrift vereinte. Das »Archiv« bestand bis 1901 und umfaßte 69 Bände. 1847 wurde Virchow Privatdozent. Er sprach in der Antrittsvorlesung unter Müllers Vorsitz über pathologische Ossifikation. Im gleichen Jahr wurde der Neurohistologe Robert Remak durch Königliches Dekret und mit Hilfe Alexander von Humboldts Dozent, da er sich als Jude nicht taufen ließ. Auf der Tagung der von Lorenz Oken einst mitbegründeten Gesellschaft Deutscher Naturforscher und Ärzte sprach Virchow über parenchymatöse Entzündungen und über maligne Tumore. Da brach 1847/48 in Oberschlesien eine Flecktyphusepidemie aus, und Virchow wurde als Sachverständiger von Amts wegen in das Hungergebiet geschickt, um ein Gutachten zu erstatten.
Das Erlebnis der Verhältnisse in Oberschlesien wird für Virchow zunächst zur Drehbühne seiner eigenen persönlichen Programmatik. Physiologie, Anatomie und Mechanik treten zugunsten anderer geistiger und sozialer Interessen zurück und bestimmen seine zukünftige äußere Laufbahn. Hierzu muß folgender Hintergrund skizziert werden. Der eigentliche Kapitalismus seines Vaterlandes existierte in Form einer privaten Hausindustrie, zu der als Konkur-

rent die aufkommende Manufaktur und Maschinenindustrie hinzutrat. Die sozialhygienische Kehrseite zeigte sich in Überanstrengung durch unglaublich lange Arbeitszeit, durch Einspannen von Weib und Kind in den Produktionsprozeß, durch ein parasitisches Faktorenwesen, durch unmenschlich beengte Wohnverhältnisse. Schon 1797 hatte Heinrich August Schön die schlesischen Provinzen bereist und war von den dort herrschenden Zuständen entsetzt. Die Leibeigenschaft war penetrant; und es geschah nichts dagegen. So wurzelte das Leinengewerbe in der Gutsherrlichkeit, trotz königlicher Milderungsversuche im Sinn des Verbots von Gewerbe- und Handwerkszinsen. Zwischen den hörigen Flachsspinnern und den Webern standen die Händler. So standen die Weber im vernichtenden Kampf zwischen Feudalherren und Leinenhändlern. Zuletzt erlagen sie der irischen Konkurrenz, so daß bereits 1792 Revolten ausbrachen. Schon vor Virchows Untersuchungen hatte ein Arzt den Lebensstandard sächsischer Arbeiter untersucht, die sich fast ausschließlich von Kartoffeln und Zichorie ernährten. Es war zu eigenartigen Erkrankungen gekommen. 1783 wurde die erste Spinnmaschine in Elberfeld eingeführt; 1828 kam es zu Revolten. Kinderarbeit vom sechsten Lebensjahr war allgemein üblich geworden. Die geschilderten Krankheitssymptome entsprachen, abgesehen von Rachitis, der allgemeinen Dystrophie. Diese kurze sozialrevolutionäre Andeutung läßt den Satz Proudhons verstehen: »Les révolutions sont les manifestations successives de la justice dans l'humanité.« Er wurde 1848 ausgesprochen. Zwei Jahre nach Goethes Tod erschien Büchners *Hessischer Landbote* mit seinen zündenden Überschriften: »Friede den Hütten, Krieg den Palästen.« Dies alles war geschehen, als Virchow das Hungerelend in Oberschlesien vor Augen sah. Kein Wunder, daß eine Briefstelle an den Vater feststellt, daß sein medizinisches Glaubensbekenntnis in sein politisches und soziales aufgehe. Ja, als Naturforscher könne er nur Republikaner sein. Immerhin denkt er auch noch an einen König ohne »Eigenschaften«, das bedeutet: ohne Charisma des Gottesgnadentums. Krankheiten bekämpft man, wie schon Johann Peter Frank meinte, mit Ratio einer wissenschaftlichen Steuerung durch intelligente Gelehrte. Eine leidenschaftlich vorgetragene Utopie. Sie gründet im Französischen Rationalismus. Zugleich verweist er darauf, daß schon lange niemand mehr an Himmel und Hölle glaube. Virchows totale Säkularisierung beginnt hier und setzt sich in fast eiferndem Antiklerikalismus fort. Man habe schon auf Erden etwas für das Armenwohl zu tun. Die zweite Utopie, so sympathisch sie ist, nennt das Allheilmittel: Bildung, Gutes wissen, also Gutes tun. Das klingt humanistisch.

Seine Reise führt von Berlin, Rybnik, Loslau, Geikowitz, Smollna nach Pless, bis er am 10. März zurückkehrt. Fünf Tage später berichtet er in der Gesellschaft für wissenschaftliche Medizin. Er stellt die geologische Schilderung der Gegend voran, schildert die ethnologischen Verhältnisse, streift die Polonisierung, spricht ätzend von der katholischen Hierarchie, die zusammen mit Branntweinfolgen eine Willenslähmung bedinge. Immerhin nennt er zwei medizinisch ausgebildete Barmherzige Brüder als Wundärzte. Im Endergebnis stellt er fest, die Kirche verdumme, weil sie die Aufklärung verhindere, weil sie den Menschen bigott und unfrei mache. Er tadelt das schlechte Straßenverkehrswesen. Das Wohlleben der Großgrundbesitzer sei schmachvoll angesichts des Elends. Der Roboter, der Häusler verkomme in Alkoholismus. Nicht slawische Passivität sei schuld, allein die soziale Not bedinge das Übel: »Die Medizin als eine soziale Wissenschaft, als die Wissenschaft vom Menschen, hat die Pflicht, solche Aufgaben zu stellen und ihre theoretische Lösung zu versuchen.« Virchow schildert das Wohnungselend: die Feuchtigkeit der Lehmhütten, die Luftverderbnis, die einseitige Kartoffelkost, zu der nur etwas Milch, Sauerkraut und kaum Fleisch hinzukomme, und das bei völligem Mangel an Brot. An seine Stelle trete »Zur«, eine Art von Kleister aus Mehl, Wasser, Sauerteig und Essig, der grauenhaft schmecke. So entstünden Kopfweh, Wechselfieber endemischer Art, Ruhr und nicht abdominal verlaufender Typhus. Überschwemmungen sorgten für Tertiana- und Quartanafieber; Tuberkulose sei selten. 1847 sei die Not so weit gestiegen, daß man Quecke und Klee aß. Während er die miasmatische und parasitäre Ursache anzweifelt, ist er von der Wirkung der Hungersnot über-

zeugt. Daher der therapeutische Schluß fernab von aller bisherigen Theorie. Hier handelt es sich um eine *Sozial*krankheit, sie ist nur mit *sozialen* Mitteln zu bekämpfen.
Wir sprachen von der Drehbühne des wissenschaftlichen Denkens; es ist unter dem emotionalen Erlebnis der Reise vollzogen und lautet: »Ich selbst war mit meinen Konsequenzen fertig, als ich von Oberschlesien nach Hause zurückeilte, um angesichts der neuen französischen Republik bei dem Sturz unseres alten Staatsgebäudes zu helfen, und ich habe später keine Bedenken getragen, jene Konsequenz der Versammlung der Wahlmänner des 6. Berliner Wahlbezirks für die Naturforscherversammlung darzulegen. Dieselben fassen sich in drei Worten zusammen: ›volle und uneingeschränkte Demokratie.‹«
Die weiteren Äußerungen ähneln der La-Fontaine-Fabel mit ihrer Nutzanwendung: Weg mit dem polizeilichen Beamtenapparat zur Bespitzelung der Untertanen, denn »das Gesetz war da, die Beamten waren da, und das Volk starb zu Tausenden Hungers und an Seuchen«. Er fordert: »Bildung mit ihren Töchtern Freiheit und Wohlstand.« So schließt der Bericht des Siebenundzwanzigjährigen, der ihm das Recht gab, wenige Tage danach *in praxi* die Barrikaden in der Taubenstraße zu besteigen. Im *Archiv* Band III hat er das gleiche wiederholt: »Veredlung des Menschengeschlechts durch Medizin.« Sie ist identisch mit sozialer Wissenschaft. Es hat von da an viele Jahrzehnte gedauert, bis die Sozialmedizin mit Alfred Grotjahn an der Fakultät hoffähig wurde.
Virchows Methodik erforderte ein eigenes Publikationsorgan »Die medizinische Reform«. Nr. I erschien 1848 in Berlin unter Mitarbeit des Psychiaters Rudolph Leubuscher. Die Reform soll radikal sein analog der politischen, die nicht mehr aufzuhalten sei. Er kämpft gegen das Gottesgnadentum, gegen den bayrischen Kollegen Johann Nepomuk Ringseis und seinen christlich-germanischen Staat. Und so entstand jene Definition: »Die Ärzte sind die natürlichen Anwälte der Armen.« Die soziale Frage fällt in ihre Jurisdiktion. Sein Mitarbeiter und Freund Salomon Neumann stritt gegen die Feudalrechte der Universitäten. Innerhalb solcher Gedanken verfällt die Todesstrafe dem Verdikt, der Krieg sei kein

Bildungszustand der Völker. Die Gefängnisse bedürften einer Reformierung. Verbrecher seien Geisteskranke. Mehr Lehrfreiheit, weniger Habilitationsbeschränkungen! Viele seiner Vorbilder kommen aus Paris.
Die Revolution in Deutschland war ein Traum wie die vorangegangene Romantik. Von 1850 an verstummt alles in reaktionärer Trübsal, die allen Reformismus erdrückte, ja erstickte. Schon am 31. März 1849 wurde Virchow suspendiert; zwar wurde er auf studentische Proteste hin wieder als Prosektor eingesetzt, doch entzog man ihm Unterkunft und Verpflegung. Offizielle Selbstkritik lehnte er ab wie auch Angebote nach Königsberg. »Die Medizinische Reform« ging 1849 ein. So erreichte ihn im November 1849 die Berufung nach Würzburg, ein Treppenwitz der Weltgeschichte: Der sozialistische Kämpfer wird in das klerikale Bayern abgeschoben. Rudolf Albert von Kölliker, der Anatom, und er begannen die Nähe des eifernden Ringseis zu spüren.
Die soziale Epidemiologie wurde zwar nicht vergessen, aber die neue theoretische Großtat bestimmt die Würzburger Jahre. Virchow arbeitet die »Zellular-Pathologie« aus. Der jedem Arzt bekannte Satz »*omnis cellula a cellula*« taucht etwa 1855 auf. Er ähnelt in der Gedrängtheit dem Satz Harveys aus dem Frühbarock: »*Omne vivum ex ovo.*« Mit Virchows Lapidarsatz waren die Vorstellungen von einem allgemeinen »Blastem«, also einem undifferenzierten Brei, aus dem die Zelle erst hervorgehe, getilgt. Zellen reihen sich an Zellen, sie vermehren sich bei Entzündungen, sie wachsen bei Krebsen. Nichts geschieht ohne das Leben der Zelle. Dies ist einer der Gründe, warum die Popularität des Pathologen Virchow sich verbreitete, denn stellte der perkutierende Arzt eine Dämpfung irgendwo fest, so dachte er im Sinne des Zellgedankens: Was sich dort verdichtete, waren Zellen. In jene Zeit fallen auch die anthropologischen Interessen *Untersuchungen über die Entwicklung der Schädelbasis* und eine Kretinen-Theorie, die Widersacher fand.
Der Tod von Heinrich Meckel 1856 führte ihn nach Berlin zurück. Sein erster Assistent Ernst Hoppe-Seyler gehört zu den Pionieren der physiologischen Chemie. Seine pädagogische Ausstrahlung

machte bei der Assistentengrenze nicht halt; davon zeugt die große Schar seiner berühmt gewordenen Schüler, zu denen auch zeitweilig William Osler zählte. Er verzichtete auch nicht auf eine bis in die siebziger Jahre geleitete klinische Abteilung. Die Zahl der akademischen Intrigen war selbstverständlich Legion, da der Kampf zwischen Frerichs und Traube chronisch war.

Das eigentliche Werk über Zellularpathologie erschien 1858, das über Tumore in drei Bänden 1863 zusammen mit einem kleinen Buch über Trichinose. Seine 1859 beginnende Stadtratstätigkeit erstreckte sich zunächst auf Gesundheitsfragen. Ab 1861 stärkte sich der demokratische Wille durch Gründung einer »Deutschen Fortschrittspartei«, zu deren Gründern Mommsen gehörte. Im gleichen Jahr erfolgte seine Wahl in den Preußischen Landtag; sogleich begann eine erbitterte Feindschaft gegen Bismarck, der Virchow 1865 zum Duell forderte. Virchow lehnte ab. Virchows Popularität hatte, wie aus den Ovationen bei den Naturforscherversammlungen hervorgeht, jetzt zwei Wurzeln: die Wissenschaft und die politische Opposition. Seiner jungen Jahre eingedenk förderte er mit Franz von Holtzendorff die »Sammlung gemeinverständlicher wissenschaftlicher Vorträge«. Sie endete ein Jahr vor seinem Tode. In den siebziger Jahren beteiligte er sich am Lazarettbau bis zur Front, ferner wuchs das anthropologische Interesse neben der Politik. 1874 führte er jene Sektionstechnik ein, nach der wir älteren Ärzte alle gelernt haben. Zugleich wuchs er in das internationale Kongreßleben hinein. Der neuen bakteriologischen Richtung stand er kritisch, aber keineswegs ablehnend gegenüber. 1878 beteiligte er sich mit Heinrich Schliemann an den Ausgrabungen in Hissarlik; 1888 reiste er mit Georg Schweinfurth nach Ägypten. Selbständige Studien machte er im Kaukasus. Die Organisation der Ethnologie, die sein Freund und Kollege Adolf Bastian betrieb, förderte er museal.

Virchows sozialkulturelle Bemühungen galten den Handwerkervereinen. Es gibt eine Schilderung, die darstellt, wie ein Kollege Virchow in seiner Wohnung besuchte, ihn dort unter ohrenbetäubendem Kindergeschrei literarisch arbeitend vorfand und ihn dann in einem Taxameter begleitete. Als Virchow ausstieg, folgte ihm

der Besucher heimlich bis in ein verräuchertes Lokal der Innenstadt, in dem ein Handwerkerverein tagte. Dort hielt Virchow eine mehr als einstündige freie Rede über das Leben und den Zug der Heringe. Als Gast des Handwerkerfestes hat er in dieser Organisation die Dankbarkeit des Volkes gerühmt, zu dem er Vertrauen habe und für das tätig zu sein es sich lohne. Auch dieses Bekenntnis ist für ihn charakteristisch.
Am 4. Januar 1902 erlosch dieses ungewöhnliche Leben infolge eines Oberschenkelhalsbruches, den Virchow sich zuzog, als er auf einen fahrenden Straßenbahnwagen aufsprang und stürzte.

Die politische Welt der Zeit des Kulturkampfes — ein Begriff, den er selbst geprägt hat — ist nicht etwa als Nachtragsschilderung gedacht, sondern als eine der vielseitigen Wesenheiten dieses großen Sozialarztes. Indessen sind die Vorgänge so verzweigt, daß man sie in einem eigenen Abschnitt vorzutragen hat.
Vom Beginn der Ära 1861, der Parteigründung und Virchows Einzug in das Preußische Abgeordnetenhaus war schon die Rede. Erwin H. Ackerknecht hat gewiß recht, wenn er die Forderungen dieser Partei, die Virchow vertrat, grundsätzlich als äußerst gemäßigt ansah. Andere Meinungen eines angeblichen Radikalismus hängen zusammen mit einer Niederlage der konservativen Kräfte und der Präponderanz der damaligen Offizierskaste. Virchows Partei akzeptierte die konstitutionelle Monarchie, verlangte aber eine Verantwortlichkeit des Kabinetts gegenüber dem Parlament und die Abschaffung gewisser junkerlicher Vorrechte. Immerhin war eine echte Opposition sichtbar geworden. Richtig ist auch, daß die soziale Frage bei Anerkennung der Konstitution in den Hintergrund geriet, wenn man Virchows oberschlesische Erlebnisse in Rechnung stellt. Dies bedeutet dann freilich wieder eine Schwächung der Opposition. Die Folge war die Kurzlebigkeit dieser Kammer; der König löste sie zugunsten seiner Armeeforderungen auf. Aber 1862 brachte ihm die Niederlage durch einen Aufstieg der Liberalen (einschließlich des linken Zentrums). Der neue Kampf betraf wiederum die Armeereform. 1862 herrschte im-

merhin noch konfessioneller Friede, während 1869 die Berliner katholischen Orden in Moabit gestürmt wurden.
In diesen Jahren — gerade 1869 — entwickelte sich eine antiultramontane Bewegung, die durchaus nicht von Liberalen allein ausging, sondern innerhalb der Form der katholischen Politik entbrannte. So hatte der konvertierte und somit besonders begeisterte Katholik Baumstark als badischer Parlamentarier scharfe Formulierungen gegen den Ultramontanismus gefunden, hatte die Tyrannei des Zentrums schmerzlich beklagt und insbesondere den »Welfen« Ludwig Windthorst angegriffen. Er hatte die Ahistorizität dieser Bewegung kritisiert, die die mittelalterliche Form zuungunsten modernen Lebens beibehalten wollte, die die freien Wissenschaften hemmte, die freie Deutsche Hochschule beseitigen wolle zugunsten der Knabenseminare und Konvikte. Unter den Gegnern befand sich auch ein Münchner Stadtpfarrer von St. Ludwig namens Dr. Klasen, der gegen die ultramontane »Augsburger Postzeitung« kämpfte; dieser Kampf zog sich bis 1901 hin.
Virchow war Liberaler, also Gegner des Ultramontanismus, der schon in der Zeit der oberschlesischen Forschungsreise harte Worte für alles Klerikale fand. 1864 war Pio Nonos *Syllabus*, also das Verzeichnis der hauptsächlichsten Glaubensirrtümer entstanden. Man kann ihn als katholische Kulturtheorie ansehen. Virchow, der Darwinist, stand zu allen diesen Gedanken absolut quer und ablehnend. Der *Syllabus* stand nämlich auch im Gegensatz zur katholisch liberalen Weltanschauung. Er entstand geistig nicht von heute auf morgen. Er war vorbereitet im Konzil zu Spoleto 1849, und der künftige Papst Leo XIII. hat als Erzbischof von Perugia an diesen Vorbereitungen mitgearbeitet. Pio Nonos Enzyklika *Quanta cura* erschien als geistige Basis des Ganzen gleichzeitig. Naturalismus, Sozialismus und Kommunismus werden in gleicher Weise gegeißelt. Die Formulierungen sind wie die des Strafgesetzes negativ; man redet also nur von Irrtümern. Fortschritt der Wissenschaft deckt sich mit dem Thomismus. Die Staatsgewalt hat kein Recht, die der Kirche verliehenen göttlichen Rechte zu kritisieren oder zu ändern. Die Kirche hat vielmehr zu bestimmen, daß die katholische Religion die einzig gültige ist. Damit wird auch die

Inquisition als sublimes Schauspiel sozialer Vollkommenheit angesehen. Bekanntlich hat Ignaz von Döllinger schon im März 1871 die Uneinführbarkeit dieser Sätze in nichtromanischen Ländern dargetan und die Lehre als »Christ, als Theologe, als Geschichtskundiger und als Bürger« abgelehnt. Es versteht sich, daß die Welt Ludwig Feuerbachs und Haeckels mit der des *Syllabus* ebenso inkompatibel ist wie mit Virchows Forschung als morphologischer Evolutionist darwinistischen Gepräges. Das muß man wissen, um wiederum das neue »Brio« zu verstehen, mit dem sich der Abgeordnete Virchow in den Kampf gegen den Ultramontanismus stürzte.

Die Deutsche Anthropologische Gesellschaft entstand 1869. Ihre Mitglieder waren Anhänger des Transformismus, der, wie Ackerknecht dargelegt hat, schon im Begriff der Metaplasie vorgeformt war. Virchow anerkannte die Abstammungslehre.

Aber Virchow hatte politisch nach zwei Seiten zu kämpfen. Er versagte Bismarck die Zustimmung zur Handhabung des sogenannten Welfenfonds, der aus den Zinsen des beschlagnahmten Eigentums des Exkönigs von Hannover floß und dessen korrupte Verwendung ihm Sorge machte. Eine Zeitlang antifranzösisch eingestellt, bemerkte er, daß er dem Machtstreben Bismarcks ausgeliefert war, so daß er europäische Entwaffnung 1869 vorschlug. Er wurde trotz heftigster »patriotischer« Gegenangriffe zum Vorläufer jenes Pazifismus, der nach dem Ersten Weltkrieg die Zeit Romain Rollands kennzeichnete. Kein Wunder, daß er die koloniale Expansion bekämpfte; das Jahr 1872 brachte seinen Begriff des »Kulturkampfes«; hier schien er sich Bismarck zu nähern, dessen eigentliche politische Gedanken er aber übersah. So wurde er fast unfreiwillig zum Verbündeten im antiultramontanen Kampf. Diese Tragik hat er später eingesehen. So mußte er der weitsichtigeren Politik Eugen Richters bald weichen. Von 1878 an ließ die politische Aktivität nach; sie erschöpfte sich in Interessen der Budgetfrage.

Schwierig erweist sich das schon gestreifte Kapitel seiner Stellung zur neu entstandenen Bakteriologie. Sicherlich war er nicht absolut abweisend, hatte doch schon sein Lehrer Lukas Schönlein das

»Achorion Schönleini«, den Favuspilz als Parasiten entdeckt. Seine Entwicklung aber verlief in der antikontagionistischen Ära. Dieses Vorurteil blieb wirksam, am deutlichsten bei Kochs Entdeckung des Tuberkelbazillus; andererseits dämpfte er berechtigt 1891 die Hoffnung auf die Antituberkulintherapie. Hinderlich wurde ihm in diesen Jahren von 1884 bis 1901 sein Festhalten an der Morphologie, die eben nach der bakteriologischen und serologischen Ära etwas zweitrangig wurde. Das zeigte sich auch in seiner Einstellung zur neuen Diphtheriefrage Behrings. Der Mensch, also auch der Gelehrte, ist ein Kind seiner geschichtlichen Ära. Und so hatte er schon die Entdeckung Semmelweis' recht aggressiv behandelt.

Verständlicher war seine Gegnerschaft zur Grundwassertheorie Pettenkofers. »Keimbewußt«, wie Ackerknecht es nennt, ist Virchow dennoch geworden, so daß er die Antisepsis Listers lobte, die Dysenterieamöben beobachtete und die Fliegenübertragung der infektiösen Bindehautentzündung anerkannte. Seine kritische Klarheit in dieser Richtung erweist seine Huxley-Vorlesung 1898, die auch Pasteurs Verdienste hervorhob und Kochs Entdeckung mitteilte. Es erscheint nötig, auf diese positive Wertung der Bakteriologie, die er der Zellenlehre zur Seite stellte, hinzuweisen, weil während der Zeit des Nationalsozialismus ein Virchow-Film lief, der der Allgemeinheit ein völlig verzerrtes Bild von seiner Vorstellung lieferte.

Die Kritik freilich konnte nur nützlich sein. Sie kennzeichnet überhaupt seine agnostische Haltung seit 1845. Er wollte Glaubenssachen nicht angreifen, sondern die Grenzen zur Wissenschaft säuberlich abstecken. Realismus ist daher wohl die bessere Bezeichnung.

Seine soziologische Denkweise, in dem oberschlesischen Gutachten dargelegt, war in Frankreich und England vorbereitet, seine liberale politische Haltung war nicht ohne weiteres mit Sozialismus vergleichbar, wenn er auch Friedrich Engels und eine Reihe englischer Autoren kannte. In der Kretinismusfrage darf man seine Umweltanschauung wohl in Zusammenhang mit der hippokratischen Klimaschrift bringen. Die in den Anfängen befindliche

Statistik als Verwendungsmethode hat er schon in Würzburg praktiziert. Der Kretinismus brachte ihn aber auch in das Gebiet der Anthropologie überhaupt, zumal die Schädeldefekte der Kretinen dazu herausfordern. Seine Einteilung blieb nicht schematisch, sondern orientierte sich an dem vorzeitigen Schluß der Nähte. Die Veröffentlichungen entstanden 1857. Er verlegte die Ursachen der Veränderungen etwa des Gesichtsbaus im Gegensatz zu Franz Joseph Gall in den Schädelgrund.
In der Frage nach dem Ursprung des Menschen wurde Virchows Interpretation des Neandertalers als vielseitiger Ausdruck pathologischer Vorgänge, wie auch sein Interesse für den Pithecanthropus erectus von Eugène Dubois, eher zu einem Hemmnis der Anthropologie, von deren Aufnahme in den Schullehrplan man damals schon träumte. Jedenfalls führte sein ethnologisches Interesse nie zur Berechtigung einer Anerkennung »niederer Rassen«.
Schwierig ist es um seinen Degenerationsbegriff bestellt, der in Augustin Morels Lehre in Frankreich von einem Theologumenon ausging, das erst Valentin Magnan verweltlicht hat. Virchows »pathologische Rassen« behalten eine Unklarheit, wie sie der Medizinhistoriker immer wieder finden kann, wenn aus Krankheitszeichen allgemeine kulturelle Stigmata abgeleitet werden. Das gilt sowohl für Ernst Kretschmers Konstitutionslehre wie für die Psychoanalyse. Die Genetik existierte damals noch kaum. Im Vordergrund stand die Zellenlehre. Viele Krankheiten, unter ihnen die Krätze, Lepra und Tuberkulose, sollten erblich sein. Im Grunde verlegte er die Vererbung ins Blut (1898).
Der Degenerationsbegriff Virchows ist sehr schwer faßbar; er ist auch nicht akademisch ausführlich behandelt, muß vielmehr aus der Gesamtheit seines Werkes herausgearbeitet werden, wie dies Gerda Hertel 1959 in einer Dissertation tat. Der Begriff durchdringt gewissermaßen alle medizinischen Gebiete, nicht nur die Morphologie, sondern eben auch Anatomie, Physiologie und Anthropologie. Es handelt sich zunächst um eine biologische Einschränkung der Leistungsfähigkeit der Zellen für den Organismus. Sie trifft daher auch auf die Krebszelle zu. Von der eigentlichen Degeneration trennt er die morphologische ab, und zwar als Um-

wandlungsprozeß der Zelle selbst. So entsteht eine verschiedene Sinngebung. Von Entartung, Abartung, Normabweichung, Minderwertigkeit reichen solche Werturteile bis zur reinen Metamorphose im Sinn der chemischen Umwandlung. Dann kann es sich um ein grob anatomisches Produkt handeln, zu dem Rheumatismus, Pigmente, käsige Degenerationen gehören. Metamorphose und Degeneration werden nicht reinlich geschieden. Geschichtlich gesehen wird der Ausdruck Metamorphose in regressiver Form ab 1852 deutlich. Die Degeneration steht im Mittelpunkt seines Entzündungsbegriffs. In jedem Fall ist der Begriff in seiner komplexhaften Verwendung nicht wertfrei. Historisch geht er auf Sir James Paget zurück, den er auch zitiert. Dessen fünf Klassen werden aufgezählt, weil er sie für fortschrittlicher hält als die Frage nach Farbe, Kohäsion und Textur. Und so entsteht eine allgemeine Pathologie unter diesem Oberbegriff der Degeneration oder Metamorphose. Behandelt wird der Begriff bis 1871 in der Auflage der *Cellularpathologie*. Eine wichtige Erscheinung ist die amyloide Degeneration, nicht minder die kalkige, die Versteinerung. Der Begriff durchsetzt also auch die Geschwulstlehre. In jedem Fall ist die Verwendung etwas ambivalent, nicht eindeutig und dient in dieser Weise der kritischen Elastizität seiner Methodik des Denkens.

Durch Virchows geistige Entwicklung ging vieles an Zeitgeschehen durch. Die Jugend seiner Ausbildungszeit bringt ihn noch mit Vertretern der romantischen Naturphilosophie zusammen. Mit Lukas Schönlein beginnt das, was die Medizingeschichte mit dem nicht ganz glücklichen Ausdruck der »naturhistorischen Schule« bezeichnet. Das besagt die Zuwendung zur reinen Naturwissenschaft, zu Anatomie, deren vergleichend-anatomischer Beginn in der Romantik steht, zu Physiologie und einer von naturphilosophischen Überordnungen gereinigten Anthropologie, die freilich dann zumeist Anthropometrie wurde. Benachbart erscheinen neue Disziplinen im Gefolge des darwinistischen Evolutionsdenkens. So entsteht schließlich das große Gebäude einer morphologisch bestimmten Zellularpathologie; wir haben zu bedenken, daß der

Begriff der Morphologie von Goethe stammt, dessen Entwicklungsdenken freilich einen metaphysischen Aspekt hat, den man eher aristotelisch als platonisch nennen kann, so sehr das Wort »Idee« auch besonders in Gesprächen mit dem Fichte-Schüler Schiller erscheint. Das Neue wird kritisch beobachtet, wenn auch gelegentlich ironisierend verbucht *(Bacteriologie und Folgen).* Die Kritik ist, wenn auch kaustisch, so produktiv *(Antituberkulin).* Irrtümer wurden begangen, andererseits werden Gebiete wie Archäologie und Ethnologie gesichtet und gefördert.
Der rein naturwissenschaftliche Empirismus als Realismus ist aber von Jugend an gekoppelt mit einem Humanum, das er sozial erlebt (Oberschlesien) und dem er sich als Politiker nicht verschließen kann. Hier kommt es zu dialektischen Spannungen, nicht Einseitigkeiten, insofern er, zwischen Liberalismus und Ultramontanismus gestellt, realpolitische Entscheidungen treffen mußte, die für die Bewältigung des Forum internum sicher nicht leicht waren (Kulturkampfzeit). Trotz morphologischer Sicht bleibt Virchow »Protagonist des soziologischen Standpunktes in der Medizin«, wie Ackerknecht es beschreibt. Die leistungsfähige Schaffenskraft ist nicht minder bewundernswert wie die Breitenwirkung, von der wir ausgingen. Der praktische Arzt, der von ihm ausgebildet wurde, hatte keinen Pathologen als Theoretiker zum Lehrer, sondern — der Titel des *Archivs* besagt es deutlich — einen Arzt, der ihn klinisch beobachten lehrte, und der symbolische Ausdruck dafür ist die Zellvermehrung, die er bei der Auskultation und Perkussion einer Lungendämpfung zu hören meinte.
Kehren wir zum Anfang der Darstellung zurück. Madame Tussaud wurde 1760 in der Schweiz geboren. Man hat ihre Wachsfigurenbildung als künstlerisch bezeichnet. Wachsabbildungen und Sammlungen sind in früherer Zeit auch in der Medizin von großer Wirkungskraft gewesen. In Florenz hat man die Sammlung Fontana neuerdings wieder hergestellt. Besonders in der Dermatologie waren solche Abbildungen von realistischer Wirkung. Für Castans Panopticum in der Passage Berlins zwischen »Unter den Linden« und Friedrichstraße waren die Wiedergaben eine Mischung von Sensation und Geschäft — und doch auch wieder atmeten sie

etwas von jener Welt der Bretter, die mehr bedeuten als Imagination. Der Schreiber dieser Zeilen entsinnt sich recht lebhaft der Darstellung Virchows im schwarzen Gehrock, wie er mit einem sachlich ungerührten Blick, mit den kleinen Brillengläsern in Metallfassung, vor der Mädchenleiche stand. Mir fiel die Genauigkeit der gelblichen Hautfarbe auf, die auch sein Sohn Hans in frappierender Ähnlichkeit mit dem Vater zeigte, und die von Rudolf Virchow selbst als slawisch bezeichnet wurde. Er meinte, von den Pommern sei eine Abspaltung rassischer Art erfolgt, die auch ihm dieses so »ungermanische« Aussehen verliehen hatte. Virchow, der Patriot, der Pazifist, war zugleich ein Kosmopolit ohne beschränkte Einengung gegenüber Rassenunterschieden. Die Wachsfigur traf das Übersachliche des naturwissenschaftlichen anthropologischen Pathologen, dem ein Lächeln ebenso fremd war wie etwa Goldscheider, dessen Kollege er in der Pépinière war. Dieses Fehlen emotionaler äußerer Regung verstellt aber nicht die Sicht auf jene Menschlichkeit, die ihn zu seiner vielseitigen Aktivität führte, vom Handwerkervereinsvortrag über die akademische Lehre bis ins Parlament. Er gehört der *ganzen* Welt an, für die er liebend forschte und handelte.

Huldrych M. Koelbing

Louis Pasteur
(1822—1895)

Vom heutigen Standpunkt aus gesehen, ist Pasteurs Lebenswerk vor allem für die Medizin fruchtbar geworden, war er es doch, der den Weg zur Erforschung der Infektionserreger und damit zur Bekämpfung der Infektionskrankheiten erschloß. Aufgrund von Pasteurs Erkenntnissen und Vorstellungen entwickelte Lister sein »antiseptisches Prinzip« der Wundbehandlung (1867); erst dadurch wurde es den Chirurgen möglich zu operieren, ohne gleichzeitig eine lebensgefährliche Infektion hervorzurufen. Damit fanden Pasteurs vorerst indirekte Verdienste um die Medizin internationale Anerkennung. Noch höher aber stieg sein Ruhm, als es ihm gelang, durch eine Impfung den Ausbruch der — sonst unheilbaren — Tollwut bei durch Hundebiß infizierten Menschen zu verhindern (1885). Aus aller Welt kamen nun die Hilfesuchenden zu Pasteur nach Paris. Zu Recht hat deshalb Sigerist in seine *Großen Ärzte* auch Pasteur eingeschlossen, obwohl er kein Mediziner war. Die Pariser Académie de Médecine nahm ihn als Associé libre in ihre Reihen auf. Gerade in diesem Gremium mußte er aber die Resultate seiner streng naturwissenschaftlichen Forschung unablässig gegen einige Unbelehrbare verteidigen, die zwar nur schlechte Argumente hatten, diese aber stur und lautstark vorbrachten und dabei geltend machten, daß Pasteur als Chemiker von medizinischen Dingen im Grunde nichts verstehe.
Pasteur personifiziert geradezu den Wandel der wissenschaftlichen Anschauung in einem bestimmten Bereich der Naturwissen-

schaft: den Übergang von der rein chemischen zur mikrobiologischen Betrachtungsweise bei der Erklärung von Vorgängen wie Gärung, Fäulnis und Eiterung. Die eindrückliche Entwicklung der Chemie und der Einfluß bedeutender Chemiker wie Justus von Liebig hatten dazu geführt, daß man um die Mitte des 19. Jahrhunderts allgemein annahm, diese Prozesse seien rein chemischer Natur und das Auftreten der kleinsten Lebewesen, die man mit dem Mikroskop darin sehen konnte, sei eine bloße Begleiterscheinung, wenn nicht gar die Folge jener chemischen Veränderungen. Nichts geringeres als die Entstehung der Lebewesen stand somit zur Diskussion: Konnte man nicht bei der mikroskopischen Untersuchung vergärender Flüssigkeiten erkennen, wie kleine und kleinste Organismen in Form von Bakterien, Pilzen, Würmern sozusagen unter unseren Augen durch »Urzeugung« entstanden? Unter den rein wissenschaftlichen Verdiensten Pasteurs ist das vielleicht das größte, daß er diese falsche Verknüpfung der Beobachtungen gelöst, die Verdrehung des Kausalzusammenhangs richtiggestellt hat: Eine Urzeugung gibt es nicht, nicht die chemische Zersetzung erzeugt aus unbelebter Materie Lebewesen, es bedarf im Gegenteil der Lebewesen — der Bakterien und Pilze —, damit die unbelebte Materie gärt oder fault, und damit bei Menschen, Tieren oder Pflanzen bestimmte Krankheiten entstehen. Obwohl Pasteur Chemiker war, verhalf er der biologischen Betrachtungsweise gegenüber der rein chemischen in diesem wichtigen Grenzgebiet zum Durchbruch.
So gehört Pasteur zur Geschichte der Medizin so gut wie zur Geschichte der Wissenschaft überhaupt. Daneben sollten wir aber auch einen Blick darauf werfen, wie er die großen Ereignisse der französischen und europäischen Geschichte erlebte, deren Zeitgenosse und Zeuge er war.

Louis Pasteur kam am 17. Dezember 1822 in Dôle im Département du Jura zur Welt. Er stammte aus einfachen Verhältnissen und absolvierte sein Hochschulstudium sozusagen als Staatsstipendiat. Darin gleicht sein Werdegang demjenigen der beiden fast gleichaltrigen deutschen Wissenschaftler Hermann Helmholtz und

Rudolf Virchow. Sie beide studierten Medizin am Medizinisch-Chirurgischen Friedrich-Wilhelm-Institut in Berlin, wo das Studium unentgeltlich war, da es der Ausbildung von Militärärzten für das preußische Heer diente. Doch Preußen war weitsichtig genug, um wissenschaftlich so hochbegabte Zöglinge nach Abschluß ihres Studiums freizugeben und ihnen das Abverdienen ihres Studiums im militärärztlichen Dienst zu erlassen. Pasteur seinerseits studierte Naturwissenschaften an der École normale supérieure in Paris; diese Ausbildungsstätte für Lehrer an höheren Schulen und Universitäten hatte ebenfalls den Zweck, Talente aus dem Volk für den Dienst am Staat heranzubilden, wenn auch für den Einsatz auf zivilem Gebiet.

Beide Eltern Pasteurs, der Vater Jean-Joseph und die Mutter Jeanne-Étienne, geborene Roqui, entstammten alteingesessenen bürgerlichen Familien der Freigrafschaft. Schon Joseph Pasteurs Vater und Großvater waren Gerber gewesen, er selbst führte diese handwerkliche Tradition weiter, brachte aber gerne Opfer für die Ausbildung seines Sohnes, des einzigen Jungen neben drei Mädchen; mehr noch: Er nahm auch sein Leben lang am geistigen Weg des Sohnes Anteil. Überhaupt, die Pasteurs waren eine Familie, in der man füreinander da war.

Das Gefühl der selbstverständlichen Zugehörigkeit bezog sich bei Louis Pasteur nicht nur auf das Elternhaus, sondern auch auf den Ort, an dem er aufgewachsen war. Jahr für Jahr kehrte er später in den Sommerferien in das Jurastädtchen Arbois heim, und wer immer von seinen Mitbürgern eine Frage an ihn hatte — zum Beispiel, weil der Wein nicht recht herauskommen wollte — der durfte ohne weiteres bei Monsieur Pasteur anklopfen.

Joseph Pasteur, der Vater, hatte in jungen Jahren als Unteroffizier der napoleonischen Armee in Spanien gekämpft. Jene Jahre blieben in seiner Erinnerung die große Zeit seines Lebens — und Frankreichs, obwohl er alles andere als eine Kriegsgurgel war. Aber wie so viele einfache Franzosen sah er in Napoleon nicht den Unterdrücker Europas (obwohl er gerade in Spanien etwas davon hätte spüren können), sondern den ruhmreichen Feldherrn und den gerechten Regenten, für den nicht die Privilegien der Geburt, sondern die Tüchtigkeit des einzelnen zählten und unter dem das gleiche Recht für alle Franzosen galt. Einen für die Ehre Frankreichs glühenden, leicht zu verletzenden Patriotismus finden wir auch beim Sohn wieder.

Als Schüler war Louis Pasteur guter Durchschnitt. Wenn bei ihm eine Neigung, eine Begabung hervorstach, so war es das Zeichentalent. Als Jüngling führte er Porträts in Pastell aus, die gefielen: Er wußte zu sehen und die charakteristischen Züge festzuhalten. Um sich auf die École normale besser vorbereiten zu können, fuhr er mit 16 Jahren nach Paris. Doch das Heimweh machte ihn krank — die Francs-Comtois sind nicht umsonst Nachbarn der Schweizer; ohne überflüssige Worte zu verlieren, holte der Vater ihn wieder nach Hause. Im folgenden Jahr ging Louis Pasteur an das Collège zu Besançon, entschlossen, nach Erwerb der beiden Bakkalaureate, des literarischen und des mathematisch-naturwissenschaftlichen, den Concours für die École normale zu bestehen. Seinen weniger bildungsbeflissenen Schwestern schrieb er ermahnende Briefe: Auf den Willen und die Arbeit kommt alles an, dann wird der Erfolg nicht ausbleiben. Wenn er sich später gelegentlich darüber äußerte, warum ihm gewisse Entdeckungen geglückt seien, so stellte er stets an erste Stelle den Arbeitseifer, die unermüdliche Anstrengung. Doch der Fleiß braucht eine Inspiration; Pasteur sah sie in der »Liebe zu dem, was groß und schön ist«. Dazu gehörte auch die Verehrung großer Persönlichkeiten. Sein Biograph und Schwiegersohn René Vallery-Radot fügt zu Recht ein drittes anspornendes Element bei: Pasteurs Güte. Wenn man ihn um seine Hilfe bat, konnte er nicht widerstehen. Die mühevolle Aufklärung der infektiösen Ursache der Seidenraupenkrankheit geht auf diese Bereitschaft zu helfen zurück.

Mit knapp 25 Jahren doktorierte Pasteur. Er war schon damals der Lösung eines wichtigen, physikalisch-chemischen Problems auf der Spur. Es ging um zwei Substanzen von gleicher chemischer Struktur, die Weinsäure (acide tartrique) und die Traubensäure (acide paratartrique, acide racémique), die sich jedoch gegenüber polarisiertem Licht verschieden verhielten: Eine Weinsäurelösung drehte die Schwingungsebene der Lichtwellen nach rechts, eine

Traubensäurelösung veränderte sie nicht. Pasteur konnte nun nachweisen, daß es zwei Weinsäuren gibt, deren Atome im Raum spiegelbildlich angeordnet sind; daher dreht die eine das polarisierte Licht nach rechts, die andere nach links. In der Traubensäure sind sie gemischt, so daß sich ihre gegensätzlichen Wirkungen auf das polarisierte Licht neutralisieren: Die Traubensäure ist das, was man seither ein »razemisches Gemisch« (zweier isomerer, optisch aktiver Substanzen) nennt. Die beiden Weinsäuren zeigten die Asymmetrie ihrer Struktur deutlich, wenn sie auskristallisierten: Die beiden Kristallformen waren spiegelbildlich symmetrisch; Pasteur verglich sie mit zwei Handschuhen, die zum gleichen Paar gehören. Wo die bisherigen chemischen Verfahren keinen Unterschied der Struktur zu erkennen erlaubten, konnte Pasteur nun, bei sorgfältiger Berücksichtigung des physikalischen und des kristallographischen Verhaltens, doch einen solchen nachweisen. Damit war die *Stereochemie* begründet.

Während der junge Forscher diese Arbeit erfolgreich zu Ende führte, brach die Februarrevolution des Jahres 1848 aus. Pasteur begeisterte sich für Lamartine, den Dichter und Deputierten, der seit Jahren die zunehmende Korruption der Juli-Monarchie, den platten Eigennutz des in ihr tonangebenden Großbürgertums angeprangert hatte und nun an der Spitze der provisorischen Regierung der neuen Republik stand. Als die Regierung am 16. April durch einen Aufmarsch sozialrevolutionärer Massen bedroht wurde, rückte Pasteur als Nationalgardist zu ihrem Schutz aus, bereit, sich nötigenfalls »für die heilige Sache der Republik« zu schlagen. Seine ganzen Ersparnisse von 150 Franken opferte er in diesen Tagen für eine nationale Kollekte.

Wieder ist es reizvoll, den Vergleich mit Virchow zu ziehen; Temperament und Einstellung der beiden Zeitgenossen zum öffentlichen Leben werden hier in ihrer Verschiedenheit deutlich. Virchow hat die Revolution freudig begrüßt; er drängte nach gründlicher Veränderung; in zahlreichen Artikeln rief er nach radikalen Reformen des Medizinalwesens und der sozialen Verhältnisse, nach Reformen, die schließlich in eine demokratische Umgestaltung des Staates münden sollten.

Ein solcher revolutionärer oder auch nur reformerischer Aktivismus war Pasteur fremd. Die Revolution rief in ihm die idealistische Hoffnung auf einen besseren, würdigeren Staat wach, und sie erweckte seinen Opfermut, aber ihre soziale Komponente blieb ihm fremd — im Grunde blieb sie ein äußeres Ereignis, das ihn nur kurz berührte. Mit der Tatsache, daß Louis-Napoleon nach kurzer Zeit der Republik ein ruhmloses Ende bereitete, fand er sich bald ab. Das sicher echte Interesse des Kaiserpaares an wissenschaftlichen Dingen faszinierte ihn, und die kaiserliche Politik schien der Größe und Prosperität Frankreichs zu dienen. Im Gegensatz zu Virchow, der Bismarck seinen Verfassungsbruch trotz seiner Erfolge nicht verzieh, war Pasteur kein politischer Mensch.
Im Herbst 1848 wurde Pasteur vom Erziehungsminister als Gymnasiallehrer nach Dijon beordert, wo er unter anderem eine Klasse von 80 Schülern in Physik zu unterrichten hatte, aber nicht experimentieren konnte. Doch schon nach drei Monaten wurde er erlöst: Man versetzte ihn als Professor der Chemie an die Straßburger Akademie — hier heiratete er Marie Laurent, die Tochter seines Rektors —, dann nach Lille, wo er gleichzeitig der neugegründeten naturwissenschaftlichen Fakultät als Dekan vorstand. Bereits hier bewies er seine Bereitschaft, seine Forschung in all ihrer wissenschaftlichen Strenge in den Dienst praktischer Zielsetzungen zu stellen. Pasteur lieferte mit seinem Lebenswerk wohl das eindrücklichste Beispiel für die auch von Virchow hochgehaltene und praktizierte Auffassung, die Männer der strengen Wissenschaft müßten zugleich Männer der praktischen Wissenschaft sein. In Lille führte ihn die Klage eines Industriellen, daß bei der Vergärung von Zuckerrüben statt des Alkohols, den man produzieren wollte, häufig Milchsäure entstehe, zur Entdeckung des Milchsäurebazillus als Gärungserreger und zur Feststellung, daß auch die Alkoholgärung, also die Spaltung von Zucker in Alkohol und Kohlensäure, als Lebensäußerung kleinster Organismen aufgefaßt werden müsse (1857). Im Lauf der folgenden Jahre bewies er, daß *jede Gärung das Werk einer besonderen Mikrobe ist*. Die betreffenden Mikroorganismen können ohne Sauerstoff leben; Pasteur

nannte sie deshalb Anaerobier. »Gärung ist Leben ohne Luft«, so sagte er später.
Kaum hatte Pasteur die neue Fakultät in Lille richtig in Gang gebracht, wurde er 1857 nach Paris gerufen — aber nicht etwa, um sich ungestört der Forschung widmen zu können. An seiner alten Schule, der École normale supérieure, wurde er zum Sous-Directeur und Verwalter ernannt. Er war für den naturwissenschaftlichen Unterricht verantwortlich, nahm seine administrativen Aufgaben ernst und wurde manchem seiner Schüler zum persönlichen Berater. Sein Labor mußte er sich jedoch notdürftig in einer engen Dachkammer einrichten. Aber Paris bot Pasteur die Gelegenheit zum persönlichen Kontakt mit zahlreichen Gelehrten, besonders nachdem er im Jahre 1862 Mitglied der Académie des Sciences geworden war und wöchentlich an deren Sitzungen teilnahm.
Sein Amt in der Leitung der École normale hatte Pasteur 10 Jahre lang inne. Die darauffolgende Ernennung zum Professor der Chemie an der Sorbonne war nicht etwa reine Anerkennung seiner wissenschaftlichen Verdienste, sie war eher der mehr oder weniger elegante Ausweg aus einer politischen Affäre. Der Schriftsteller Sainte-Beuve hatte im Senat des Kaiserreichs seine Stimme gegen die Verbannung sozial- und religionskritischer Bücher (darunter der Werke von Voltaire, Balzac, George Sand, Proudhon, Renan) aus den Volksbibliotheken der Industriestadt St.-Etienne erhoben, und die Studenten der École normale hatten ihn zu seinem Eintreten für die Geistesfreiheit öffentlich beglückwünscht. Das hätten sie nicht tun dürfen. Der Verfasser des Briefes — Pasteur sprach von einer »lächerlichen und strafbaren Adresse«, einer Beleidigung des Senats — wurde von der Schule gewiesen. Seine Kameraden verlangten seine Wiederaufnahme, fanden Unterstützung in der Presse, und der Erziehungsminister, Victor Duruy, zeigte sich nachsichtig. Die drei leitenden Männer der Schule aber, unter ihnen Pasteur, durch übertriebene Strenge kompromittiert, mußte gehen.

Die Gärungsstudien hatten Pasteur unmittelbar an die Frage der Urzeugung herangeführt. Obwohl um 1860 ein naturwissenschaftlich gebildeter Mensch nicht mehr daran glaubte, daß aus Unrat nun gerade Mäuse entstehen könnten, so nahmen manche doch für die mikroskopisch kleinen Lebewesen noch eine spontane Entstehung aus unbelebter Materie, eine »Urzeugung« an. Unter dem Einfluß der Luft sollten aus den zerfallenden und vergärenden Flüssigkeiten jene einfachsten Lebewesen, die Hefe-, Schimmel- und Spaltpilze entstehen. Félix Pouchet in Rouen und andere berichteten sogar über Experimente, die diesen Vorgang angeblich bewiesen. Durch ebenso einfach konzipierte wie mit der notwendigen peinlichen Sorgfalt durchgeführte Versuche zeigte jedoch Pasteur in den Jahren 1860/61, daß nichts dergleichen geschieht, wenn nur die Luft, die mit den zersetzlichen Flüssigkeiten in Kontakt kommt, vollständig sauber und von Schwebeteilchen rein ist. »Ich entferne die in der Luft schwebenden Keime. Damit entferne ich das Leben (es wurde dem Menschen nicht gegeben, Lebewesen zu schaffen). Das Leben ist der Keim, der Keim ist das Leben.« Was nach Virchow für die Zellen des Organismus galt — »Wo eine Zelle entsteht, da muß eine Zelle vorausgegangen sein« —, das galt nach Pasteur auch für die Mikroben.

Diese Studien, die ein Grundproblem der Biologie lösten, zeitigten zugleich ein praktisch vielseitig anwendbares Konservierungsverfahren für verderbliche Flüssigkeiten — eine kurzdauernde Erhitzung auf 50—60° C, das die Keime tötet, ohne die zu schützende Substanz zu verändern. Schon bald bezeichnete man im Ausland die Methode als »Pasteurisation«. Pasteur sah aber noch viel wichtigere Konsequenzen seiner grundlegenden Forschungen voraus: Sie müßten dazu führen, die Entstehung zahlreicher Krankheiten zu erklären und ihre Ausbreitung zu verhindern. Hier setzte 1867 Joseph Lister an. Pasteur selbst bewies die Richtigkeit dieser Voraussage, indem er zwei Seidenraupenkrankheiten, die die Zuchten Südfrankreichs seit nahezu zwanzig Jahren verheerten, auf infektiöse Keime zurückführte und die infizierten Tiere zu erkennen und auszumerzen lehrte (1865—1870). Er führte diese Studien unter dem anhaltenden Störfeuer einer feindseligen Publizistik durch — was konnte ein Chemieprofessor schon von Seidenraupen wissen? Doch selbst ein Schlaganfall, den er mit 45

Jahren erlitt, konnte seinen Willen, zum Ziel zu kommen, nicht dämpfen. Die Imperative der Forschung und des Dienstes am Gemeinwohl wirkten hier zusammen und stärkten Pasteurs Unbeirrbarkeit.

Unter allen Auszeichnungen, die Pasteur bis dahin zuteil geworden waren, freute ihn ganz besonders die Ernennung zum Doctor medicinae honoris causa durch die medizinische Fakultät der Universität Bonn. Er sah darin die Bestätigung seiner Überzeugung, daß seine Forschungen der Medizin neue Horizonte erschlossen. Dieses Diplom, das bis dahin die Zierde seines Studierzimmers gewesen war, sandte er im Januar 1871 nach Bonn zurück. Aus dem langen Begleitbrief spricht Schmerz und Empörung.

Dieser Umschwung in Pasteurs Einstellung ist mehr als der Ausdruck seiner persönlichen, vielleicht übergroßen patriotischen Sensibilität, er ist zugleich ein Zeichen für den Gesinnungswandel gegenüber Deutschland, den damals viele gebildete Franzosen durchmachten, ein Symptom jener tiefgreifenden Verfeindung, die die Beziehungen der beiden Nachbarvölker bis zum Ende des Zweiten Weltkriegs verhängnisvoll belasten sollte. In Deutschland hatte sich, wie es der Religionshistoriker Ernest Renan in einem Brief an seinen deutschen Kollegen David Friedrich Strauß damals formulierte, »seit einem Jahrhundert eine der schönsten geistigen Entwicklungen vollzogen, welche die Geschichte kennt, eine Entwicklung, die, wenn ich den Ausdruck wagen darf, dem menschlichen Geist an Tiefe und Ausdehnung eine Stufe zugesetzt hat«. Nun zeigte sich dieses bewunderte Deutschland der Bücher, der Musik und der Universitäten als rücksichtslose Militärmacht. Nach der entscheidenden Niederlage von Sedan und dem Sturz Napoleons III. hatten viele Franzosen gehofft, der Krieg sei nun zu Ende, hatte doch der König von Preußen in seinen von Bismarck redigierten Proklamationen bei Kriegsbeginn erklärt, der Krieg richte sich gegen Frankreichs Machthaber, nicht gegen das französische Volk. Nun aber forderten die Deutschen das Elsaß und Metz und führten den Krieg unerbittlich weiter. Dazu kam im Januar 1871 die Beschießung der eingeschlossenen Stadt Paris. Das Museum d'Histoire Naturelle, eine traditionsreiche Stätte naturwis-

senschaftlicher Studien mit eigenen Lehrstühlen, wurde von deutschen Granaten getroffen. Eine Empörung sondergleichen bemächtigte sich der französischen Gelehrten; es war unter dem Eindruck dieser als barbarisch empfundenen Beschießung, daß Pasteur das Bonner Ehrendiplom von der Wand nahm und zurückschickte.
Die Bonner Mediziner waren aber nicht geneigt, Pasteurs zornigen Brief mit dem Verständnis großmütiger Sieger für den wilden Schmerz der im Kampf Unterlegenen hinzunehmen. Sie sahen darin nur die Beleidigung der »deutschen Nation in der geheiligten Person ihres erhabenen Kaisers«, sie sandten das Schreiben ihrerseits an Pasteur zurück und versicherten ihn ihrer Verachtung. Pasteur antwortete noch einmal, nicht weniger vehement; in einer Nachschrift aber leuchtet, durch Zorn und Feindseligkeit hindurch, seine tiefe menschliche Einsicht auf: »Beim nochmaligen Lesen Ihres und meines Briefes blutet mir das Herz beim Gedanken, daß Männer, die, wie Sie und ich, ihr Leben der Suche nach Wahrheit und den Fortschritten des menschlichen Geistes geweiht haben, gegeneinander eine solche Sprache führen . . .«
Auch seinen eigenen Landsleuten redete Pasteur in jenen dunklen Tagen ins Gewissen. Warum hat Frankreich diesmal nicht wie 1792 die überlegenen Männer gefunden, die die Katastrophe zu wenden vermochten? Weil es die Pflege der Wissenschaft vernachlässigt, den höheren Bildungs- und Forschungsanstalten die nötigen Mittel vorenthalten hat. Während Deutschland seine Universitäten vermehrte, gab sich Frankreich seinen Revolutionen hin, »der sterilen Suche nach der besten Regierungsform«. Es ist jedoch die uneigennützige Arbeit des Geistes, die nicht nur das intellektuelle Niveau, sondern auch die moralische Haltung einer Nation bestimmt. Die Elementar- und Mittelschulen auszubauen hilft nach Pasteur wenig, wenn dem Bildungswesen der lebendige Geist der Hochschule fehlt. Die Katastrophe sollte für Frankreich Anlaß sein, sich wieder auf das Wesentliche zu besinnen.
Schon lange vor dem Krieg hatte Pasteur Napoleon III. versichert, sein ganzer Ehrgeiz richte sich darauf, die Ursache der »fauligen« (das heißt septischen) und ansteckenden Krankheiten zu erfor-

schen. Er bedauerte gelegentlich, nicht Mediziner zu sein. Aber gerade deshalb sah er die Infektionskrankheiten aus einer gewissen Distanz und damit in größeren biologischen Zusammenhängen. Die Krankheiten, die Menschen und Haustiere befielen, waren für ihn nicht wesensverschieden von den Krankheiten des Weins, des Biers oder der Seidenwürmer; gleich wie diese und gleich wie die Gärungen waren für Pasteurs umfassenden naturwissenschaftlichen Blick auch Tuberkulose, Typhus, Cholera und alle anderen Infektionskrankheiten das Werk bestimmter, für jede Krankheit spezifischer Mikroben.

Es ist verständlich, daß Pasteur bisweilen gerne die Fachkenntnisse eines Mediziners und die Arbeitsmöglichkeiten eines Spitalarztes gehabt hätte. In größerem Ausmaß hätte er dann den Infektionserregern und ihrem Übertragungsweg nachspüren und die Zusammenhänge zwischen der Ausbreitung der Bakterien im Körper und den Krankheitserscheinungen erforschen können. Vielleicht wäre er dann aber nicht zu seiner größten Leistung auf diesem Gebiet geführt worden: der Umwandlung eines Krankheitserregers in einen Immunitätserzeuger, eines »Virus« (der Ausdruck bedeutete zunächst einfach »Krankheitsgift«, »Ansteckungsstoff«) in eine »Vakzine«, einen Impfstoff. Den Anstoß hierzu gab ihm eine zufällige Beobachtung in seinem bescheidenen Labor — doch »der Zufall begünstigt nur den vorbereiteten Geist«, wie er selber als junger Professor gesagt hatte. Pasteur experimentierte (1878) mit dem Erreger der Hühnercholera und züchtete ihn in Reinkultur. Eine dieser Kulturen blieb zufällig unbenützt ein paar Wochen lang stehen. Als Pasteur sie nun einem Huhn einverleibte, so starb dieses nicht, wie es bei der Einimpfung einer frischen Kultur geschehen wäre, und als man ihm nachher eine gehörige Dosis frischer, virulenter Bazillen zu schlucken gab, die jedes andere Huhn getötet hätte, trat die tödliche Wirkung wiederum nicht ein, das Tier erwies sich vielmehr als immun.

In dem, was zunächst nur ein »Betriebsunfall« seines Laboratoriums gewesen war, erblickte Pasteur sogleich eine biologische Gesetzmäßigkeit: Durch das Stehenlassen an der Luft wurden die Bazillen *abgeschwächt*, so daß sie hinfort keine tödliche Krank-

heit mehr hervorzurufen vermochten; der abgeschwächte Erreger erweckte aber im Organismus immer noch die spezifischen Abwehrkräfte, die ihn gegen den virulenten Erreger immun machten. Gemeinsam mit seinen jüngeren Mitarbeitern Charles Chamberland, Pierre-Paul-Émile Roux und Louis-Ferdinand Thuillier bewies Pasteur wiederum in einem umfangreichen Experimentierprogramm, daß es sich wirklich so verhielt, und daß man es in der Hand hatte, durch Veränderungen der Wachstumsbedingungen auch andere Krankheitserreger, nämlich diejenigen des Schweinerotlaufs und des Milzbrands, abzuschwächen und in wirksame Schutzimpfstoffe umzuwandeln.
Als generelle Bezeichnung für die Schutzimpfungen wählte Pasteur den Ausdruck »Vakzination«, also den Namen der Jennerschen Kuhpockenimpfung: dies als Huldigung an das Andenken des großen Engländers Edward Jenner.

Während Pasteur so im Rampenlicht der Öffentlichkeit stand und 1882 durch die Aufnahme in die Académie Française auch als Schriftsteller und Denker ausgezeichnet wurde, war er bereits einem neuen und noch verzwickteren Problem auf der Spur: dem Schutz gegen die Tollwut. Die Tollwut, seit dem Altertum bekannt, war keine häufige Krankheit, aber sie war eine der unheimlichsten. Wurde man von einem tollen Hund gebissen, so konnte man nur die Wunde ausbrennen lassen, war aber trotzdem während Wochen oder Monaten im ungewissen, ob man verschont bleibe oder nicht. Brach die Krankheit aus, so gab es keine Rettung mehr vor dem qualvollen Tod. Pasteurs glänzende Idee war es nun, die lange Inkubationszeit zwischen der Infektion und dem Ausbruch der Krankheit zu benutzen, um durch eine Schutzimpfung mit abgeschwächtem »Virus« den Körper noch rechtzeitig zu immunisieren, also der Krankheit, deren Keim bereits im Körper saß, zuvorzukommen. Es ist ihm gelungen, und wir haben heute, 90 Jahre später, zwar anders hergestellte Impfstoffe, aber kein anderes Behandlungsprinzip.
Einen Impfstoff zu gewinnen war bei der Tollwut sehr viel schwieriger als etwa beim Milzbrand, weil der Erreger mit dem Licht-

mikroskop nicht sichtbar zu machen war. Man konnte ihn deshalb auch nicht genauer bezeichnen als mit dem alten, unbestimmten Begriff »Virus«. Erst mit Pasteurs Tollwutstudien gewinnt dieser Ausdruck seine moderne, präzise Bedeutung im Sinne eines submikroskopischen Krankheitserregers.
Pasteurs und Roux' Scharfsinn in Verbindung mit der ausdauernden Laborarbeit der kleinen Arbeitsgruppe meisterte die Schwierigkeiten. Pasteur bewies zunächst, daß das Virus nicht nur im Speichel, sondern mit noch größerer Regelmäßigkeit im Hirn kranker Hunde vorhanden ist. Mit einem kleinen Quantum solcher Hirnsubstanz ließen sich andere Hunde, aber auch Kaninchen infizieren. Durch fortlaufende Übertragung von Kaninchenhirn zu Kaninchenhirn gewann das Virus schließlich eine maximale Virulenz: sieben Tage nach der experimentellen Infektion brach unfehlbar die Krankheit aus. Man konnte das Virus zwar nicht sehen, aber man konnte damit genauso präzis arbeiten, wie wenn es sich um eine Reinkultur gehandelt hätte; Pasteur hatte ein »fixes Virus« von konstanter Virulenz erzeugt.
Nun ging es an die Abschwächung des Virus: Rückenmarkssubstanz von experimentell infizierten Kaninchen wurde steril getrocknet; nach 14 Tagen hatte das Virus seine Virulenz verloren. Die Impfmethode, die Pasteur in seinem Labor entwickelte, bestand nun darin, daß eine kleine Menge derartiger, 14 Tage »alter« Marksubstanz einem Tier eingespritzt wurde. An den folgenden Tagen erhielt das Tier weitere Injektionen von Marksubstanz, die immer weniger lang getrocknet worden war, das Virus also in zunehmender Virulenz enthielt. Den Abschluß der Impfung bildete — am 14. Tag — die Einspritzung von Rückenmark eines erst am Vortag getöteten Tieres, also von hochvirulentem Virus. Im Verlauf von zwei Wochen war auf diese Weise der Organismus gegen die Tollwut immun geworden — auch wenn die Infektion schon vor Beginn der Impfung stattgefunden hatte. Gerade das war es, was man für die Tollwutbehandlung beim Menschen brauchte.

Die erste Anwendung der neuen Impfung bei einem von einem tollen Hund mehrfach gebissenen und somit sicher infizierten

Patienten, dem neunjährigen Joseph Meister aus Willer (Villé) im Elsaß, läßt besonders schön Pasteurs schlichte Menschlichkeit erkennen. Die Methode war wissenschaftlich einwandfrei, im Tierversuch vielfach geprüft — und doch getraute sich Pasteur kaum, sie anzuwenden, als am 6. Juli 1885 die Mutter des unglücklichen Kindes, von ihrem Hausarzt nach Paris geschickt, ihn inständig darum bat. Sein Freund, der Pathologe Vulpian, und der Arzt Grancher, einer seiner jungen Mitarbeiter, mußten ihn erst überzeugen, daß nun der Augenblick gekommen sei, die Impfbehandlung an einem Menschen zu erproben, um so mehr, als dessen Leben sonst rettungslos verloren gewesen wäre. Unter Pasteurs Überwachung führte Grancher die Behandlung in den nächsten zehn Tagen durch. Pasteur hatte schlaflose Nächte; doch Mitte August, sechs Wochen nach der Infektion, hatte er die Gewißheit: Der Knabe ist gerettet, und die Impfung wirkt — auch beim Menschen. Mit Joseph Meister blieb er im Briefwechsel, und Meister kam später als Abwart an das Institut Pasteur; als die Deutschen im Juni 1940 Paris besetzten, nahm er sich aus Verzweiflung das Leben.

Schon lange war Pasteur ein international geachteter Forscher und einer der populärsten und angesehensten Franzosen gewesen (die Nationalversammlung hatte ihm 1874, auf sein Gesuch hin, als »Récompense nationale«, eine lebenslängliche Rente ausgesetzt). Doch nun wurde er als Wohltäter der ganzen Menschheit gefeiert. Freilich fehlte es auch jetzt nicht an Skepsis, Krittelei, ja Verleumdung. Doch die Anerkennung zeigte sich nun in sehr substantieller Form. Eine internationale Subskription wurde eröffnet, um die Mittel für ein großes Institut zu sammeln, das zugleich Zentrum der Tollwut-Impfbehandlung und Forschungsstätte sein sollte. Am 14. November 1888 wurde das *Institut Pasteur* in Paris eingeweiht. Tochterinstitute in Frankreich und in den Kolonien folgten; sie alle wurden zu führenden Zentren der Seuchenbekämpfung. Weder der Ruhm noch die zunehmenden körperlichen Beschwerden — Störungen der Hirndurchblutung — vermochten Pasteurs Lebenseinstellung zu ändern. Der Hauptinhalt seiner Tage blieb

die Arbeit, auch wenn die Initiative im Labor mehr und mehr auf seine Schüler, namentlich Émile Roux, überging. Bis zum Vortag seines Todes — er starb am 13. Juni 1895 in Villeneuve-l'Étang bei Paris — blieb sein Geist klar und lebendig.
Die historische Größe eines Naturforschers ist schwer abzuschätzen, besonders wenn man das Burckhardtsche Kriterium der Einzigkeit und Unersetzlichkeit als Maßstab nimmt, denn die Naturwissenschaft hat ihre eigene Dynamik: Jede Entdeckung führt zu neuen Fragestellungen und damit wieder zu Entdeckungen. Eine Größe, die über das Verdienst an der Förderung eines einzelnen Faches hinausgeht, billigt Jacob Burckhardt aber auch Naturforschern zu, insofern sie nämlich »Auffinder von Lebensgesetzen ersten Ranges« sind. Dazu gehört ohne Zweifel Louis Pasteur, der die Rolle der Mikroben im Haushalt der Natur erkannte und darüber hinaus das Prinzip der Schutzimpfung durch Abschwächung der Krankheitserreger erspürte und entwickelte.
Gerade an Pasteurs Werk kann man im übrigen deutlich erkennen, daß in der Naturwissenschaft die großen Entdeckungen keineswegs automatisch erfolgen, sondern mit Anstrengung und gegen Widerstand erkämpft werden müssen. Das Neue liegt nur für die wenigen auf der Hand, die einen schärferen Spürsinn, einen freieren Blick haben als die vielen anderen. Und gerade die jeweils modernen wissenschaftlichen Auffassungen, die sich eben erst durchgesetzt haben, können das Neue, das sich ankündigt, verdecken und verhüllen. So war es zu Pasteurs Zeit mit der damals dominierenden Betrachtungsweise der Chemie, die die Mikroben als belanglose Nebenerscheinungen chemischer Prozesse mißverstand.
Einmal anerkannt, zeitigte auch die bakteriologische Betrachtungsweise ihre unvermeidlichen Übertreibungen — überall suchte und beschrieb man nun Bazillen. Pasteur selbst freilich vereinigte schöpferische Intuition und kritische Selbstdisziplin in ganz ungewöhnlich hohem Maße. Er prüfte seine eigenen Ideen im Experiment mit der gleichen methodischen Strenge wie die Behauptungen seiner Gegner. Selten ging er mit seinen Schlußfolgerungen zu weit, in den grundsätzlichen Fragen überhaupt nie.

So verfiel er auch nicht der Versuchung, aus der Naturwissenschaft heraus die Welt und den Menschen restlos erklären zu wollen. Er sah die Grenzen wissenschaftlicher Erkenntnis: »Wir sind von Geheimnissen umhüllt« — »nous sommes enveloppés de mystères.« Er glaubte, daß wir einer unser Leben überdauernden geistigen Welt angehören, und daß es kein trügerisches Gefühl ist, wenn wir im Tod eines Menschen etwas anderes sehen als im Absterben eines Bazillus. Aber wissen können wir das nicht; der Bereich der Wissenschaft und der Bereich des Glaubens und der Philosophie sind zweierlei und dürfen nicht durcheinandergebracht werden.
Der Klarheit und Geradlinigkeit von Pasteurs Denken entsprach die Schlichtheit seiner Lebensführung. Sein Leben gehörte der Arbeit, und seine Frau unterstützte ihn darin; sie war in all seine Experimente eingeweiht und hielt unnötige Störungen von ihm fern. In seinen Gefühlen war er einfach, stark und dauerhaft, seinen Angehörigen und seinen Freunden blieb er unverbrüchlich verbunden. Aus diesen Kräften der Persönlichkeit ging sein Werk hervor, von dem Ernest Renan, als er Pasteur in der Académie Française willkommen hieß, sagte: »Ihr wissenschaftliches Leben ist wie eine leuchtende Spur in der tiefen Nacht des unendlich Kleinen.«

Jürgen vom Scheidt

Jean Martin Charcot
(1825—1893)

Fünf große Neuorientierungen haben die Entwicklung der Psychiatrie nachhaltig bestimmt. Läßt man die Einführung der Psychopharmaka einmal außer acht, die in den fünfziger Jahren unseres Jahrhunderts den fünften Umbruch einleitete, so handelt es sich um folgende bahnbrechende Ereignisse im medizinisch-wissenschaftlichen Denken und Handeln:
1) Im Jahre 1793 befreite Philippe Pinel in Frankreich Geisteskranke aus den schrecklichen Verliesen, in denen man bis dahin überall in der Welt diese Menschen wie Verbrecher verwahrt hatte. Dieser nicht nur humanen Neuorientierung, denn sie ging von einem neuartigen wissenschaftlichen Ansatz aus, folgte im letzten Drittel des 19. Jahrhunderts 2) die systematische Beobachtung und Klassifizierung der vielfältigen Erscheinungsformen seelischer Störungen, bald ergänzt durch 3) die ersten ernst zu nehmenden Erklärungsversuche für die Entstehung dieser Leiden. Und schließlich wurde 4) mit der Psychotherapie ein erstes brauchbares Behandlungsinstrument geschaffen.
Zu dieser Entwicklung hat Jean Martin Charcot wichtige Beiträge geleistet. Indem er nachwies, daß beispielsweise die Hysterie seelische Komponenten hat und durch Suggestion beeinflußt werden kann, befreite er eine große Gruppe von angeblich »geisteskranken« Patienten vom Stigma der Unheilbarkeit. Seine unermüdliche Beobachtung vieler Kranker trug dazu bei, die moderne Klassifizierung der psychiatrischen Lei-

den zu begründen. Für einige dieser Leiden fand er die Ursachen, und mit seinen Hypnose-Experimenten gelang ihm außerdem ein erster Ansatz in Richtung einer Psychotherapie. Ja man kann sogar sagen, daß Charcot darüber hinaus den Grundstock legen half für jene Forschungsrichtung, der nahezu ein Jahrhundert später die Psychopharmaka zu verdanken waren, indem er experimentell die Wirkungen von Metallen (Metallotherapie) auf den Stoffwechsel untersuchte.
Mit Recht rühmt ihn also der amerikanische Neurologe I. S. Wechsler: »Unter der Vielzahl hervorragender Namen, die die französische Neurologie im 19. Jahrhundert erleuchten, scheint keiner mit größerer Brillanz als der von Jean Martin Charcot. Er repräsentiert den medizinischen Genius Frankreichs in höchster Vollendung. Die Natur stattete ihn großzügig aus: mit einem originellen Verstand, mit der Gabe logischen Denkens und der Gabe des klaren Ausdrucks. Es war viel von einem Künstler in ihm. Er vereinte Tiefe des Wissens mit großem Fleiß. In einem Zeitalter großer Lehrer war er einer von heroischer Statur.«
Ähnlich respektvolle, ja begeisterte Äußerungen findet man immer wieder — und trotzdem ist Charcot nahezu vergessen worden. Er lebt noch in den Bezeichnungen einiger seltener Krankheiten weiter (»Charcot's Joint«, »Rheumatismus von Charcot«, »Charcot-Mariesche Atrophie«) und wird auch in jedem einschlägigen Lexikon gewürdigt. Aber in der Geschichte der Medizin im Allgemeinen und der Psychiatrie im Speziellen nimmt er keinen sonderlichen hervorragenden Platz mehr ein, ja die Kritik überwiegt nicht selten das Lob, das man ihm zollt.
Eine erste Erklärung für diese widersprüchliche Einordnung Charcots wird vielleicht möglich, wenn man außer den objektiven Gegebenheiten (die Leistungen Charcots auf neurologischem und psychiatrischem Gebiet) noch psychologische Aspekte berücksichtigt (er war vor allem gegen Ende seiner Laufbahn sehr umstritten und machte sich zunehmend Feinde durch sein herrisches und menschenfeindliches Wesen) und nicht zuletzt eine bisher kaum beachtete soziologische Komponente mit in die Betrachtung einbezieht:

Charcot war der Vorläufer eines Typus von Psychiater, der erst in unseren Tagen mehr und mehr dominiert und zu seinem Recht kommt: der Typ des »wissenschaftlichen Managers«, dessen größte Leistung weniger im Forschen und Lehren besteht als im Organisieren von Wissenschaft und ihrer Anwendung. Nahezu identisch mit dem Namen Charcots ist nämlich die »Schule der Salpêtrière« geworden, in der viele berühmte Psychiater der Jahrhundertwende ihre Ausbildung bekamen.

Der Charcot-Biograph tut sich schwer. Außer einer Reihe von Nekrologen gibt es praktisch keine Äußerungen von Zeitgenossen über ihn. Diese Nachrufe jedoch informieren fast ausschließlich über Charcots Glanzzeit (1870—1893). Auch der französische Psychiater Georges Guillain, der 1955 die bislang umfassendste Studie über sein Leben und Werk publiziert hat, stützt sich überwiegend auf Nekrologe und weiß deshalb kaum etwas über den frühen Charcot mitzuteilen. Ähnlich steht es mit den Erinnerungen von Charcots Schüler A. Souques und der Biographie des russischen Arztes A. Lyubimov von 1894. Charcot selbst hat literarische Werke (». . . eine Unzahl von Reisebetrachtungen und Reiseerinnerungen, eine Menge literarischer Kritiken und philosophischer Reflexionen . . .«) verfaßt, die jedoch nie publiziert wurden — vielleicht, weil sie autobiographische Hinweise enthielten? Jedenfalls haben sich sowohl er wie seine Familie über Privates nicht geäußert.
Was man über die ersten 45 Jahre dieses Lebens weiß, ist dementsprechend spärlich, fast möchte man sagen: typisch für einen Wissenschaftler, der nur seine Arbeit kennt. Dieser erste Eindruck des unscheinbaren Forschers täuscht jedoch, muß täuschen, denn Charcot hatte im späteren Leben glänzende Verbindungen politischer Art bis in die einflußreichsten Kreise der Regierung und pflegte enge Kontakte mit den bedeutendsten Künstlern und Literaten seiner Zeit, war mit einer reichen Witwe verheiratet und hatte ein offenes Haus für alles, was Rang und Namen hatte, aber auch für die vielversprechenden jungen Ärzte, die bei ihm lernten. Solch ein gesellschaftliches Milieu entsteht nicht aus dem Nichts,

und manche Charakterzüge des Psychiaters lassen vermuten, daß er dieses Milieu, ja seine ganze Karriere sehr zielstrebig aufgebaut hat.

Charcot wurde am 29. November 1825 in Paris geboren. Sein Vater war ein Wagenbauer, von dem es hieß, daß er Kutschen von großer Schönheit baute, und dem man nachsagte, er sei mehr Künstler als Handwerker gewesen. Zu jener Zeit wohnten die Eltern noch bei Jean Antoine Saussier, dem Vater von Frau Charcot, für den Jean Martins Vater auch arbeitete. Die Eltern waren bei seiner Geburt — für heutige Verhältnisse vergleichsweise jung: der Vater 27, die Mutter noch keine 17 Jahre alt, wie der Taufschein ausweist.
Der ältere Bruder Martin wurde Wagenbauer wie der Vater und der Großvater. Die beiden jüngeren Brüder schlugen die militärische Laufbahn ein: Emile wurde Bataillonskommandeur beim Heer; Eugene ging zur Marine und wurde 1869 bei einem Aufstand in der französischen Kolonie Senegal erschossen.
Die Familie Charcot lebte in bescheidenen Verhältnissen, aber keineswegs ärmlich; der Vater ging seinem Beruf nach, die Mutter widmete sich dem Haushalt und der Erziehung der Kinder. Es ist müßig zu spekulieren, wie diese Erziehung aussah; feststeht, daß Jean Martin schon sehr früh als kühl, schweigsam, schüchtern und distanziert galt. In späteren Jahren sagte man ihm nach, daß er Kranke, vor allem seine weiblichen Hysteriepatienten, mehr wie interessante Demonstrationsobjekte denn als leidende, Mitgefühl verdienende Geschöpfe behandelte, ja er galt — zumindest behaupten dies seine Kritiker — als ausgesprochen menschenfeindlich. In sonderbarem Gegensatz zu dieser Misanthropie sieht selbst ein neutraler Biograph unserer Tage wie George de Morsier seine »wahre Leidenschaft für Tiere«, die so weit ging, daß er nicht nur ausgesprochen hingebungsvoll mit Pferden und anderen Vierbeinern sprach und spielte, sondern seine Abneigung gegen jegliche Art von Tierexperimenten dadurch unterstrich, daß er über der Tür seines Arbeitszimmers die Anschrift anbrachte:

»Bei mir finden Sie keine Hundeklinik.« Das war wohl auch
-
all in der Welt aufkommenden medizinischen Versuche an Laboratoriumstieren, wies jedoch zugleich auf seine echte Zuneigung gegenüber Tieren hin.

Der Lebensweg des Arztes barg zunächst keine Hinweise auf den späteren Ruhm. Nach dem Besuch des Pariser Lycée Bonaparte schwankte er anfangs zwischen dem Medizinstudium und einer künstlerischen Karriere, wählte aber dann — neunzehnjährig — den Arztberuf. Es heißt, daß er seinen Unterhalt weitgehend durch Privatunterricht erwerben mußte, obwohl die Eltern keineswegs mittellos waren. In jenen Jahren fielen an ihm vor allem ein schwarzer Schnurrbart auf (den er angeblich auf Verlangen seines ersten vermögenden Patienten abrasieren mußte) und ein (psychisch bedingter?) Sprachfehler. Ansonsten machte er einen eher unscheinbaren Eindruck. Seine Laufbahn verlief ganz im verborgenen, und es bedurfte vieler Jahre zäher und zielstrebiger Arbeit, ehe der ungewöhnliche Erfolg und Glanz der beiden letzten Lebensjahrzehnte eintrat.

Das Studium absolvierte er sehr rasch. Schon 1848 wurde er zum »Interne des Hôpitaux de Paris« ernannt, was der Stellung eines Assistenzarztes entsprach. Bereits damals lernte er eine Zeitlang die Salpêtrière kennen, die später seine eigentliche Wirkungsstätte wurde. Wie Henry F. Ellenberger feststellt, erkannte Charcot schon in jenen Tagen, »daß dieses Krankenhaus eine große Zahl von Patientinnen mit seltenen oder unbekannten neurologischen Leiden barg und eine Goldmine für die klinische Forschung sein könnte. Er behielt dies im Sinn, während er langsam seine Laufbahn als Anatom und Pathologe verfolgte«.

Als »Interne« lernte er einige andere junge Ärzte kennen, die gleichzeitig mit ihm ernannt wurden und später ebenso berühmt wurden wie er: Pierre-Carl Potain, Auguste Axenfeld, Ulysse Trélat und Edme-Felix Vulpian. Mit ihnen war er sein ganzes Leben lang befreundet, und aus diesen Freundschaften wird auch so mancher andere wichtige Kontakt erwachsen sein, war doch der Einfluß guter, vor allem prominenter Ärzte vor einem Jahrhundert

noch von ganz anderem Gewicht für alle Lebensbereiche als heutzutage; das demonstriert schon jene Anekdote, derzufolge Charcot selbst eine inoffizielle Begegnung zwischen dem französischen Politiker Léon Gambetta und dem Großherzog Nikolai von Rußland arrangiert, aus der — laut Guillain — später die französisch-russische Allianz hervorging.
Schon während des Studiums zeigte sich eine ausgeprägte zeichnerische und sprachliche Begabung. Seine beiden späteren Schüler A. Souques und H. Meige berichten, daß der magere, langhaarige Student mit dem schwarzen Bärtchen gerne Karikaturen seiner Kommilitonen anfertigte (die man heute noch in der Bibliothek der Salpêtrière betrachten kann); später kam ihm dieses, wahrscheinlich vom Vater geerbte Talent sehr zugute, als er die Illustrationen zu den beiden graphischen Bänden *Les démoniaques dans l'art (Die Dämonen in der Kunst),* Paris 1887, und *Les difformités et les maladies dans l'art (Die Mißgebildeten und die Kranken in der Kunst)*, Paris 1889, anfertigte, sowie bei der von ihm begründeten »Iconographie de la Salpêtrière«, einer Zeitschrift mit Darstellungen von Patienten im Hospital und ihrer vielfältigen Krankheiten.
An Fremdsprachen beherrschte er Englisch, Deutsch, Spanisch und Italienisch. Seine Italienischkenntnisse kamen ihm in jungen Jahren zugute, bei dem reichen Bankier und späteren Finanzminister A. Fould eine Stelle als Arzt und Begleiter auf einer ausgedehnten Italienreise zu erhalten, auf der er die großartigen Kunstschätze dieses Landes kennenlernte. Seine Sprachbegabung äußert sich sowohl in den leider nie publizierten schriftstellerischen Versuchen als auch in seinen umfangreichen wissenschaftlichen Arbeiten; zudem war er stets interessiert an Literatur; er schätzte Shakespeares Dramen, aber auch zeitgenössische Autoren, von denen eine illustre Reihe zu Gast in seinem reich mit Raritäten der antiken wie der zeitgenössischen Malerei und Skulptur geschmückten Salon war (unter anderem Guy de Maupassant, Alphonse Daudet und die Brüder Edmond und Jules de Goncourt, die im 3. Band ihres *Tagebuchs* eine bissige, ja feindselige Beschreibung Charcots überliefert haben). Ebenso liebte er Musik, vor

allem schätzte er Beethoven. Beide Talente, das zeichnerische wie das sprachliche, dürften sich zu der schon genial zu nennenden Fähigkeit Charcots vereinigt haben, die er selbst »Nosographie treiben« nannte. Damit meinte er die ausgesprochen künstlerische Fähigkeit, Wesentliches von Unwesentlichem durch fortgesetzte Beobachtung seiner Patienten zu unterscheiden. Kennzeichnend für diese Art, Krankheiten durch immer wieder überprüfendes Hinsehen zu erforschen, ist sein Ausspruch in den *Poliklinischen Vorträgen* von 1888: »Man muß die Dinge so sehen, wie sie sind und nicht wie sie sein sollten, nach irgendeiner Theorie, die wir im Kopf haben. Stellen wir zunächst die Tatsachen fest, die Theorie wird schon nachkommen.«

1851 trat Charcot in die Biologische Gesellschaft ein, deren Vizepräsident er 1860 wurde. Nach und nach wurde er Mitglied aller namhaften medizinischen und wissenschaftlichen Gesellschaften Frankreichs, ja man ernannte ihn — auf Betreiben seines Studienkollegen und lebenslangen Freundes Vulpian — schließlich 1883 zum Kandidaten der Akademie der Wissenschaften; darüber hinaus wurde er mit der Zeit Mitglied aller medizinischen und neurologischen Gesellschaften der Alten wie der Neuen Welt.

Davor lag jedoch die zähe Kleinarbeit im Labor und in den Krankenzimmern. 1853 legte er seine Dissertation (These) vor, welche sein französischer Kollege und Biograph Georges de Morsier »bemerkenswert« nennt: *Untersuchungen über die Krankheit, die unter dem Namen primäre asthenische Gicht, Gelenkknötchen, chronischer Gelenkrheumatismus (primäre Form) beschrieben worden ist.* Der Wiener Psychiater Ladislaus Haškovec berichtet über die mündliche Prüfung, bei welcher Charcot durch das Los bestimmt wurde, über Darmblutungen vorzutragen, daß der Kandidat »sich so gering auszeichnete und nur mit Mühe seinen Vortrag beendete, daß er zurückgewiesen worden wäre, hätte nicht Rayer, Mitglied der Jury, auf Charcots eminente These nachdrücklichst aufmerksam gemacht«.

Im selben Jahr 1853 wurde er auf Verlangen Rayers zum »Chef de clinique« an der Medizinischen Fakultät der Pariser Universität ernannt, drei Jahre später zum »Médecin des Hôpitaux de Paris«

(das heißt, er konnte nun an jedem Hospital der Stadt arbeiten — Haškovec nennt diese Stellung »Arzt im Central-Bureau«) und 1860 wurde er »Professor agrégé« (außerordentlicher Professor). Auch dieser Teil seiner Laufbahn verlief keineswegs glatt: Beim ersten Versuch, 1857, sich mit einer These über *Der Auswurf in der Medizin (L'expectoration en médecine)* zu qualifizieren, wurde er nicht nominiert; drei Jahre später legte er eine neue These über *Die inneren Blutungen* vor, mit welcher er ebenfalls durchgefallen wäre, hätte sich nicht sein Gönner Rayer wiederum nachhaltig für ihn eingesetzt; schließlich erlangte er die Professur im dritten Anlauf mit einer These über die *Chronischen Lungenentzündungen (Les pneumonies chroniques)*.
1862 kam der Wendepunkt, als er, 37jährig, Chefarzt einer der Abteilungen der Salpêtrière wurde. Er änderte seine wissenschaftliche Orientierung und wurde vom Internisten zum Neurologen. Zur selben Zeit heiratete er eine reiche kinderlose Witwe namens Durvis, die Tochter eines in Paris wohlbekannten Schneiders.
Aber nicht allein das Vermögen, das Madame Durvis in die Ehe mitbrachte, machte Charcot zu einem wohlhabenden Mann. Er selbst hatte bereits 1853 eine Privatpraxis eröffnet, die er neben seiner Arbeit an der Klinik betrieb und deren hohe Honorare von vorzugsweise reichen Patienten ihm ermöglichten, selbst das Leben eines reichen Mannes zu führen. Seine Frau betreute, wie alle Zeitgenossen übereinstimmend berichten, mit großem Geschick das Haus, das rasch zum beliebten Treffpunkt für Wissenschaftler, Politiker, Literaten und Künstler wurde. Sie gebar ihm auch bald zwei Kinder, 1865 die Tochter Jeanne und 1867 den Sohn Jean-Baptiste. Jeanne sah ihm verblüffend ähnlich, was Sigmund Freud anläßlich einer Abendgesellschaft am 20. Januar 1886 an seine Verlobte Martha Bernays schrieb:
»Madame ist klein, rund, lebhaft, weiß gepuderte Haare, liebenswürdig, nicht sehr distinguiert im Aussehen. Der Reichtum stammt von ihr, Charcot war ein ganz armer Teufel, ihr Vater soll ungezählte Millionen besitzen. Mlle. Charcot ist was anderes, auch klein, etwas voll und von einer geradezu lächerlichen Ähnlichkeit mit ihrem genialen Vater, infolgedessen so interessant, daß man

sich nicht überlegen kann, ob sie hübsch ist. Sie ist etwa zwanzig Jahre alt, sehr natürlich und umgänglich ... Denke Dir nun, ich wäre nicht schon verliebt und sonst ein rechter Abenteurer; es wäre eine starke Versuchung, hereinzufallen, denn nichts ist gefährlicher, als wenn ein junges Mädchen die Züge eines Mannes trägt, den man bewundert.«

Der Sohn Jean-Baptiste wurde zunächst ebenfalls Mediziner; wie die Brüder Goncourt kolportieren, war Charcot seinen Kindern gegenüber ein Tyrann und zwang seinen Sohn Jean, der zur See fahren wollte, Arzt zu werden; anderen Quellen zufolge war es der eigene Wunsch des jungen Mannes, zunächst Medizin zu studieren. Jedenfalls wurde er später ein weltberühmter Entdecker, dessen abenteuerliche Fahrten in die unerforschte Antarktis und Arktis wertvolle wissenschaftliche Ergebnisse erzielten und der die Suche nach dem verschollenen Polarforscher Amundsen leitete. Er fand den Tod bei einer Explosion, als sein Schiff *Pourqoui-Pas* gerade einen isländischen Hafen verlassen wollte. Die französischen Lexika räumen ihm fast doppelt soviel Raum ein wie seinem berühmten Vater, dem zu Ehren Jean-Baptiste ein von ihm selbst entdecktes Territorium in der Antarktis benannt hat.

Charcot war ein so vielseitig begabter und emsig tätiger Mann, daß man bei ihm eigentlich drei verschiedene Karrieren unterscheiden muß: die des medizinischen (neurologischen und internistischen) Wissenschaftlers, die des Hochschullehrers und die des praktizierenden Arztes.

Seine wichtigsten Entdeckungen als Wissenschaftler machte er in den ersten acht Jahren seiner Tätigkeit an der Salpêtrière, 1862—1870, durch die er zum Schöpfer der modernen Neurologie wurde. 1862 begann er sich mit den Alterskrankheiten zu befassen und darf somit auch als einer der Begründer der modernen Gerontologie gelten. Dasselbe kann man für die Gefäßpathologie sagen. Manche seiner Entdeckungen sind unbekannt geblieben, weil sie den Anschauungen seiner Zeit nicht entsprachen. Für andere Themen, etwa die Ursache bestimmter Blutungen (miliare Aneurismen) fand er Lösungen, welche auch heute weder voll bestätigt noch gänzlich ad acta gelegt werden können: Wichtige Arbeiten hat er über Sklerosen publiziert; eine Unterform, die amyotrophische Lateralsklerose, die er als erster genau beschrieb und gegen andere Formen deutlich abgrenzen konnte, hat man deshalb ihm zu Ehren »Charcotsche Krankheit« genannt; dasselbe gilt für den »Rheumatismus von Charcot«. »In genialer Weise erkannte Charcot die Beziehungen zwischen den Erkrankungen der Gelenke und denen des Zentralnervensystems«, schreibt de Morsier. »Diese Pathogenese ist lange Zeit vergessen worden. Sie gelangt aber durch die heutigen Rheumatologen wieder zu Ehren.«

Eine seiner letzten, auch heute noch hochgeschätzten Arbeiten ist das 1880 erschienene Buch über die Lokalisation der Gehirn- und Rückenmarkskrankheiten, das großes Aufsehen erregte. 1886 untersuchte und beschrieb er zusammen mit seinem Schüler Pierre Marie jene Krankheit, die ihrer beider Namen trägt: Charcot-Mariesche Atrophie. Schließlich erforschte er die Wirkungen der Tabes dorsalis. Danach widmete er sich mehr und mehr dem Studium der Hysterie — und vor allem auch den Spekulationen über sie —, von denen weiter unten noch zu sprechen ist und die seinen Ruf als Wissenschaftler schwer schädigten.

Charcots Interessen galten auch anderen medizinischen Bereichen als nur jenen, auf denen er selbst tätig war. So war er eng mit Louis Pasteur befreundet und unterstützte dessen Arbeiten über die Krankheitserreger. Hingegen war er offenbar kein Freund der gerade in Mode kommenden experimentellen Methode. Seinen Arbeitsstil als Wissenschaftler beschreibt Freud so: »Er war kein Grübler, kein Denker, sondern eine künstlerisch begabte Natur, wie er es selbst nannte, ein *visuel*, ein Seher. Von seiner Arbeitsweise erzählte er uns selbst folgendes: Er pflegte sich die Dinge, die er nicht kannte, immer von neuem anzusehen, Tag für Tag den Eindruck zu verstärken, bis ihm dann plötzlich das Verständnis derselben aufging. Vor seinem geistigen Auge ordnete sich dann das Chaos, welches durch die Wiederkehr immer derselben Symptome vorgetäuscht wurde. Er nannte diese Art der Geistesarbeit, in der er keinen gleichen hatte, ›Nosographie treiben‹ und war stolz auf sie. Man konnte ihn sagen hören, die größte Befriedigung, die ein Mensch erleben könne, sei, etwas Neues zu sehen, das heißt, es als neu zu erkennen.«

Freud faßte seinen Eindruck von der Arbeitsweise seines damaligen Lehrers (die er selbst in hohem Maße übernahm) in einem treffenden Vergleich zusammen: »Der Schüler aber, der mit ihm einen stundenlangen Gang durch die Krankenzimmer der Salpêtrière, dieses Museums von klinischen Fakten, gemacht hatte, deren Namen und Besonderheit größtenteils von ihm selbst herrührten, wurde an Cuvier erinnert, dessen Statue vor dem Jardin de Plantes den großen Kenner und Beschreiber der Tierwelt, umgeben von der Fülle tierischer Gestalten, zeigt, oder er mußte an den Mythos von Adam denken, der jenen von Charcot gepriesenen intellektuellen Genuß in höchstem Ausmaß erlebt haben mochte, als ihm Gott die Lebewesen des Paradieses zur Sonderung und Benennung vorführte.«

Die Problematik dieses »künstlerischen« Vorgehens, dieser Nosologie, zeigt de Morsier in einer abschließenden Beurteilung der wissenschaftlichen Leistung Charcots. Er behauptet, daß zwei Menschen in ihm steckten: »Zunächst ein genialer Pionier der anatomisch-klinischen Methode . . . Aber es steckte in ihm auch ein traditioneller Nosologe, der um jeden Preis nosologische Einheiten aufzustellen versuchte, ähnlich wie die Naturforscher Tier- und Pflanzenarten entdeckten. Das Werk des klinischen Anatomen ist unverändert geblieben, das des Nosologen ist zerfallen.« Eng mit der Laufbahn des Forschers Charcot verbunden ist die des Hochschullehrers. 1872 war er zum Professor ernannt worden; den Höhepunkt seiner Laufbahn als akademischer Lehrer erklomm er im Juli 1881, als nach einer Initiative von Gambetta, dem Präsidenten des Ministerrats, das französische Parlament die beachtliche Summe von 200 000 Francs bewilligte, damit jener »Chaire de Clinique des Maladies nerveuses à la Faculté de Médecine de Paris« (Lehrstuhl der Klinik für Nervenleiden) errichtet werden konnte, dessen erster Inhaber Charcot durch ein Dekret vom 2. Januar 1882 wurde. Dies war das erste Mal, daß die Neurologie als eigenständige und gesonderte Disziplin anerkannt wurde, und

hing ohne Zweifel mit der hervorragenden Stellung Charcots zusammen, der in jenen Jahren schon so etwas wie eine nationale Institution geworden war. Seine Vorlesungen bereitete er — wie Guillain schreibt — mit »extremer Sorgfalt vor«, wobei er die gesamte französische und ausländische Literatur zu seinen Themen berücksichtigte. Daß er darüber hinaus Fachzeitschriften aus allen Ländern bezog, zu denen sich früh schon ein ständig wachsender Strom von Sonderdrucken seiner Schüler gesellte, kennzeichnet ihn in jener Zeit des grassierenden Nationalismus als einen weltoffenen Gelehrten. Seine beherrschende, willensstarke Persönlichkeit verschaffte ihm bei Mitarbeitern und Untergebenen absoluten Respekt. Er wußte immer genau, was er wollte, und verstand es, seinen Willen auch durchzusetzen — manchmal mit der Strenge eines Despoten. »In seinem Lehrsaale, wo zumeist Fremde und ältere Hörer der Fakultät versammelt waren, herrschte stets vollkommene Ruhe«, berichtete Haškovec. »Das erste Mal sah ich Charcot in seiner dienstaglichen Vorlesung im Herbste des Jahres 1892. Ruhig-ernst trat er in den Hörsaal; ihm folgten die Assistenten und die Vorstände der einzelnen klinischen Laboratorien, die Internen, die Gäste und fremde Doktoren.
Charcot, mittelgroß und etwas gebeugt, ging mäßigen Schrittes zu seinem links vorn auf der Estrade postierten Armstuhl. Charcots Blick war kalt, streng; auf seinem Antlitz lagerten bereits die Zeichen des Alters, und langjährige schwierige Geistesarbeit hatte tiefe Furchen und Falten auf seinem blassen, glattrasierten Gesichte ausgeprägt. Aber kaum war Charcot im Strome seines Vortrages, so verschwand auch der kalte, strenge Blick. Die zum Examen vorgeführten Kranken und ihre Aussagen, jede Bewegung und jeder Wink Charcots schufen zusammen ein so übereinstimmendes, abgerundetes und harmonisches Bild, daß ich im ersten Momente mich in ein Theater versetzt glaubte.«
Der theaterähnliche Ablauf dieser weltberühmten Dienstagsvorlesungen wurde auch von anderen bemerkt und nicht immer nur zustimmend: »Der große Hörsaal war bis zum letzten Platz besetzt. Eine bunte Zuhörerschaft aus ganz Paris: Schriftsteller, Journalisten, berühmte Schauspieler und Schauspielerinnen und die

elegante Halbwelt, alle voll krankhafter Neugierde, diese aufregenden Wunder der Hypnose zu erleben . . .« (A. Munthe). Das war freilich bereits zu einer Zeit, als Charcot sich ganz dem rätselhaften Gebiet der Hysterie und seinen Hypnose-Experimenten zugewandt hatte. Sigmund Freud, der ihn zu Beginn dieser Phase erlebte, als er 1885/86 nach Paris kam, lobt ihn noch uneingeschränkter: »Als Lehrer war Charcot geradezu fesselnd, jeder seiner Vorträge ein kleines Kunstwerk an Aufbau und Gliederung, formvollendet und in einer Weise eindringlich, daß man den ganzen Tag über das gehörte Wort nicht aus seinem Ohr und das demonstrierte Objekt nicht aus dem Sinne bringen konnte. Er demonstrierte selten einen einzigen Kranken, meist eine Reihe oder Gegenstücke, die er miteinander verglich.«

Aber Charcot begnügte sich nicht mit der detaillierten Ausarbeitung seiner Vorträge. Er nahm während der Vorlesungen auch »ihm völlig unbekannte Fälle vor, setzte sich allen Wechselfällen des Examens, allen Irrwegen einer ersten Untersuchung aus, warf seine Autorität von sich, um gelegentlich einzugestehen, daß dieser Fall keine Diagnose zulasse, daß in jenem ihn der Augenschein getäuscht habe . . .« (S. Freud). Darüber hinaus war er den jungen Medizinern stets ein liebevoller Ratgeber, älterer Kollege und Mentor. »Seine alten Internen wurden seine Freunde, wurden ein Teil seiner Familie. Er half ihnen bei ihren Arbeiten und war tief enttäuscht, wenn einer von ihnen das Opfer des Schicksals und der Menschen wurde.« (D. M. Bourneville). Andererseits übte er die ihm allmählich zugewachsene Macht zielbewußt aus: »Ein Wort der Empfehlung von Charcot genügte, um das Ergebnis eines Examens oder Wettbewerbs zu entscheiden; tatsächlich herrschte er bedingungslos über die gesamte medizinische Fakultät.« (A. Munthe).

All dies zusammen erklärt, warum durch Charcot die französische Psychiatrie einen Höhepunkt erreichte und die Salpêtrière durch ihn in Europa als das vielseitigste Experimentierfeld für junge Ärzte bekannt wurde.

Zur illustren Reihe seiner später selbst berühmten Schüler zählten unter anderen Joseph-François Babinski, Pierre Janet, James Mark

Baldwin, Vladimir M. Bechterew, Paul Möbius und Sigmund Freud. Darüber hinaus gab es kaum einen französischen Neurologen jener Zeit, der nicht bei Charcot studiert hatte.

Als Arzt war er gelegentlich auch der Vertraute von Fürsten und Königen. Kaiser Pedro II. von Brasilien besuchte nicht nur seine Vorlesungen, sondern lud ihn auch zum Billardspiel ein; mehrmals wurde er als beratender Arzt an den Zarenhof geholt; die spanische Königin konsultierte ihn. Er war der »berühmteste Arzt seiner Zeit. Aus aller Welt strömten die Patienten in sein Sprechzimmer im Faubourg St. Germain und warteten oft wochenlang, ehe sie ins innere Heiligtum Einlaß fanden, wo er in seiner riesigen Bibliothek am Fenster saß« (A. Munthe).

Während der ihn rückhaltlos bewundernde Haškovec berichtet, »der weltberühmte in Pracht und Glanz wohnende Charcot half dem mittellosen Armen ebenso liebevoll wie dem verwöhnten Millionär«, vermerkt der sehr kritische Munthe, er sei bei den Kranken gefürchtet gewesen: »Scheinbar gleichgültig für die Leiden der Patienten interessierte er sich kaum für sie von dem Tag an, an dem er die erste Diagnose stellte, bis zum Tage ihrer Obduktion.« Heinz Droste, der in seiner Dissertation zusammenfaßt, seine »Einstellung zum kranken Menschen war vorbildlich«, beruft sich dabei nur auf die schriftlichen Äußerungen Charcots, der in der Tat dort immer wieder betonte, daß man nicht nur die Krankheiten als solche, sondern den gesamten kranken Menschen kennen müsse, das heißt, seine seelische Verfassung wie auch seinen Geisteszustand.

Offenbar zeigte sich gerade bei seiner ärztlichen Tätigkeit besonders kraß das Widersprüchliche in Charcots Charakter, und die Beobachter behielten offensichtlich jeweils das im Gedächtnis, was ihnen am meisten imponierte. Jedenfalls scheint sein Bedürfnis nach Distanzierung überwogen zu haben. Fast allen erschien er unnahbar, ja seinen Mitmenschen gegenüber gleichgültig. Sein letzter Oberarzt Souques nannte ihn »cäsarenhaft«, andere verglichen ihn mit Napoleon, Munthe sah »die Maske eines römischen Kaisers«.

Wahrscheinlich rühren diese unterschiedlichen, extremen Bewertungen daher, daß Charcot seinen Patienten als wissenschaftlichen Objekten zwar überaus gerecht wurde, sich für sie als Menschen aber nur wenig erwärmen konnte. Als Untersuchungsgegenstände, um diesen harten Ausdruck zu gebrauchen, waren sie all seiner Beachtung wert. So brach er als erster bewußt mit der Tradition, daß der Stationsarzt in den Krankensälen Visite machte und nur die Bettlägerigen untersuchte; er hingegen holte jeden Patienten in sein Untersuchungszimmer, ließ ihn dort auch herumlaufen und untersuchte ihn im Stehen, um so ein umfassenderes Bild zu erhalten. Diese Art der Untersuchung, die heute von allen Neurologen in der ganzen Welt angewendet wird, war damals revolutionär.

Aus einem ähnlichen Interesse für die möglichst exakte Diagnose förderte Charcot auch den Gebrauch des Mikroskops unter seinen Studenten und ließ in seiner Abteilung ein eigenes Laboratorium für Gewebsuntersuchungen einrichten.

Bei dieser »kühlen« Einstellung Charcots überrascht es dann wieder, zu erfahren, daß er dem »Glauben, welcher heilt« eine so wichtige Rolle einräumte; hierauf basierte seine Suggestions- und Hypnosetherapie. Vor allem wurde sein Ruf als Arzt jedoch wohl durch seine scharfe Beobachtungsgabe begründet, von welcher Haškovec ein amüsantes Beispiel überliefert hat:

»Einst wurde er zu einer Dame aus höheren Kreisen gerufen, welche seit längerer Zeit fast vollkommen gelähmt im Krankenbette lag. Er untersuchte die Leidende und erkannte sofort, daß es sich hier um Erkrankung der peripheren Nerven durch unmäßigen Genuß alkoholischer Getränke handelte. Nun war eben diese Ursache sicherzustellen und das Geständnis der Kranken zu erlangen. Charcot hatte darüber nicht den geringsten Zweifel; aber die Familie der Kranken, ja vielleicht auch die Kranke selbst hatten keine Ahnung von den Grundursachen. — Sehr behutsam und äußerst aufmerksam examinierte er deshalb die Kranke. Deren Familie und die Patientin selbst versicherten auf das eindringlichste, daß durchaus nicht, und nicht einmal das geringste Maß genossenen Liqueurs Ursache der Krankheit sein könne. Charcots Neugierde ward deshalb ungemein rege, aber er irrte sich nicht.

Seine Diagnose stand fest. Er konnte sich hier gar nicht irren: verordnete auf der Basis seiner Diagnose die Behandlung und musterte, während er sich von der Dame empfahl, mit unauffälligem Blicke die Wohnung der Kranken. Und da gewahrte er in einem, durch einen Vorhang halbverdeckten Alkoven eine am Schrank stehende Liqueurflasche. Nur seine unumstößliche, unwiderleglich sichere Diagnose und seine Berühmtheit erlaubten ihm, indiskret zu sein: nach der Abstammung und dem Inhalte der Flasche zu fragen und, wenn nötig, von vorn sein Examen zu beginnen. Und siehe da, bevor Charcot die Kranke verließ, erfuhr er von ihr selbst, daß sie zuweilen ›ein bißchen‹ Liqueur trinkt, ja, es kam auch ans Licht, daß die Dame seit einer Reihe von Jahren dem unmäßigen Genusse alkoholischer Getränke ergeben war.«

Forschung, Lehre und ärztliche Tätigkeit vereinigten sich auf schöpferische und verhängnisvolle Weise zugleich bei Charcots Arbeiten über die Hysterie. Wenn das Prädikat »berühmt-berüchtigt« einmal wirklich angebracht ist, so in Hinblick auf diesen Abschnitt von Charcots Karriere.

Die Salpêtrière, ursprünglich von Ludwig XIII. als Pulverfabrik gebaut (das Wort »Salpeter«, wichtiger Bestandteil des Pulvers, in ihrem Namen weist darauf hin), wurde nach und nach zu einer Art Auffangstation für auffällig gewordene Frauen aller Art. Geisteskranke, Dirnen und Altersschwache, aber auch Kriminelle und Bettlerinnen bildeten im 17. und 18. Jahrhundert eine bunt zusammengewürfelte »Stadt in der Stadt« von etwa 8000 Menschen. Als Charcot an die Salpêtrière kam, fand er unzählige Krankheitsbilder vor, die bis dahin noch niemand so richtig katalogisiert und erklärt hatte; sein Fleiß und seine Neugier, die er beide in hohem Maße besaß, wurden von Anfang an durch dieses Sammelsurium menschlicher Schicksale angeregt.

Was mag diesen Mann, dem angeblich Frauen völlig gleichgültig waren, dazu gebracht haben, sich gerade für diese, nicht selten grob-sexuell auffälligen Patientinnen zu interessieren? In seinem Aufsatz *Freud in Paris* hat Leon Chertok die Vermutung geäußert, daß die Beobachtung der hysterischen Frauen bei Charcot es Freud ermöglichte, bestimmte innere Hemmungen gegenüber der durch die allgemeine Prüderie jener Zeit tabuierten Sexualität zu lokkern. Es liegt nahe, bei Charcot selbst einen ähnlichen Mechanismus anzunehmen. Fest steht jedenfalls, daß Charcot anhand dieser Kranken ganz ungeniert über sexuelle Themen dozieren konnte; so sagte er einmal zu dem überraschten Freud während eines Empfangs in lebhafter Erregung über die Ursachen der Hysterie einer Frau und der Impotenz des mit ihr verheirateten Mannes: »Mais, dans des cas pareils, c'est toujours la chose génitale, toujours, toujours, toujours.« Das hörte sich ganz anders an als die offizielle Erklärung der Hysterie, welche Charcot in seinen Vorlesungen zu geben pflegte.

Julian A. Miller und seine Mitarbeiter verweisen auf die interessante Tatsache, daß Charcot aus freien Stücken die Betreuung jenes Hauses übernahm, in dem man die epileptischen und hysterischen Frauen von den übrigen Insassinnen der Salpêtrière isoliert hatte, obwohl er als der Senior der beiden leitenden Ärzte gar nicht zu dieser zusätzlichen Arbeit verpflichtet gewesen wäre. Auch diese Autoren vermuten, daß ein tiefergehendes Interesse, nämlich an den — später von Freud so klar herauspräparierten — sexuellen Begleiterscheinungen der Hysterie, Charcot veranlaßte, diese Aufgabe mit zu übernehmen. Die Faszination, welche die kranken Frauen auf ihn ausübten, erwies sich jedoch später als ausgesprochen verhängnisvoll: Seine Arbeit wurde immer unwissenschaftlicher.

Eine Ursache seiner Irrtümer war schon dadurch gegeben, daß im selben Gebäude epileptische Patientinnen mit hysterischen zusammenlebten, was Charcot dazu verführte, rein äußerliche Ähnlichkeiten in den Verhaltensweisen auch für in der Sache verwandt zu halten. Andererseits gelang ihm ein entscheidender Fortschritt, als er erkannte, daß auch bei der Epilepsie seelische Ursachen an der Wurzel des Leidens zu finden seien (wenngleich er bis zu seinem Tod in merkwürdiger Inkonsequenz immer wieder behauptete, das Übel werde vererbt, ohne je eine klare Abgrenzung dieser — durchaus denkbaren — Erbfaktoren von den Milieueinflüssen vorzunehmen).

Wie Ilza Veith in *Hysteria: The History of a Disease* bemerkt, hatte die Hysterie ursprünglich als eine reine Frauenkrankheit gegolten, wie schon die Benennung der Krankheit zeigt: Sie wird abgeleitet von dem griechischen Wort für Gebärmutter. Die Ärzte des alten Griechenland nahmen an, es sei ein Leiden, das bei Frauen dadurch entstehe, daß der Uterus sich von seinen Bändern losreiße und nun wie ein bösartiges Tier durch den Körper krieche. Im 18. Jahrhundert entdeckte Mesmer eine bestimmte psychische Technik, die er »thierischer Magnetismus« nannte und mit deren Hilfe er solchen hysterisch Gestörten offenbar zu helfen vermochte. Es bleibt jedoch Charcot vorbehalten, diese alte Technik der Hypnose (schon die antiken Griechen kannten den hypnotischen Tempel-Heilschlaf) unabhängig von Mesmer wiederzuentdecken und für lange Jahre im wahrsten Sinne des Wortes salonfähig zu machen.

Bereits 1884/85 untersuchte er bestimmte Lähmungen bei Männern, deren Leiden offensichtlich psychotraumatischer Natur waren, das heißt, im Gefolge eines seelischen Schocks bei einem Unfall aufgetreten waren. Charcot konnte mit diesen Fällen nicht nur die althergebrachte Auffassung widerlegen, daß die Hysterie eine reine Frauenkrankheit sei, sondern es gelang ihm außerdem, diese Lähmungserscheinungen durch hypnotische Suggestionen zeitweilig zu beseitigen. Weit aufsehenerregender waren natürlich jene »Wunder«-Heilungen, die er an hübschen Mädchen und Frauen vollbrachte. So berichtet Lyubimow: »Aus der ganzen Welt wurden viele Patienten zu Charcot gebracht, Gelähmte auf Bahren oder mit komplizierten Gehapparaten. Charcot befahl, diese Geräte zu entfernen, und forderte die Patienten auf, zu gehen. Da war zum Beispiel einmal eine junge Dame, die seit Jahren gelähmt war. Charcot befahl ihr, aufzustehen und zu gehen, was sie auch tat, unter den erstaunten Blicken ihrer Eltern und der Äbtissin des Klosters, in dem sie gelebt hatte. Eine andere junge Dame wurde mit einer Lähmung beider Beine zu Charcot gebracht. Charcot fand keine organische Schädigung; die Konsultation war noch nicht vorbei, als die Patientin aufstand und zur Tür ging, wo der Droschkenkutscher, der auf sie wartete, verblüfft seinen Hut abnahm und sich bekreuzigte.«

Weit fragwürdiger waren jene Praktiken, von denen man bis heute nicht sicher ist, ob Charcot um sie wußte oder ob er nur ahnungslos in seinen Vorlesungen Kranke vorstellte, die von seinen Assistenten — offenbar eigenmächtig — präpariert worden waren, um typische »hysterische« Anfälle zu produzieren. Munthe versuchte einmal, in einer dramatischen Rettungsaktion ein Bauernmädchen aus der Salpêtrière zu befreien, das man zum Star dieser merkwürdigen Komödiantinnenschar trainiert hatte. Als man die Aktion vereitelte, wurde der schwedische Arzt zu Charcot zitiert, der ihn wütend des Hauses verwies. In seinen Lebenserinnerungen schrieb Munthe später: »Täglich Dutzende von Malen beliebig von Ärzten und Studenten hypnotisiert, verbrachten viele dieser unglücklichen Mädchen ihre Tage in einem Zustand von halber Trance, das Hirn verwirrt von allerlei wilden Suggestionen, kaum bei Bewußtsein und sicher nicht verantwortlich für ihr Handeln . . . Während man diese Galavorstellungen an den Dienstagen im Hörsaal als unwissenschaftlich und der Salpêtrière unwürdig verurteilen mußte, wäre es ungerecht, nicht zuzugeben, daß in den Krankensälen ernste Arbeit geleistet wurde, um die dunklen Phänomene der Hypnose zu erforschen.«
Die eigentliche Erforschung der Hypnose fand jedoch woanders statt: in Nancy, wo der Landarzt Ambrose Auguste Liebeault und sein Schüler Hippolyte Bernheim solide Untersuchungen durchführten, die nicht durch Sensationslust beeinträchtigt wurden. Charcot bekämpfte die beiden Forscher zeitlebens eifersüchtig. Wie der Mesmerismus (den die französische Akademie der Wissenschaften feierlich zweimal als unwissenschaftlich verdammt hatte) verschwand auch der Hypnotismus lange Jahre in der Versenkung (obwohl Charcot in einem aufsehenerregenden Vortrag vor eben derselben Akademie 1882 die Hypnose rehabilitiert hatte). Erst in unserem Jahrhundert hat eine neuerliche ernsthafte Beschäftigung mit diesem geheimnisvollen Gebiet eingesetzt. Ähnlich verhielt es sich mit der Hysterieforschung. De Morsier hat die wichtigsten von Charcot zitierten Fälle eingehend nachanalysiert und konnte fast überall zeigen, daß es sich in Wahrheit gar nicht um Hysterie, also um eine psychoneurotische Erkrankung im

Sinne von Charcots Theorien, sondern um andere psychiatrische Leiden handelte. Es war Sigmund Freud, dem es gelang, hier den eigentlichen Durchbruch zu erzielen, vor allem auf die Bedeutung verdrängter, unbewußter sexueller Vorstellungen in der Entstehungsgeschichte hysterischer Erkrankungen hinzuweisen. Aber obwohl jenes knappe halbe Jahr, das Freud an der Salpêtrière 1885/86 zubrachte, als Wendepunkt seiner wissenschaftlichen Entwicklung gilt, wo er die so folgenreiche Wendung vom Arzt und Physiologen zum Psychologen und Psychotherapeuten vollzog, kann man sicherlich nicht sagen, wie de Morsier es tut: »Die Grundsätze der Psychoanalyse sind gänzlich auf die Hysterie und den Hypnotismus von Charcot aufgebaut . . .« Ganz im Gegenteil konnte Freud seinen Weg erst gehen, nachdem er sich aus dem Bann dieses charismatischen Lehrers gelöst hatte — ein Ablösungsprozeß, dessen erste deutliche Ansätze sich bereits in dem Nekrolog finden, den Freud 1893 auf Charcot verfaßte.

Was blieb übrig vom Werk dieses Mannes, wenn man Kritik und Zustimmung gegeneinander abwägt? Zu seinen Lebzeiten wurde Charcot mit dem Spitznamen »Napoleon der Neurosen« belegt. Aber ist es nicht sinnvoller, ihn eher einen »Columbus der Psychiatrie« zu titulieren? Wie jener Abenteurer ist auch er ausgezogen, einen Kontinent zu entdecken, nur daß es bei Charcot Neuland der Psyche war. Gemeinsam ist beiden Forschern, daß sie das Ziel, das sie eigentlich ansteuerten, verfehlt haben und im Scheitern etwas völlig anderes, viel Großartigeres und wirklich Unbekanntes entdeckten.

Columbus suchte Indien und fand Amerika; Charcot war hinter dem Rätsel der Hysterie her und der Meinung, mit seinen Theorien und bühnenreifen Krankenvorstellungen dieses Rätsel gelöst zu haben — und betrat in Wahrheit, ohne es zu bemerken, jene geheimnisvolle Region des Unbewußten, in der die Hypnose wie die Hysterie ihre Wurzeln haben. Aber gerade dadurch, daß er den festgefügten Boden der seriösen Wissenschaft verließ, bereitete Charcot jene geistige Wende vor, die sein zeitweiliger Schüler aus Wien, Sigmund Freud, ein Jahrzehnt später einleitete.

So kann man vielleicht Charcots eigentliche Bedeutung darin sehen, daß er — ohne es zu wissen und zu wollen — Freud den Weg freimachte, den er selbst gar nicht gehen wollte. Dies gelang Charcot aber nur deshalb, weil er in sich die Gaben und Talente vereinte, die ihn zu dem machten, der er war: ein glänzender Wissenschaftler, ein willensstarker Manager des Medizinbetriebs, ein geschickter Taktiker und charismatischer Führer, ein narzißtisch-selbstbezogener Patriarch und autoritärer Herrscher über Untergebene und Patienten, ein Freund der Großen seiner Zeit und ein neugieriger Intellektueller. Es war diese brisante Mischung von Gegensätzen, die sein Werk, die »Schule der Salpêtrière«, möglich machten. Und es war nicht nur Freud, der hier seine entscheidenden Anregungen erfuhr, sondern eine ganze Generation von Psychiatern.
Nicht so sehr in seinen einzelnen, gewiß respektablen Leistungen darf man seine Größe erblicken, sondern in seiner Wirkung als Katalysator auf die wissenschaftliche Welt. Seine menschlichen Unzulänglichkeiten haben diese Wirkung vermutlich ebenso gefördert wie seine Vorzüge: weil sie zum Widerspruch reizten, eigene Gedankengänge aktivierten und in vielen Fällen mit starken geistigen Impulsen verbunden waren.
Als 68jähriger starb er am 5. August 1893 auf einer Reise nach Morvan am Lac des Settans an einer plötzlichen Herzlähmung. Ein prunkvoller Leichenzug, der einem Triumphzug glich, begleitete seine sterblichen Überreste von der Kapelle der Salpêtrière zum Pariser Friedhof Père Lachaise.

Christian Probst

Robert Koch
(1843—1910)

Die Stellung Robert Kochs in der Wissenschafts- und Medizingeschichte hat der Königlich Preußische Staatsanzeiger in seinem Nachruf einen Tag nach Kochs Tod in kurzen Worten treffend geschildert: »Durch ihn ist die Bakterienkunde aus kleinen Anfängen zu einem der wichtigsten Zweige der Heilkunde entwickelt, mit ihrer Hilfe die öffentliche Gesundheitspflege umgestaltet und die Seuchenbekämpfung auf einen neuen Boden gestellt worden ... (Er stellte) die wissenschaftliche Hygiene auf den Boden der Bakterienkunde ...« Und Kaiser Wilhelm II. nannte Koch gar den »größten deutschen Arzt unserer Zeit«.

In Vorbereitung und Aufeinanderfolge der entscheidenden Ereignisse weist das wissenschaftliche Werk von Robert Koch eine klare, gleichsam zielgerichtete Konsequenz auf, größere Um- oder Irrwege sind nicht erkennbar. Zu seiner ersten Entdeckung, der Ursache der Milzbrandseuche, dachte sich Koch verfeinerte und neue bakteriologische Untersuchungsmethoden aus. An diesen hat er zunächst vornehmlich neben anderen Forschungen weitergearbeitet, bis dann auf dem weiten Feld der Bakteriologie Schritt für Schritt eine Entdeckung auf die andere folgte, so daß sich schließlich um die Jahrhundertwende dieses neue naturwissenschaftlich-medizinische Fach in voller Breite entfaltete.

Hierzu ist zu betonen, daß Robert Koch kein Mann der ersten Stunde war. Er mußte nicht um die Anerkennung neuer wissenschaftlicher Ideen, Methoden und Erfahrungen kämpfen. Der Epidemismus, die Kontagien und die Miasmenlehre, die noch bis in die 1860er Jahre die Erklärung der Ursachen von Volkskrankheiten geliefert hatten, waren durch das Wirken von Ignaz Philipp Semmelweis, Louis Pasteur, Joseph Lister und deren Parteigänger stark erschüttert worden. Die Erkenntnisse über die Welt der Mikroorganismen und deren große Bedeutung für die Medizin hatten ins Bewußtsein der Naturforscher und Ärzte Eingang gefunden. Drei schmarotzende Pilze waren schon früh als Krankheitserreger erkannt worden: 1835 die Muscardine-Krankheit der Seidenraupe von Agostino Bassi, 1839 der Erbgrind von Johann Lukas Schönlein und 1841 der Soor von Julius Vogel. 1849 hatten Aloys Pollender und 1857 Friedrich A. B. Brauell, beide deutsche Tiermediziner, unabhängig voneinander im Blut von milzbrandkranken Tieren stäbchenförmige Körper (Bazillen) entdeckt. 1850 hatte der Franzose Casimir Joseph Davaine die Übertragbarkeit der Milzbrandkrankheit durch Impfung mit frischem und getrocknetem bazillenhaltigem Blut nachgewiesen und 1863 unter Bezug auf Pasteur diese Stäbchen als Erreger der Krankheit bezeichnet. Mit den Untersuchungen Louis Pasteurs hatte der Weg endgültig begonnen, der zu einer Revolution im ganzen medizinischen Denken führen sollte: 1857 und in den folgenden Jahren hatte der französische Chemiker nachgewiesen, daß der Gärungsvorgang durch Mikroorganismen verursacht werde. Der Pariser Kliniker Amédée Dumontpallier hatte unter Berufung auf Pasteur 1862 die Hypothese aufgestellt, daß Mikroben das gefürchtete Kindbettfieber verursachen, die 1863 die Wiener Geburtshelfer Joseph Spaeth und Karl Mayrhofer aufgriffen und mikroskopisch zu beweisen suchten. Pasteurs Entdeckungen veranlaßten schließlich den englischen Chirurgen Joseph Lister 1864 zur Einführung seiner erfolgreichen Antiseptik bei Operationen und bei der Wundbehandlung. Auch an die Untersuchungen Davaines schlossen sich zahlreiche weitere pathologisch-anatomische und experimentelle Forschungen in Frankreich, Italien, England und Deutschland an. Man suchte am Seziertisch nicht mehr nur nach morphologischen Veränderungen, sondern auch nach Mikroorganismen im Krankheitsherd. In Straßburg spritzten 1866 Victor Thimothée Feltz und Leon Coze Blut von typhus- und pockenkranken Menschen Kaninchen in die Venen und fanden danach in deren Blut Bakterien verschiedener Größe und Form. Im gleichen Jahr fand Eduard Rindfleisch in eitrigen Streuherden bei Blutvergiftungen, die durch Wundinfektion oder Kindbettfieber verursacht waren, Bakterienansammlungen, was von verschiedenen anderen Forschern in den folgenden Jahren bestätigt und weiterverfolgt wurde. Auch für die Cholera, die im Jahr 1866 erneut ausbrach, wurden allenthalben die Mikroben als Ursache beschuldigt. 1867 fand der Breslauer Pathologe Julius Cohnheim in Entzündungsherden Vibrionen. Es war eine Zeit begeisterter Bakterienforschung angebrochen, die Theoretiker wie Praktiker in ihren Bann zog, so auch die Chirurgen Carl Hueter in Rostock und vor allem Theodor Billroth in Wien. Die großen Schwierigkeiten, konstante Arten und Formen der Mikroorganismen zu trennen und eine Systematik aufzustellen, führten dazu, daß viele Forscher glaubten, daß es sich bei diesen Organismen im Grunde um einheitliche Gebilde handle, die unter verschiedenen äußeren Bedingungen verschiedene Formen annehmen könnten. Dies vertrat vor allem der Jenenser Botaniker Ernst Hallier. Ihm trat sein Gießener Kollege Hermann Hoffmann entgegen; er trennte 1869 Pilze und Hefen streng von den niedersten Formen der Mikroorganismen, faßte diese unter der Sammelbezeichnung »Bakterien« zusammen und stellte fest, daß sämtliche Formen der Bakterien nur durch gleichartige Wesen erzeugt würden. Der Breslauer Botaniker Ferdinand Cohn entwickelte ab 1870 erstmalig Methoden zur Züchtung von Bakterien und Trennung ihrer verschiedenen Arten auf künstlichen Nährböden und stellte eine erste Klassifikation der bis dahin bekannten Arten auf.

Insgesamt also befaßte man sich seit den 1860er Jahren in zunehmendem Maße mit den Bakterien und den mannigfaltigen Möglichkeiten bakterieller Krankheitsursachen. Man mikroskopierte und veröffentlichte vielfache Arten und Formen. Aber da man über kein sicheres Verfahren zur Fixierung und objektiven Abbildung verfügte, fand, beschrieb und zeichnete jeder Mikroskopiker etwas anderes. Die Bakterienkunde wurde zu einer unter den Biologen und Ärzten weit verbreiteten Idee, bevor sie über sichere Untersuchungsmethoden und einen einheitlichen reproduzierbaren Schatz empirischer Fakten verfügte. Diesen Zustand beschrieb Robert Koch im Jahr 1877: »Wie manche unvollkommene Beobachtung und wie manche falsche Behauptung über das, was die Bakterien getan oder nicht getan haben sollen, wäre nicht in die Öffentlichkeit gelangt und hätte (nicht) die Bakterienliteratur zu einem trüben Strom anschwellen lassen, wenn ein jeder das, was er gesehen hat, in beweisenden Präparaten anderen Forschern vorgelegt hätte.« Der Glaube an die Bakterien als Krankheitsursache stieß nach der Erschütterung der alten Theorien in ein wissenschaftliches Vakuum. Allenthalben griff man nach ihm, um das Phänomen der Krankheitsübertragung zu erklären. »Es ist . . .«, so schrieb Koch 1878, »in letzter Zeit üblich geworden, aus jeder, auch der unbedeutendsten Beobachtung über Bakterien die weitestgehenden Folgerungen über die Infektionskrankheiten im allgemeinen zu ziehen . . .« Er halte das Generalisieren neuer Tatsachen für verfrüht, es müsse vielmehr jede einzelne Infektionskrankheit für sich erforscht werden.

Dies war also die wissenschaftsgeschichtliche Situation, in die Robert Koch hineinwuchs. Am 11. Dezember 1813 war er als drittes von dreizehn Kindern eines Bergmannes und späteren Bergrates in Clausthal geboren worden. Nach seiner Gymnasialzeit studierte er in Göttingen zuerst Mathematik und Naturwissenschaften, ging aber bald zur Medizin über. In Göttingen promovierte er, in Hannover bestand er sein medizinisches Staatsexamen.

Wir wissen, daß Koch eine geborene Forschernatur war, und können annehmen, daß er schon als Student wissenschaftliche Veröffentlichungen eifrig studiert hat und über neue Ideen, Entdeckungen und Theorien wohl unterrichtet war. So nahm er zum Beispiel 1865; an der 39. Tagung der »Gesellschaft Deutscher

Naturforscher und Ärzte« in Hannover teil. Ebenfalls als Student hat er bereits zwei wissenschaftliche Arbeiten verfaßt, von denen die eine, *Über das Vorkommen von Ganglienzellen an den Nerven des Uterus*, von der medizinischen Fakultät in Göttingen einen Preis erhielt. In seinem sechsten Studiensemester wurde er Assistent am Göttinger pathologischen Institut. Seine akademischen Lehrer hätten es, wie er selbst später erklärte, verstanden, in ihm den Sinn für die wissenschaftliche Forschung zu wecken, den Weg zur Bakteriologie freilich hätten sie ihm nicht weisen können, da es diese Wissenschaft damals noch nicht gegeben hätte. Karl Ewald Hasse schrieb 1893: »Was Koch wirklich bedeutet, das ist er ganz durch sich selbst, und so unser aller Lehrer geworden. In meiner Klinik kann er höchstens das ehrliche Suchen nach Wahrheit bei pathologischen Fragen gelernt haben.«

Hierzu ist eine Einschränkung insofern zu machen, als bereits zu Kochs Studienzeit der Göttinger Anatom Jakob Henle aufgrund der Entdeckung jener drei krankheitserregenden Pilze durch Bassi, Schönlein und Vogel in Schriften und Vorlesungen die Anschauung vertreten hat, daß das »Kontagium« ansteckender Krankheiten eine lebende Materie sei, die sich selbständig vermehre und als Parasit im befallenen Körper lebe. Koch hat seinen Lehrer Henle zeit seines Lebens verehrt und kann durchaus von ihm erste Anregungen erhalten haben, wenn ihm dies auch später nicht mehr bewußt war. Das Mikroskopieren hat er jedenfalls bereits als Student in Göttingen bei einem Dozenten der Landwirtschaftslehre gelernt, der damals einen mikroskopischen Kurs abhielt. Weitere Anregungen zur Mikroskopie und Einblicke in die Welt der Kleinstlebewesen hat Koch vor allem auch von seinem Onkel, dem Chemiker Eduard Biewend, Münz- und Bankwardein in Hamburg, erhalten. Dieser war ein leidenschaftlicher Mikroskopiker und forderte Koch 1865 auf, mit ihm Forschungen zur Trichinenkrankheit anzustellen, worauf Koch damals zwar nicht eingegangen ist, doch zeigt seine Antwort an Biewend eine sehr genaue Kenntnis dieser Parasitenkrankheit, deren Ursache erst seit 1860 aufgeklärt war, sowie auch seine Vertrautheit mit der Technik des Mikroskopierens und der Anfertigung mikroskopischer Präparate.

Als Assistenzarzt im Allgemeinen Krankenhaus in Hamburg erlebte Koch 1866 die große Choleraepidemie und hatte Gelegenheit, die Krankheitserscheinungen dieser Seuche gründlich zu studieren. Sein Onkel regte ihn damals noch einmal an, mikroskopisch nach der Ursache zu forschen. So untersuchte Koch den Kot von Cholerakranken und -leichen und zeichnete mikroskopische Gebilde, die vermuten lassen, daß er den Choleraerreger, den er 1883 auffand, damals bereits gesehen hat. Als Gymnasiast schon hatte Koch Pflanzen und Insekten botanisch beziehungsweise zoologisch untersucht; als praktischer Arzt setzte er diese Studien fort und benutzte seit 1867 ein Mikroskop, um Algen und Infusorien im Wasser von Sümpfen, Gräben und Torflöchern zu studieren. Im Krieg 1870/71 hatte Koch als Arzt in den Lazaretten ausgiebig Gelegenheit, die damals unter den Truppen umlaufenden Infektionskrankheiten, vor allem die Ruhr und den Typhus, gründlich zu untersuchen. Und als Kreisphysikus hatte er sich seit 1872 von Amts wegen um Seuchen einschließlich der Tierseuchen zu kümmern.

Alle diese Nachrichten lassen darauf schließen, daß die Welt der Mikroorganismen und ihre damals noch weitgehend hypothetische Bedeutung für die Ursachenlehre der übertragbaren Krankheiten und Seuchen früh in Kochs wissenschaftliches Bewußtsein eingegangen sind.

Trotz der umfangreichen Bakterienforschung, die in jenen Jahren betrieben wurde, kannte die sogenannte »parasitäre Richtung« der Lehre von den Krankheitsursachen neben den erwähnten Pilzkrankheiten bis 1873 erst eine Seuche, von der man mit großer Wahrscheinlichkeit Bakterien als Ursache annehmen konnte, nämlich den Milzbrand, der Schaf- und Rinderherden dezimierte, aber auch den Menschen befallen konnte. Im gleichen Jahr veröffentlichte Otto Obermeier, ein Assistent von Virchow, daß er seit 1868 im Blut von Patienten, die an Rückfallfieber litten, mit großer Regelmäßigkeit fadenförmige Gebilde (Spirochäten) gefunden habe. Als wenig später in Berlin die Cholera ausbrach, suchte Obermeier auch hier nach einer bakteriellen Ursache, infizierte sich dabei und starb im August 1873. 1874 veröffentlichte der

Wiener Chirurg Theodor Billroth eine Arbeit über die Lebensweise der *Coccobacteria septica* und ihren Anteil an der Wundinfektion. Diese Arbeit hat Koch zu seinen Untersuchungen methodische und sachliche Anregung und Hilfe gegeben. Eine wichtige Hilfe für Kochs Milzbrandforschung war die Feststellung Ferdinand Cohns von 1875, daß die Heubakterien sogenannte »Sporen« bilden können, die die Fähigkeit besitzen, auch nach längerem Ruhezustand wieder zu Bakterien auszuwachsen.

Im Kreis Bomst, im Südwesten der preußischen Provinz Posen, dem Amtsbezirk des Kreisphysikus Koch, forderte der Milzbrand in jener Zeit unter den Nutztieren große Verluste. Über die ansteckende Natur der Krankheit herrschte kein Zweifel, doch war die Bedeutung der von Pollender, Brauell und Davaine beschriebenen Stäbchen noch umstritten und die Ansteckungsweise unklar, so daß auch die Bekämpfung der Seuche in der Praxis unsicher blieb. Am Anfang des Jahres 1873 begann Koch in Wollstein mit den Untersuchungen von Milzbrandblut. Er mußte die Versuche neben seiner umfangreichen praktischen und amtlichen ärztlichen Tätigkeit unter einfachsten Bedingungen und mit beschränkten Mitteln vornehmen, doch bewies er im Ausdenken neuer Untersuchungstechniken und bei der Versuchsdurchführung großes Geschick.

Die bakterienkundliche Ursachenlehre des Milzbrandes hatte noch folgende Lücken, und gegen sie wurden folgende Einwände vorgetragen: Die Milzbranderkrankungen traten oft auf, ohne daß eine Übertragung nachzuweisen war. Davaine hatte vermutet, daß die Bakterien in getrocknetem Zustand lange lebensfähig blieben und durch die Luft, von Insekten oder dergleichen übertragen würden. Nach Davaine hatten andere Forscher erklärt, mit bakterienhaltigem Blut Milzbrand erzeugt zu haben, ohne daß sich danach im Blut des Versuchstieres Bakterien gefunden hätten; mit diesem bakterienfreien Blut aber hätten sie wieder Milzbrand ausgelöst und dann bei diesen Versuchstieren die Stäbchen wiedergefunden. Man bezweifelte, daß die Bakterien die alleinige Ursache seien, teilweise sprach man ihnen überhaupt die ursächliche Bedeutung ab. Der Ausbruch der Krankheit hänge vielmehr von den Bodenverhältnissen und sonstigen Umweltfaktoren ab. Dafür spräche das endemische Vorkommen an Flußtälern, Sümpfen und Seen, die Häufung in nassen Jahren und in den warmen Monaten August und September. — Diese Einwände tragen deutlich die Prägung der alten hippokratischen Theorie des Epidemismus und seiner medizinischen Umweltlehre.

In seinen von 1873 bis 1876 durchgeführten Untersuchungen hat Robert Koch den Fortpflanzungszyklus des von Pollender, Brauell und Davaine beschriebenen Milzbrandbazillus ergründet, die Übertragungsmöglichkeiten wesentlich erweitert und damit die noch bestehenden Zweifel an der ursächlichen Bedeutung des Bazillus ausgeräumt. Als Koch dieses Ziel greifbar vor sich sah, meldete er sich bei Professor Cohn zu einer Demonstration seiner Versuche an. Diese fand vom 30. April bis zum 2. Mai 1876 im Pflanzenphysiologischen Institut der Universität Breslau statt und wurde von Cohn mit den Worten gewürdigt: »Dieser Mann hat eine großartige Entdeckung gemacht, die in ihrer Einfachheit und Exaktheit der Methode um so mehr Bewunderung verdient, als Koch von aller wissenschaftlichen Verbindung abgeschlossen ist und dies alles aus sich heraus gemacht hat, und zwar absolut fertig. Es ist gar nichts mehr zu machen. Ich halte dies für die größte Entdeckung auf dem Gebiet der Mikroorganismen und glaube, daß Koch uns alle noch einmal mit weiteren Entdeckungen überraschen und beschämen wird!« Auf Drängen Cohns veröffentlichte Koch sogleich seinen Aufsatz *Die Ätiologie der Milzbrand-Krankheit, begründet auf die Entwicklungsgeschichte des Bacillus Anthracis.*

In diesem Aufsatz ordnete er die bekannten Stäbchen nach dem System Cohns unter die Schizophyten und in die Gattung Bacillus ein. Er zeigte, daß die Impfung von Versuchstieren (Mäusen) mit frischen bakterienhaltigen Substanzen ausnahmslos zur Erkrankung führte. Weiter schrieb er: »Im Blute und in den Gewebssäften des lebenden Tieres vermehren sich die Bazillen außerordentlich schnell in derselben Weise, wie es bei verschiedenen anderen Arten Bakterien beobachtet ist, nämlich durch Verlängerung und fortwährende Querteilung.« Die Bazillen erwiesen sich als viel weniger widerstandsfähig, als Davaine angenommen hatte, dagegen ließ sich mikroskopisch folgender Vorgang beobachten: »Im Blute des toten Tieres oder in geeigneten anderen Nährflüssigkeiten wachsen die Bazillen innerhalb gewisser Temperaturgrenzen und bei Luftzutritt zu außerordentlich langen, unverzweigten Leptothrix-ähnlichen Fäden aus, unter Bildung zahlreicher Sporen . .

Die Sporen des Bacillus Anthracis entwickeln sich unter gewissen Bedingungen (bestimmte Temperatur, Nährflüssigkeit und Luftzutritt) wieder unmittelbar zu den ursprünglich im Blute vorkommenden Bazillen.« In den Versuchen ließ sich nur mit solchem Material Milzbrand bei Versuchstieren erzeugen, bei dem sich in gleichzeitigen Kulturversuchen auch sporenhaltige Fäden entwickelten und umgekehrt. Schließlich ließ sich bei Versuchstieren auch mit den Sporen allein der Milzbrand hervorrufen. — Damit hatte Koch bewiesen, daß der Bacillus Anthracis der Erreger, die Ursache des Milzbrandes ist, und er hatte gezeigt, daß die Übertragung der Krankheit auch beim Fehlen der Bakterien möglich ist, und zwar durch Sporen, die sich lange außerhalb des Körpers halten können und erst, wenn sie wieder in einen Tierkörper eindringen, zu Bazillen auswachsen. Das sporadische und das seuchenhafte Auftreten des Milzbrandes sowie seine Abhängigkeit von Temperatur und Witterung und die Existenz von Milzbrand-Distrikten waren damit erklärt. Da Koch auch die Lebensbedingungen des Bazillus ergründet hatte, konnte er Vorschlage für eine gezielte Bekämpfung der Seuche machen, die in erster Linie in einer bestimmten Kadaverbeseitigung bestehen sollte.

Dieser für die junge Bakteriologie bahnbrechende Erfolg war Koch vor allem mit Hilfe seiner neuen Versuchstechniken gelungen. Ein wichtiger Anteil ist auch dem Umstand zuzuschreiben, daß Ferdinand Cohn in Breslau für Koch in erreichbarer Nähe wirkte und ihn in seiner Arbeit bestätigen, ermutigen und fördern konnte. Koch selbst hat in seinem Aufsatz seinen ersten Erfolg als einen ersten Schritt zu einem weiteren Vorgehen auf dem von ihm eingeschlagenen Weg richtig eingeschätzt: »Bei solchen Betrachtungen regt sich unwillkürlich die Hoffnung, daß auch das Typhus- und Cholera-Kontagium in Form von Kugelbakterien oder ähnlichen Schizophyten aufzufinden sein müsse.« Da sich diese Krankheiten jedoch nicht auf Tiere übertragen ließen, müßten hierzu erst weitere neue Methoden und Hilfsmittel erarbeitet werden. »Das vorläufig Erreichbare auf diesem Gebiete ist die Ätiologie der infektiösen Tierkrankheiten und derjenigen menschlichen Krankheiten, welche, wie Diphtheritis, auf Tiere übertragen werden können. Diese Krankheiten gestatten uns, die für diese Untersuchungen allein nicht mehr ausreichende Kraft des Mikroskops durch das Tierexperiment zu ergänzen. Nur mit Zuhilfenahme einer so gewonnenen vergleichenden Ätiologie der Infektionskrankheiten wird es möglich sein, das Wesen der Seuchen, welche das menschliche Geschlecht so oft und so schwer heimsuchen, zu ergründen und sichere Mittel zu finden, um sie fernhalten zu können.«

Nach diesen programmatischen Worten war es nur folgerichtig, daß Koch zunächst an die Erarbeitung weiterer Untersuchungsverfahren ging. Seit etwa 1874 waren einige wichtige Verfahren zur Färbung, Kultur und Isolierung sowie zur experimentellen Impfung von Bakterien erfunden worden, doch machten Kleinheit, Beweglichkeit, einfache Form, Farblosigkeit und geringes Lichtbrechungsvermögen der Bakterien es äußerst schwierig, diese Organismen bildlich darzustellen. Entsprechendes galt von der Herstellung haltbarer Präparate, in denen die natürliche Form der Bakterien bewahrt wurde. Die Folge war, daß die Beobachtungen und Darstellungen der Forscher weit auseinandergingen und eine allgemeingültige Identifizierung von Bakterien in sehr vielen Fällen unmöglich war. Noch 1876 erarbeitete Koch in Wollstein ein Verfahren zur dauerhaften Fixierung, Färbung und photographischen Abbildung von Bakterien in ihrer natürlichen Form, das er, nachdem er es wieder Ferdinand Cohn vorgeführt und damit dessen Begeisterung erweckt hatte, 1877 mit zahlreichen photographischen Abbildungen veröffentlichte. In Zusammenarbeit mit der Firma Seibert und Krafft in Wetzlar hatte er auch den aus Mikroskop und Kamera bestehenden Apparat konstruiert.

Dieses Verfahren bestand darin, daß die bakterienhaltige Flüssigkeit in sehr dünner Schicht auf dem Deckglas eingetrocknet wurde, um die Bakterien in einer Ebene zu fixieren. Diese Schicht wurde sodann mit Farbstoffen behandelt. Danach wurde sie durch Einlegen des Deckglases in eine eigens dafür erprobte Flüssigkeit wieder aufgeweicht, damit die eingetrockneten Bakterien wieder ihre natürliche Form annehmen und deutlicher sichtbar würden. Schließlich wurde dieses Präparat zur Konservierung in eine erstarrende Flüssigkeit, wie zum Beispiel Kanadabalsam, eingeschlossen und konnte dann photographiert werden. Die Mikrophotographie wurde damals bereits geübt, war aber bei Bakterien bisher nicht möglich gewesen. Koch schloß diese Methodenlücke und ermöglichte damit nicht nur eine unverfälschte Darstellung der Mikroorganismen einschließlich ihrer feinsten Teile, der Geißelfäden, sondern er stellte zudem fest, »daß die photographische Platte überhaupt das mikroskopische Bild besser oder vielmehr sicherer wiedergibt, als es die Netzhaut des Auges zu empfinden vermag«. Nun konnte man darangehen, in das Chaos, das durch die außerordentliche Mannigfaltigkeit der Bakterienformen bedingt war, Ordnung zu bringen. Dazu mußte man möglichst alle Bakterienarten photographisch festhalten, um dann eine naturgemäße wissenschaftliche Klassifikation zu erarbeiten.

Noch in Wollstein, aber vor allem nach seiner Ernennung zum Regierungsrat am Kaiserlichen Gesundheitsamt in Berlin, 1880, setzte Koch, nun mit den Hilfsmitteln eines modernen Laboratoriums ausgerüstet und unterstützt von Assistenten, neben anderen Forschungen die Arbeit an der Verbesserung der Methoden fort. Natürlich ging die Methodenforschung mit der speziellen Forschung über bestimmte Bakterien und Krankheiten Hand in Hand und fand auch ihren Niederschlag in den entsprechenden Veröffentlichungen. Im Jahr 1881 legte Koch in seinem Aufsatz *Zur Untersuchung von pathogenen Organismen* neue allgemeine Richtlinien, Verfahren und Techniken vor.

Hier schrieb er vor, wie man bei Untersuchungen vorzugehen habe, um festzustellen, ob bestimmte Mikroorganismen überhaupt als pathogen, das heißt als Krankheitserreger, anzusehen sind, und um herauszufinden, wie ihre Übertragung auf gesunde Individuen vonstatten geht; weiter, wie die Bakterien außerhalb des lebenden

Körpers, in der Luft, im Wasser, im Boden sowie im lebenden Körper aufzufinden und wie ihr Verhalten außerhalb des lebenden Körpers in den genannten Medien und in den tierischen Geweben zu untersuchen sei. Im eigentlich wichtigsten Abschnitt dieses Aufsatzes beschrieb Koch die Methode der Reinkultur, das heißt der Züchtung einer einzigen Bakterienart ohne Beimischung anderer Arten. Nur mit der Reinkultur konnte der Bakteriologe die für die Hygiene wichtigste Frage nach den Lebensbedingungen eines bestimmten Krankheitserregers aufklären. In der Reinkultur, so Koch, liege der Schwerpunkt aller Untersuchungen über Infektionskrankheiten. Es war die Einführung der festen Nährböden, das sind mit Gelatine versetzte Flüssigkeiten, die hier den entscheidenden Fortschritt brachte. Feste Nährböden, in denen ein Ineinander- und Durcheinanderfließen von Bakterienkulturen vermieden wird, waren schon vorher verwendet worden, zum Beispiel die Kartoffel. Koch baute dieses Verfahren aus. Seine 1878 veröffentlichten Forschungen zu den Ursachen der Wundinfektionskrankheiten hatten ihm gezeigt, daß die damals gewöhnlich für unmöglich gehaltene Reinkultur sich im lebenden Tierkörper nach Einimpfen von verschiedenen Bakterienarten von selbst vollzieht, da jeweils nur eine bis zwei Arten die ihnen angemessenen Lebensbedingungen vorfinden. Dieses Prinzip ahmte er nach, variierte die Nährstoffe und paßte sie den zu züchtenden Bakterien an. Dadurch erreichte er, daß umständliche Maßnahmen gegen Verunreinigung überflüssig wurden, da sich auf dem angepaßten Nährboden vornehmlich die zu untersuchenden Bakterien vermehrten. Die Weiterzüchtung einer größeren Zahl von Einzelkulturen geschah unter fortwährender mikroskopischer Kontrolle; die rein gebliebenen Kulturen konnte man zur weiteren Fortzüchtung verwenden.

Im Zusammenhang mit dem Ausbau der bakteriologischen Untersuchungsmethoden muß die fruchtbare Zusammenarbeit Kochs mit der 1888 gegründeten Firma Lautenschläger in Berlin erwähnt werden. In engem persönlichem Zusammenwirken von Koch und den Gebrüdern Lautenschläger wurden zahlreiche Geräte entwickelt: Brutschränke, automatische Thermoregulatoren, Dampf- und Trockensterilisatoren, darunter die berühmten Kochschen

Dampftöpfe, das mikroskopische Besteck, das Mückenbesteck zur Operation von bakterienübertragenden Insekten, Zerreibeapparate für Bakterien, fertige Nährböden in verschiedenen Behältern und so weiter. Koch ließ sich für seine Expeditionen die Ausrüstung stets von Mathias Lautenschläger zusammenstellen. Auf der Weltausstellung in Chicago, 1893, wurde ein von Koch und der Firma ausgerüstetes vollständiges bakteriologisches Laboratorium vorgeführt.

Noch als Kreisphysikus in Wollstein führte Koch in den Jahren 1877/78 seine Forschungen über die Ursachen der von Wundinfektionen ausgehenden Krankheiten durch. Es handelt sich bei diesen Krankheiten unter anderen um die fortschreitende Eiterung (Phlegmone), Blutvergiftung (Sepsis, Pyämie), Wunddiphtherie, Herzinnenhautentzündung (Endokarditis), den Rotlauf (Erysipel), den Hospitalbrand (Gangrän) und das Kindbettfieber. Sie wurden damals häufig durch Verletzungen, besonders auch chirurgische Eingriffe, ausgelöst, verliefen schwer und oft tödlich. Die schlimmste dieser Krankheiten war das Kindbettfieber, das bis in die 1860er Jahre Wöchnerinnen in beängstigender Zahl hinweggerafft hatte. Diese Krankheit wurde zunächst von englischen Geburtshelfern und seit 1847 in Wien und Budapest vor allem von Ignaz Philipp Semmelweis durch Desinfektion mit Chlorkalklösung erfolgreich bekämpft. In Wien und Budapest hatten die Chirurgen seit den 1850er Jahren die Semmelweissche Prophylaxe mit guten Erfolgen zur Verhütung der Wundinfektion bei Operationen und der Wundbehandlung angewandt. Angeregt durch Louis Pasteur hatte 1864 Joseph Lister antibakterielle Desinfektionsmethoden in die Chirurgie eingeführt. Seither suchte man nach den bakteriellen Erregern der Wundinfektionskrankheiten, doch war man bisher zu keinen befriedigenden Ergebnissen gekommen. In vielen Fällen von zweifellos infektiösen Wundkrankheiten fand man überhaupt keine Mikroorganismen, in vielen fand man sie in zu geringer Menge, um die Heftigkeit oder den tödlichen Ausgang erklären zu können, so daß von manchen Ärzten die bakterielle Ursache dieser Krankheiten bestritten wurde.

Um diese Frage zu klären, erzeugte Koch, da er nicht die Möglichkeit hatte, umfangreiche Untersuchungen an Menschen und menschlichen pathologisch-anatomischem Material vorzunehmen, an Mäusen und Kaninchen experimentell Krankheitsprozesse, die den beim Menschen beobachteten Wundinfektionskrankheiten im pathologisch-anatomischen Befund entsprachen, nämlich Sepsis, Pyämie, Phlegmone, Gangrän und Erysipel. Daß es sich dabei um Infektionskrankheiten handelte, bewies Koch dadurch, daß er die jeweilige Krankheit mit geringsten Mengen von Blut oder Eiter eines kranken Tieres über viele Generationen weiter übertrug, wobei sich zeigte, daß die Krankheitserscheinungen stets die gleichen blieben. In der mikroskopischen Untersuchung infektiöser Materialien, vor allem von Blut und Eiter, mit den herkömmlichen Färbemethoden konnten ebenso wie bei menschlichen Wundinfektionskrankheiten nur selten Mikroorganismen nachgewiesen werden. Als Koch darauf die Präparate mit Anilinfarben behandelte und mit starken Immersionssystemen unter Benutzung eines besonderen Beleuchtungsapparates durchmusterte, wurden zahlreiche Bakterien bis hin zu den kleinsten Arten so genau sichtbar, daß sich auch die verschiedenen Arten leicht auseinanderhalten ließen. In dem zur Infizierung gebrauchten Blut und Eiter sowie in den erkrankten Organen der gestorbenen Tiere wurden nun ausnahmslos Bakterien, und zwar in so bedeutender Anzahl gefunden, daß über ihre Bedeutung als Erreger dieser Krankheiten kein Zweifel mehr sein konnte. Besonders wichtig war aber, daß einer jeden der künstlichen Infektionskrankheiten eine ganz konstante, durch Größe, Gestalt und eigentümliche Wachstumsverhältnisse sich auszeichnende Bakterienform entsprach, nie ging eine solche Form, wie man vorher oft vermutet hatte, in eine andere über. Bei der Sepsis der Mäuse waren es kleine Bazillen, bei der Gangrän Mikrokokken, die sich kettenförmig aneinanderreihten (Streptokokken); bei der Pyämie der Kaninchen waren es kleine, die roten Blutkörperchen umspinnende Mikrokokken, bei der Phlegmone kleine, in Haufen am Rande der Abszesse wuchernde Mikrokokken (Staphylokokken) und beim Erysipel Bazillen, die sternförmige Figuren bildeten. Damit war

nun auch für die Wundinfektionskrankheiten die bakterielle Ursache gesichert. Für die nur statistisch begründete und lange umkämpfte Infektionslehre des Kindbettfiebers von Semmelweis war dies die endgültige Rechtfertigung. Die Ergebnisse Kochs zeigten aber auch, daß die Suche nach Bakterien als Ursache weiterer Krankheiten geboten war und bei Anwendung modifizierter Verfahren, vor allem der Färbung, auch bei bisher negativen Ergebnissen Erfolge versprach. »Als das wesentlichste Resultat«, so Koch, »muß indessen der Nachweis angesehen werden, daß einer jeden der untersuchten Infektionskrankheiten eine konstante, nicht nur durch physiologische Wirkung auf den infizierten Organismus, sondern auch durch Größe, Gestalt, Wachstum wohlcharakterisierte Bakterienform entspricht, und daß dadurch die Berechtigung, ja sogar die Notwendigkeit gegeben ist, ebensoviele bestimmte Arten von pathogenen Bakterien zu unterscheiden.« Dies waren die Ergebnisse, die Koch 1878 auf der 51. Versammlung der »Gesellschaft Deutscher Naturforscher und Ärzte« in Kassel und in einem umfangreichen Aufsatz bekanntgab.
Als der Höhepunkt in Kochs wissenschaftlicher Laufbahn gilt die Entdeckung des Tuberkelbazillus, des sogenannten »Kochschen Bazillus«. Das Krankheitsbild der Schwindsucht (Phthisis) war seit der Antike bekannt. Die Krankheit stand bis zum 20. Jahrhundert an der Spitze der Todesursachen und wütete seit dem 18. Jahrhundert besonders in den wachsenden Großstädten und Industrieregionen. 1679 hatte der Leidener Kliniker François de la Boë erklärt, daß diese Krankheit stets mit der Bildung von zerfallenden Knoten (Tuberkeln) einhergehe, ob in der Lunge, bei der Skrophulose am Hals oder anderswo. 1803 bis 1810 untersuchte der Franzose Gaspard Laurent Bayle die Tuberkelbildung an verschiedenen Organen, an Lungen, Gekröse, Lymphdrüsen, Bauchfell, Leber, Milz, Nieren, Prostata und Nebenhoden, und postulierte aus den verschiedenen Erscheinungsformen der Tuberkel sechs verschiedene Arten der Phthise. Dies verwarf 1819 sein Landsmann René-Theophile Hyacinthe Laënnec; er konstatierte, daß es nur eine Phthise gebe, diese gehe mit Tuberkelbildung einher und zeichne sich durch eine Zerstörung — »Verkäsung« — des Gewe-

bes aus, die auf »käsiger Metamorphose« oder Entwicklung eines Tuberkelstoffes beruhe. Um 1830 prägte Johann Lukas Schönlein die Bezeichnung »Tuberkulose« für alle Krankheiten, die Knoten und Knötchen in Geweben und Organen bilden; sie sei verwandt, aber nicht gleichzusetzen mit der Skrophulose und der Schwindsucht. Über die Ursache der Krankheit gab es zwei unterschiedliche Auffassungen: die einen hielten sie für ein erbliches Übel, eine Auffassung, die sich bis in die Hippokratischen Schriften zurückverfolgen läßt und die bis weit ins 19. Jahrhundert von vielen Ärzten, zum Beispiel auch von Laënnec, vertreten wurde; die anderen hielten sie für ansteckend, was erstmals Girolamo Fracastoro 1546 behauptet hat. Der Wiener pathologische Anatom Carl von Rokitansky sah die Ursache der Tuberkulose humoralpathologisch in einer spezifischen »tuberkulösen Krase«. Seit den 1850er Jahren vertrat Rudolf Virchow die Auffassung, daß es sich bei der Bildung von Tuberkeln und deren Verkäsung um eine allgemeine Folge von geschwulstartigen Gewebswucherungen mit ungenügender Blutversorgung handle; die Entzündung sei nicht Ursache, sondern Folge. Hiergegen setzte sich jedoch die Ansicht, daß die Tuberkelbildung auf einer Entzündung beruhe, mehr und mehr durch, insbesondere, nachdem 1865 der französische Militärarzt Jean Antoine Villemin experimentell nachgewiesen hatte, daß die Tuberkulose eine ansteckende Krankheit sei. Villemins These wurde in den 70er Jahren von verschiedenen Forschern in Tierexperimenten dergestalt erhärtet, daß es als sicher gelten konnte, daß die Krankheit durch Impfung, Fütterung und Einatmung tuberkulösen Materials zu erzeugen sei. Am Anfang der 70er Jahre haben deutsche Forscher mikroskopisch die tuberkulöse Natur der Skrophulose, der fungösen Gelenksentzündung und des Lupus nachgewiesen.

Als Koch im Herbst 1881 mit seinen Tuberkulosearbeiten begann, war er überzeugt, daß es sich bei der Krankheit um eine chronisch verlaufende Infektionskrankheit handelte, deren Erreger gefunden werden mußte. Aus tuberkulösem Material von Affen impfte er Meerschweinchen und konnte daraus schon im Oktober 1881 die ersten Reinkulturen züchten. Im Winter 1881/82 benutzte er das

reiche Krankenmaterial der Phthisikerstation der Berliner Charité zu weiteren experimentellen Arbeiten, die ihn insgesamt innerhalb eines halben Jahres zum Erfolg führten. Am 24. März 1882 gab Koch auf einer Sitzung der Berliner physiologischen Gesellschaft die Entdeckung des Tuberkelbazillus bekannt. Koch hatte wieder besondere Färbemethoden angewandt, die durch seinen Mitarbeiter Paul Ehrlich verbessert wurden. In seinem Vortrag wies Koch zugleich auch auf neue Wege der Tuberkulosebekämpfung hin, deren wichtigster darin bestand, die Ansteckung durch tuberkulöse, sogenannte »perlsüchtige« Rinder zu verhüten, das heißt, den Genuß von Perlsuchtfleisch und -milch zu unterbinden.
Der Vortrag hatte großen Erfolg. Zu der auf den nächsten Tag festgesetzten Demonstration der Präparate strömten die Ärzte Berlins. Koch wurde zum Geheimen Regierungsrat ernannt. Doch meldeten sich auch Kritiker, an der Spitze Rudolf Virchow. Kochs bakteriologische Ätiologie der Tuberkulose widersprach Virchows Lehre von den tuberkulösen Prozessen und brachte in gewissem Maße seine Zellularpathologie ins Wanken. Er sah sich zwar Kochs Präparate genau an, doch weigerte er sich, die Bazillen als Erreger anzuerkennen. Deren allgemeine Anerkennung konnte er jedoch nicht aufhalten.
Nach diesem großen Erfolg arbeitete Koch weiter am Tuberkuloseproblem und entwickelte das aus Tuberkelbazillenkulturen hergestellte Tuberkulin als Heilmittel gegen die Tuberkulose. Als er das Mittel 1890 der Ärzteschaft vorlegte, glaubte die medizinische Welt, endlich ein wirksames Mittel gegen diese weitverbreitete Krankheit in Händen zu haben. Doch diese Hoffnung erfüllte sich nicht. Allerdings erwies sich das Tuberkulin in der Folge als ein wertvolles Hilfsmittel in der Diagnostik der Tuberkulose.
Koch hat seine Tuberkulosearbeiten bis an sein Lebensende fortgesetzt und unter anderem 1901 die Erreger der Menschen- und der Rindertuberkulose, die er ursprünglich für identisch gehalten hatte, als *Typus humanus* und *Typus bovinus* unterschieden.

Mit der Entdeckung des Tuberkelbazillus wurde Koch weltberühmt. 1883/84 tat er den nächsten spektakulären Schritt: Er be-

stimmte den Erreger der Cholera. — Als die Seuche zu ihrem fünften großen Zug während des 19. Jahrhunderts von Indien aus über Persien, Arabien und Ägypten ansetzte und die Gefahr bestand, daß sie sich nach Europa ausbreitete, beauftragte die deutsche Reichsregierung Koch mit der Leitung einer Expedition, die die Ursache erforschen und wirksame Schutzmaßnahmen ausarbeiten sollte. An dieser Expedition nahmen die beiden Stabsärzte Georg Gaffky und Bernhard Fischer sowie der Chemiker Treskow teil. Diese Kommission reiste im August 1883 nach Ägypten und begann in Alexandrien sogleich mit der Arbeit. Da aber dort die Epidemie bereits im Abnehmen begriffen war, war das Untersuchungsmaterial gering. Man reiste deshalb mit Genehmigung des Reichsstaatssekretärs des Inneren nach Indien weiter, wo man in Kalkutta das Laboratorium wieder aufschlug und die begonnenen Untersuchungen fortsetzte. In seinem Bericht vom 2. Februar 1884 an den Staatssekretär erklärte Koch, daß die Kommission die ihr gestellte Aufgabe gelöst habe: Der Erreger der Cholera sei unzweifelhaft der regelmäßig in großer Menge im Darminhalt von Cholerakranken und -leichen gefundene Bazillus, der sich durch eine gekrümmte, einem Komma ähnliche, zuweilen halbkreisförmige Gestalt auszeichne. — Die Kommission konnte noch wichtige Beobachtungen und Erfahrungen über die Übertragung dieser »Choleravibrionen« vor allem durch das Trinkwasser, über ihre Lebensfähigkeit im feuchten Milieu sowie über geeignete Desinfektionsmaßnahmen sammeln, die die Bekämpfung der Seuche auf eine sichere Grundlage stellen sollten.
Im April 1884 kehrte die Kommission nach Deutschland zurück, wo sie stürmisch gefeiert wurde. Koch erstattete dem Kaiser persönlich Bericht über die Ergebnisse der Expedition. Der Kaiser verlieh ihm den Kronenorden II. Klasse am schwarz-weißen Kriegsband mit Stern, der Reichstag beschloß eine Ehrengabe für den erfolgreichen Forscher in Höhe von 100 000 Mark. — Eine französische Kommission, die noch vor der deutschen in Alexandrien tätig geworden war, war zu anderen Ergebnissen gekommen. Ihre Versuche zur Reinkultur der Bakterien waren allerdings mißlungen. Koch, der nach seinem bewährten Verfahren Reinkulturen

gezüchtet hatte, hat noch von Kalkutta aus den Fehler der Franzosen aufgezeigt. — Während des Aufenthaltes in Ägypten war es Koch gleichsam nebenher noch gelungen, den Erreger der Amöben-Ruhr zu entdecken.

Es war nur natürlich, daß Koch, der mit seinen bakteriologischen Entdeckungen eine unikausale Krankheitsätiologie nach der anderen präsentierte, bei Gelehrten, die auf anderen theoretischen Grundlagen standen, Widerstand hervorrufen mußte. Gegen die Proklamation des Choleravibrio als alleiniger Ursache der Seuche protestierte der Münchner Hygieniker Max von Pettenkofer. Er vertrat in seiner Ursachenlehre modifizierte Vorstellungen aus der hippokratischen Epidemien- und Umweltlehre. Seit 1854 hatte er aufgrund eigener Forschungen und praktischer Erfahrungen bei der Bekämpfung der Cholera in Bayern eine plurikausale Ätiologie aufgestellt, bei der nicht dem Trinkwasser wie bei Koch, sondern dem örtlichen Grundwasser die wesentliche Rolle bei der Auslösung einer Epidemie zufiel, sowie eine bestimmte örtliche und zeitliche Disposition hierfür notwendig war. Die beiden Gelehrtenparteien bekämpften, jede von ihrer Theorie ausgehend, die Seuche auf verschiedene Weise: Koch desinfizierte den Kot, isolierte die Kranken, überwachte den Verkehr und sorgte vor allem für sauberes Trinkwasser; für Pettenkofer erschienen Desinfektion und Isolierung nutzlos, denn nicht der Kranke war der Ausgangspunkt der Seuche, sondern die Örtlichkeit und ihr Grundwasser, weshalb der Boden saniert und die Menschen evakuiert werden mußten. Auch Pettenkofer hatte mit seiner Cholerabekämpfung Erfolge aufzuweisen. Im Laufe der anhaltenden Auseinandersetzungen, in denen übrigens Virchow auf Kochs Seite trat, stellte Pettenkofer zusammen mit seinem Schüler Rudolf Emmerich 1892 seinen berühmten Selbstversuch an, um die unikausale Choleraätiologie Kochs zu widerlegen. Beide tranken von einer frischen Bouillonkultur von Cholerabazillen — nach Kochs Theorie genug, um ein Regiment Soldaten umzubringen. Während Pettenkofer nur einen Durchfall bekam, erkrankte Emmerich an einem schweren Choleraanfall, kam aber mit dem Leben davon. Beide kämpften weiter, doch konnten sie sich gegen Koch und seine

Lehre nicht durchsetzen. Bei der Hamburger Choleraepidemie von 1892 hatte es sich noch einmal deutlich gezeigt, daß das Trinkwasser der Hauptträger des Infektionsstoffes war. In den Jahren 1892/93 organisierte Koch die Cholerabekämpfung auf dem Boden einer bakteriologisch fundierten Hygiene neu und hat damit großen Erfolg gehabt.
In diesem Zusammenhang ist auch die Einstellung Rudolf Virchows, der zu den ersten Autoritäten der deutschen und der Weltmedizin seiner Zeit gehörte, zu beleuchten. Ihm wird oft vorgeworfen, er habe die Bakteriologie rundweg abgelehnt. Dies trifft nicht zu. Seine Einstellung war wesentlich differenzierter. Virchow hat zwar, wie er den Tuberkelbazillus als Krankheitserreger nicht anerkennen wollte, auch den 1884 von dem Koch-Schüler Friedrich Löffler gefundenen Diphtheriebazillus nicht als Krankheitsursache gelten lassen, weil nach seiner Zellularpathologie die Diphtherie überhaupt keine Krankheit eigener Art, sondern nur ein Symptom verschiedener Erkrankungen war. Auch der Einrichtung der Hygiene als eines selbständigen Fachs hat er sich, wie sich noch zeigen wird, widersetzt. Auf der anderen Seite hat er über Parasiten, wie Echinokokken, Bandwurm und Trichinen, wichtige Forschungsbeiträge veröffentlicht. 1871 sprach er der Behauptung, alle Infektionskrankheiten würden durch Mikroorganismen verursacht, eine gewisse Berechtigung zu, schränkte aber ein, die damaligen Erfahrungen böten noch keine sichere Grundlage für eine allgemeine Doktrin; dies wiederholte er 1874 mit anderen Worten. Er hat damit die Bakteriologie grundsätzlich anerkannt, nur den übertriebenen Enthusiasmus ihrer Vertreter gedämpft. In dem von ihm herausgegebenen »Archiv für pathologische Anatomie und Physiologie und für klinische Medizin« ließ er verschiedene Forscher ihre Entdeckungen bakterieller Krankheitserreger veröffentlichen, und der Entdecker der Rekurrensspirochäte war sein Assistent Otto Obermeier. Der Streit aber zwischen der Virchowschen Zellularpathologie und der Bakteriologie wurde eigentlich von Vertretern der letzteren vom Zaun gebrochen. 1878 erklärten Edwin Klebs und 1893 der Koch-Schüler Emil von Behring, daß die Lehre von den bakteriellen Ursachen der Infekti-

onskrankheiten mit der Zellularpathologie unvereinbar sei; die Zellularpathologie habe zur Ursachenlehre der Krankheiten nichts beigetragen und habe der Bakteriologie zu weichen. Virchow sah sich veranlaßt, zu erwidern. Er wandte sich gegen den Ausschließlichkeitsanspruch und den Unikausalismus der Bakteriologen und vertrat die traditionelle These von einer doppelten Ursache: Zur Entstehung einer Krankheit sei neben der äußeren Ursache, wie Verletzungen oder Bakterien, als innere Ursache die Prädisposition des Organismus und seiner Zellen notwendig. Diese differenziertere Ursachenlehre hat später wieder mehr Geltung erlangt. Und während Virchow von Behring schließlich sogar persönlich angegriffen wurde, hat er gleichzeitig Behrings Entdeckung des Diphtherie-Antitoxins öffentlich als verdienstvoll anerkannt.

Der Ausbau der Bakteriologie zu einer in Methoden und Inhalt perfekten Wissenschaft und ihr Durchbruch zu ihrer die ganze Heilkunde in Theorie und Praxis prägenden, ja beherrschenden Disziplin, war in vollem Gange. Koch und seine Schule haben hierzu wohl das meiste beigetragen, wie wohl den Forschern anderer Nationen, insbesondere Pasteur und seiner Schule, auch eine wesentliche Mitwirkung zukommt. Dieser umwälzende Einfluß Kochs und der Bakteriologie spiegelt sich in der Desinfektionstechnik und im öffentlichen Gesundheitswesen.

Koch und seine Schule haben das Problem der Desinfektion von Grund auf neu bearbeitet und damit die Grundlage zu den modernen Desinfektionsverfahren gelegt. Die neuen Techniken, die man entwickelte, wurden und werden allein von der Bakteriologie, das heißt mikroskopisch, mit Kulturversuchen und so weiter, auf ihre Wirksamkeit dergestalt kontrolliert, daß sie imstande sind, alle niederen Organismen und deren Keime zu vernichten — das war die erste und wichtigste Forderung Kochs. So stellte dieser 1881 fest, daß die damals allgemein angewandten Desinfektionsmittel Karbolsäure, schweflige Säure und Chlorzink mangelhaft oder wertlos waren, und daß die Heißluftdesinfektionsapparate, die damals in den Krankenhäusern eingeführt wurden, der bakteriologischen Kontrolle nicht standhielten, weil sie viele Bakterien oder deren Keime am Leben ließen. In umfangreichen Versuchen er-

wiesen sich als chemische Desinfektionsmittel Sublimat, Chlor, Brom, einige ätherische Öle, Thymol und Allylalkohol als zuverlässig, das Sublimat als das sicherste Mittel. Als Ersatz für die Heißluftsterilisation entwickelte Koch zusammen mit seinen Mitarbeitern Georg Gaffky und Friedrich Löffler die Desinfektion mit strömendem Wasserdampf, die in der öffentlichen Desinfektion, den Krankenhäusern und Operationssälen der ganzen Welt eingeführt wurde. Weiter arbeitete Koch mit seinen Schülern Verfahren und Vorschriften aus zur Desinfektion von Schiffen, Viehwaggons, Waren und Briefen aus Übersee, Fäkalien (Cholera) und Auswurf (Tuberkulose). Die wissenschaftlichen Grundlagen der Desinfektion, die von Koch und seinen Schülern geschaffen wurden, haben bis in unsere Zeit ihre Gültigkeit behalten. Die Sicherheit, die die Chirurgie, die Geburtshilfe und die übrigen operativen Fächer sowie die ganze Technik der Injektionen und andere kleine Eingriffe in der modernen Medizin erlangt haben, wurde erst möglich durch das Sterilisieren der Instrumente und Verbandstoffe nach den Vorschriften Robert Kochs.
Von 1880 an bis zu seinem Lebensende — er starb am 17. Mai 1910 in Baden-Baden — wurde Koch als Berater der Reichs-, Staats- und Kommunalbehörden zu allen wichtigen Fragen, Entscheidungen und Gesetzen auf dem Gebiet der Hygiene und Volksgesundheit herangezogen. Seine Entdeckungen von Krankheitserregern führten zur Neuordnung der Ausbildung der preußischen Kreisärzte. Diese erhielten 1899 und 1901 neue Aufgaben und Befugnisse: etwa die Kontrolle der Wasserversorgung und der Abfallbeseitigung — vornehmlich mit bakteriologischen Methoden — und das Recht, beim Auftreten von gemeingefährlichen Krankheiten Verordnungen zu erlassen, die auch für die Polizeibehörden bindend waren. Koch war 1880 bis 1882 an der Neufassung des Reichsimpfgesetzes beteiligt, wobei er unter anderem für die Einführung der tierischen Lymphe eingetreten ist. Er hat auf die Abfassung des Reichsgesetzes zur Bekämpfung der gemeingefährlichen Krankheiten von 1900 führenden Einfluß gehabt. Er hat weiter einen großen Aufgabenkreis für Bakteriologen und Hygieniker im Krieg abgesteckt. Nach seinem Gutachten wurden die

Abwasserbeseitigung und -reinigung der Städte Halle, Essen, Wiesbaden und Mühlhausen in Thüringen, die Kläranlage auf Norderney, die Wasserversorgung und Kanalisation in Metz sowie die bakteriologischen Untersuchungsstationen auf den Wasserwerken eingerichtet. Über verschiedene einheimische und tropische Krankheiten, über den Bau von Krankenhäusern, Schlachthöfen, Markthallen und so weiter hat Koch Gutachten abgefaßt und damit allen diesen Bereichen seinen Stempel der bakteriologisch begründeten Hygiene aufgeprägt.
In den letzten beiden Jahrzehnten des 19. Jahrhunderts wurde das Fach der Hygiene selbständig. Den Anstoß hierzu gaben vor allem in Preußen das Wirken und die Erfolge von Koch. 1878 bereits hatte Pettenkofer in München ein selbständiges Hygieneinstitut erhalten; im gleichen Jahr wurde in Leipzig ein solches errichtet. Ab 1881 wurden an allen medizinischen Fakultäten Institute und Lehrstühle für Hygiene eingerichtet. Allerdings vollzog sich dieser Vorgang nicht ohne Widerstände. Insbesondere Virchow wandte sich gegen die Hygiene als selbständiges Fach an den Universitäten, da es sich bei ihr um ein rein praktisches, nicht eigentlich wissenschaftliches Fach handle und weil ihr Lehrstoff besser innerhalb der herkömmlichen naturwissenschaftlichen und medizinischen Fächer vermittelt würde, im Unterricht der Chemie, Physik, Mikroskopie, Anatomie und vor allem der pathologischen Anatomie. Das gleiche wandte er auch gegen eine selbständige Gerichtsmedizin ein. Er konnte sich jedoch mit seiner Meinung nicht durchsetzen. Die neugeschaffenen Lehrstühle wurden mit den Schülern Pettenkofers oder Kochs besetzt, von denen die ersteren die Partei der »reinen« Hygieniker, die anderen die der Bakteriologen vertraten. Die Berliner Universität erhielt 1885 ihr Hygiene-Institut, Koch wurde Direktor und Ordinarius, hatte aber erhebliche Widerstände in der Fakultät zu spüren. Diese wählte, als er 1891 ausschied und die Leitung des Instituts für Infektionskrankheiten übernahm, einen Schüler Pettenkofers zum Nachfolger. An manchen Universitäten hatte die pathologische Anatomie die Bakteriologie als Teilgebiet der Lehre von den Krankheitsursachen an sich gezogen.

In der bakteriologischen Krankheitsforschung, auf den Bereichen der Ursachenlehre, der Behandlung und der Seuchenbekämpfung gelang der Schule Kochs ein Erfolg nach dem anderen. Auf die Bestimmung der Krankheitserreger und ihrer Züchtung in Reinkultur folgte die Erforschung ihrer Eigenschaften, Lebensbedingungen und Übertragungsweisen und danach die Ausarbeitung und Erprobung von Vorbeugungs- und Bekämpfungsmaßnahmen, wie Desinfektion, Isolierung, Impfung und so weiter.
Nachdem Karl Eberth 1880 den Typhusbazillus erstmals beschrieben hatte, gelang Georg Gaffky 1884 die Reinkultur. 1901 erarbeiteten Wilhelm von Drigalsky und Heinrich Conradi im Institut für Infektionskrankheiten unter Koch eine sichere Färbemethode zum Nachweis des Bazillus, die sich auch für Massenuntersuchungen in Epidemiezeiten eignete und bewährte. Im gleichen Jahr stellte Koch bei der Typhusepidemie in Gelsenkirchen die Ausbreitung der Erreger durch Verunreinigung des Wassers mit bazillenhaltigem Menschenkot fest und fand im folgenden Jahr heraus, daß als Infektionsquelle des Typhus fast immer der Mensch, vor allem der sogenannte Dauerausscheider, anzusehen sei, der die Krankheit überstanden hat und in dessen Darm Typhusbazillen siedeln, die ständig mit dem Stuhl ausgeschieden werden. Als Schutzmaßnahme verlangte Koch, beim Auftreten von Typhus die ersten Krankheitsfälle und die Infektionsquelle, besonders Dauerausscheider, ausfindig zu machen, sie eventuell zu isolieren, die Stühle zu desinfizieren und vor allem für die Reinhaltung des Wassers zu sorgen. Diese Typhusbekämpfung wurde unter seiner Anleitung in den endemischen Typhusgebieten Elsaß-Lothringen, Rheinpfalz und Kreis Trier unter vornehmlicher Beteiligung des Militärsanitätskorps systematisch und erfolgreich durchgeführt. Die Sanierung gerade dieser Gebiete war, da es sich um ein militärisches Aufmarschgebiet handelte, auch militärpolitisch von erheblichem Belang.
Anläßlich der Pestepidemie in Hongkong 1894 fand der Koch-Schüler, der Japaner Shibasaburo Kitasato als Leiter der japanischen Pestkommission gleichzeitig mit dem Franzosen Alexandre Yersin — den Pestbazillus. Kitasato stellte Reinkulturen her und

prüfte das Verhalten des Bazillus gegen chemische und physikalische Einflüsse. 1897/98 führte eine deutsche Pestkommission unter Gaffky und Koch in Indien und Deutsch-Ostafrika Untersuchungen über Verlauf, Krankheitserscheinungen und Übertragung der Pest durch und stellte unter anderem fest, daß die Ratten an der Ausbreitung der Seuche beteiligt seien. Die vollständige Infektionskette von der Ratte über den Rattenfloh zum Menschen klärte 1906 eine indische Pestkommission auf.
Auch an der Malariaforschung hat sich Koch beteiligt. Den Erreger, das Malariaplasmodium, entdeckte 1880 der Franzose Charles Louis Alphonse Laveran, der Italiener Camillo Golgi zeigte, daß es mehrere Plasmodienarten gibt, der Amerikaner John Hopkins beobachtete 1897 deren geschlechtliche Formen, und im gleichen Jahr wies der Engländer Ronald Ross die Übertragung durch die Anopheles-Mücke nach. Koch und sein Schüler Richard Pfeiffer züchteten 1898 Malariaplasmodien in Insekten und klärten den ganzen Lebenszyklus des Parasiten auf. 1899 führte Koch die Chininprophylaxe ein und sanierte damit verschiedene endemische Malariagebiete, so in den deutschen Kolonien in Afrika und die österreichische Adriainsel Brioni.
Über eine weitere ganze Reihe von Infektionskrankheiten und Tierseuchen vor allem der Tropen haben Koch und seine Mitarbeiter im Auftrag der Reichsregierung oder ausländischer Regierungen gearbeitet. Verschiedene Expeditionen wurden nach Afrika, Asien und in die Südsee unternommen. Oft galt es, die Übertragungsweisen bereits bekannter Krankheitserreger zu ergründen und Schutzmaßnahmen zu erarbeiten, was nur durch das Studium der örtlichen Verhältnisse in dem betroffenen Land selbst möglich war. Hier sind zu nennen das Rückfallfieber, die Tsetse-Krankheit, die Schlafkrankheit und das Texasfieber in Deutsch-Ostafrika, die Rinderpest, die Pferdesterbe und das afrikanische Küstenfieber in Südafrika und Rhodesien oder die Lepra im Kreis Memel.

Ein Blick auf die wichtigsten der zahlreichen Schüler und Mitarbeiter Kochs soll noch einen abschließenden Eindruck von der breiten Auffächerung geben, die die Bakteriologie und die Hy-

giene in der Zeit des Wirkens des großen deutschen Arztes und Forschers und durch sein Wirken erfahren haben.
Über Georg Gaffky wurde bereits berichtet. Friedrich Löffler entdeckte unter Koch 1882 zusammen mit Wilhelm Schütz den Rotzbazillus, 1883 die Erreger des Rotlaufs- und der Schweineseuche, 1884 den Diphtheriebazillus, 1888 stellte er das Diphtheriegift (Toxin) — gleichzeitig mit Emile Roux und Alexandre Yersin — dar, 1898 fand er zusammen mit Paul Frosch, ebenfalls einem Schüler Kochs, das nicht sichtbare, aber filtrierbare Virus der Maul- und Klauenseuche. Carl Flügge führte grundlegende Untersuchungen über die Verbreitungsweise und Bekämpfung der Tuberkulose durch, wobei er feststellte, daß Tuberkulosekranke in ihren beim Husten, Sprechen und Niesen in die Luft geschleuderten Tröpfchen zahlreiche Tuberkulosebazillen verbreiten. Emil von Behring, wohl der genialste und erfolgreichste Schüler Kochs, hat in Zusammenarbeit mit Kitasato 1890 unter Koch das Zustandekommen der Immunität gegen Diphtherie und Tetanus bei Tieren erforscht und damit die Grundlage für die moderne Serumtherapie gelegt; darauf entwickelte er das Diphtherieheilserum und wurde dadurch als »Retter der Kinder« weltbekannt; im Zusammenhang mit den weiteren Tuberkulosearbeiten Kochs hat er später gegen seinen Lehrer Stellung bezogen und sich mit ihm verfeindet. Shibasaburo Kitasato war von der japanischen Regierung 1885 zur Ausbildung in der Bakteriologie nach Berlin entsandt worden; Koch beauftragte ihn mit der Züchtung des Tetanusbazillus in Reinkultur, was ihm in sauerstofffreiem Milieu gelang; er führte damals weiter den Nachweis, daß der Tetanusbazillus ein Toxin, also einen Giftstoff, bilde, das durch ein Antitoxin neutralisiert werde, welches im immunisierten Tierkörper entstehe; der nächste Schritt war die Darstellung des tierischen Antitetanusserums; so wurde Kitasato zusammen mit Behring zum Begründer der Serumtherapie; nach seiner Rückkehr nach Japan 1892 baute er dort das Kaiserliche Institut für Infektionskrankheiten und ab 1910 die neue medizinische Fakultät der Keio-Gijuku-Universität auf. Eduard

Pfuhl, der Schwiegersohn von Koch, Militärarzt, arbeitete vornehmlich über Desinfektion, Grundwasserversorgung, Verunreinigung der Schußwunden durch mitgerissene Kleiderfetzen, Typhus, Cholera, Ruhr, Untersuchung von Fleischkonserven und andere militärhygienische Fragen. August Gaertner, 1884—86 Assistent Kochs, entdeckte 1888 den Bazillus enteritidis Gaertner; sein Hauptarbeitsgebiet war die Hygiene des Wassers. Richard Pfeiffer, der grundlegende Arbeiten unter anderem über das Wesen der Immunität durchgeführt und an der Entwicklung der Schutzimpfung großen Anteil hat, war 1887—99 Mitarbeiter Kochs und nach dessen Aussage »eine seiner kräftigsten und treuesten Stützen«. Paul Ehrlich, der Erfinder des Salvarsans, des ersten chemotherapeutischen Mittels gegen die Syphilis, und damit Begründer der Chemotherapie, war unter Koch am Institut für Infektionskrankheiten tätig. August von Wassermann, der Mitbegründer der Immunitätslehre und Erfinder der »Wassermannschen« Blutreaktion, das ist die immunologische Nachweisreaktion der Syphilis, war ebenfalls Assistent am Institut für Infektionskrankheiten.
Die Reihe könnte noch lange fortgeführt werden. Der größte Teil der Assistenten Kochs hat in der medizinischen sowie auch in der tiermedizinischen Wissenschaft, im öffentlichen Gesundheitswesen und im Militärsanitätskorps leitende Stellungen erlangt. Von seinen 58 Assistenten zwischen 1880 und 1910 wurden 20 ordentliche Professoren, 10 außerordentliche oder Honorarprofessoren und zwei Generalärzte. Besonders eng war die Zusammenarbeit Kochs mit den Sanitätskorps von Armee, Marine und Schutztruppe, aus denen 31 seiner Mitarbeiter stammten, also mehr als die Hälfte, darunter Gaffky, Löffler, Behring, Pfuhl, Gaertner und Pfeiffer. Da in den früheren Feldzügen die Verluste durch Seuchen den Verlusten durch den Feind gleichkamen oder sie übertrafen, hatte die Leitung des Militärsanitätskorps rasch die große Bedeutung der Bakteriologie erkannt und arbeitete seit 1880 eng mit Koch zusammen. Die deutsche Armee verfügte später über eine große Zahl tüchtiger Hygieniker und Bakteriologen, die fast alle aus Kochs Schule hervorgegangen waren. Er selbst erhielt 1883

den Rang eines Oberstabsarztes à la suite des preußischen Sanitätskorps. 1887 ernannte ihn Kaiser Wilhelm I. zum Generalarzt 2. Klasse und 1901 Kaiser Wilhelm II. zum Generalarzt mit dem Rang eines Generalmajors.

Wenn wir die wissenschafts- und medizinhistorische Bedeutung von Robert Koch abzugrenzen versuchen, so können wir — die wissenschaftshistorische Theorie von Thomas Kuhn benutzend — sagen: Koch wuchs in eine »wissenschaftliche Revolution« hinein, die bereits in vollem Gange war, der die alten »Paradigmata« von den epidemischen und den kontagiösen Krankheiten auf weiten Bereichen bereits erlegen waren, die aber selbst noch kein fertiges »Paradigma« präsentieren, sondern erst mit einer Reihe von uneinheitlichen, wenig gesicherten und umstrittenen Beobachtungen, Erfahrungen und Hypothesen aufwarten konnte, nichtsdestoweniger bei den Naturforschern und Ärzten bereits über eine stattliche Anhängerschaft verfügte. Der theoretische Ansatz dieser Revolution richtete sich mit der Hypothese der mikrobiologischen Krankheitsursachen darauf, eine unikausale Ursachenlehre für die Volks- und die ansteckenden Krankheiten einzusetzen.
In die Anhängerschaft dieser neuen medizinischen Idee reihte sich der junge Robert Koch um die Jahre 1865/66 ein und beteiligte sich an der Suche von bakteriellen Krankheitserregern. Der Aufbau seiner beruflichen Lebensgrundlage, die Familiengründung und die Teilnahme am Krieg 1870/71 ließen Kochs wissenschaftliche Interessen zunächst zurücktreten; anschließend reiften in diesen Jahren auch Vorstellungen und methodische Ideen zu seiner künftigen Forschungsarbeit. Dann, innerhalb des Jahrzehnts von 1873 bis 1883, entwickelte er in rascher Aufeinanderfolge den methodischen Apparat für einen systematischen Aufbau der neuen Wissenschaft, der Lehre von den bakteriell verursachten Krankheiten. Anfangs wurde er noch angeregt und geleitet von Vorarbeiten anderer Forscher, bald aber ging er immer selbständiger auf sein Ziel vor, das zugleich sein wichtigstes methodisches Postulat war: für jede Infektionskrankheit, bei der man eine bakterielle

Ursache vermutete, in einem sicheren und reproduzierbaren Verfahren, zu dem, soweit notwendig, jeweils noch besondere Techniken zu erarbeiten seien, den spezifischen Erreger nachzuweisen. Die wichtigsten Teile dieses methodischen Apparates waren: das Verfahren, dauerhafte und photographisch reproduzierbare Präparate herzustellen, eine variable Färbetechnik, die Reinkultur und der verbesserte Tierversuch, der vor allem an weißen Mäusen, Meerschweinchen und Insekten durchgeführt wurde. In jenen zehn Jahren gelangen Koch auch seine wichtigsten sachlichen Beiträge zur Bakteriologie, nämlich über Milzbrand, Wundinfektion, Tuberkulose und Cholera.

Mit den Ergebnissen der Arbeit dieses Jahrzehnts hat Robert Koch den entscheidenden Anteil beigetragen, jene wissenschaftliche Revolution zu vollenden und dem neuen Paradigma der Bakteriologie und ihrer unikausalen Krankheitsätiologie in der Heilkunde zum Sieg zu verhelfen. Die wissenschaftlichen und staatlichen Auszeichnungen bis hin zum Nobelpreis (1905) und zum Rang eines Generalarztes waren die äußeren Zeichen dafür, daß die neue Wissenschaft in ihrer das Denken und Handeln beherrschenden Stellung von den gesellschaftlichen Instanzen anerkannt wurde.

Die Forschungsarbeit, die darauf noch folgte, war das, was Thomas Kuhn »Aufräumungsarbeit« nennt, das heißt, die konsequente Anwendung der neuen Methoden auf alle Phänomene des Wissenschaftsbereichs, also der bakteriologischen Methoden auf den gesamten Bereich der übertragbaren Krankheiten. Auch die praktische Anwendung der Bakteriologie auf Desinfektion, Hygiene und öffentliches Gesundheitswesen, aktive und passive Immunisierung durch Impfung und Serumbehandlung und so weiter gehören zu diesen »Aufräumungsarbeiten«. Mit deren Fortschreiten entfaltete sich die Bakteriologie als neue »normale Wissenschaft« zu einem immer größeren und besser in sich geschlossenen Gebäude aus theoretischem Wissen, Methoden der Forschung und der praktischen Anwendung sowie dem ganzen bakteriologisch-pathologisch-hygienischen Wissensschatz, der die lehrbaren Anwendungsbeispiele lieferte und in Lehrbüchern niedergelegt wurde.

Diese »normale Wissenschaft« wurde von der gesellschaftlichen Gruppe der Wissenschaftler, Ärzte, Tierärzte, Hygieniker und so weiter geglaubt, getragen, erweitert und an den Nachwuchs weitergegeben. Von dieser gesellschaftlichen Gruppe stellen die Schüler und Mitarbeiter Kochs nur einen, wenn auch hervorragenden Teil dar.
Es gehört zu den wesentlichen Erscheinungen einer »wissenschaftlichen Revolution«, wie sie Kuhn beschrieben hat, daß sie bekämpft wird und sich im Kampf durchsetzen muß, da es im Grunde darum geht, daß ein altes »Paradigma« beziehungsweise eine alte »normale Wissenschaft«, das heißt ein überliefertes wissenschaftliches Weltbild, das sich im Denken, durch die Erfahrung und im Handeln bewährt hat, an das seine Vertreter glauben, auf das sie bauen und mit dem ihr Lebenswerk steht und fällt, entthront und an seine Stelle ein neues »Paradigma« gesetzt wird. So ist die Gegnerschaft von Männern wie Virchow und Pettenkofer zu verstehen. Virchow sah durch Kochs Tuberkulose- und Löfflers Diphtherielehre letztlich seine Zellularpathologie gefährdet. Von Klebs und Behring angegriffen, vertrat er gegen deren doktrinären Ausschließlichkeitsanspruch und unikausale Ätiologie die differenziertere bikausale Lehre von den Krankheitsursachen, die eine lange Tradition hatte und auch später wieder mehr zur Geltung kommen sollte. Seine Versuche, die Begründung der Hygiene als selbständiges und von der Bakteriologie geprägtes Fach zu verhindern, zielten unter anderem darauf, den Besitzstand der herkömmlichen Fächer, auch seines eigenen, der pathologischen Anatomie, zu bewahren. Pettenkofer sah ebenfalls seine Lehre von Cholera und Umwelthygiene gefährdet und unternahm seinen Selbstversuch mit dem Mut der Verzweiflung und mit Todesbereitschaft.
Aber diese und andere Widerstände, die Koch zum Beispiel in der Berliner medizinischen Fakultät zu spüren bekam, konnten den Aufstieg der neuen Wissenschaft bis zu ihrer die ganze Heilkunde beherrschenden Stellung nicht aufhalten. Die Entscheidung für Koch und seine Lehre haben eigentlich außerwissenschaftliche Instanzen gefällt, die von ihrer ganzen Aufgabe her notwendigerweise pragmatisch dachten: das Militärsanitätskorps, die staatli-

chen und kommunalen Administrationen mit den zivilen Gesundheitsbehörden und die gesetzgebenden Organe.
Die Bakteriologie hat bis zum heutigen Tag ihre Position behaupten können, ja sie ist auch in das allgemeine Bewußtsein eingegangen und hat im Gesundheitsverhalten der Menschen einen so beherrschenden Platz eingenommen, daß sie mitunter pseudoreligiöse Züge annimmt. Mikrobenfurcht und Sauberkeitsfanatismus mit ihren Desinfektionsriten, wie man sie in hochentwickelten Industriegesellschaften, zum Beispiel den USA, beobachten kann, erinnern nicht wenig an die Furcht vor Dämonen und vorkultischer Befleckung sowie an die entsprechenden Beschwörungs- und Reinigungsriten bei Naturvölkern und in den alten Hochkulturen.

Eduard Seidler

Paul Ehrlich
(1854—1915)

Der Ruhm Paul Ehrlichs ist im wissenschaftlichen Gedächtnis unserer Tage mit einer späten, sein Lebenswerk krönenden und nahezu abschließenden Entdeckung verknüpft: der Einführung des Salvarsans als erstem wirksamen Chemotherapeutikum (1910). Man vergißt allzu leicht, daß davor dreißig Jahre intensiver Forschertätigkeit auf wichtigen anderen Gebieten gelegen haben, daß Ehrlich bereits 1908 den Nobelpreis für seine immunbiologischen Untersuchungen erhalten hatte, und daß wir ihm heute im Wortsinne bahnbrechende Arbeiten auf mindestens fünf Arbeitsfeldern zuerkennen müssen: der Färbetechnik von Zellen und Geweben, der Immunitätsforschung, der Tumorlehre, der reinen Chemie und, selbstverständlich, der Chemotherapie.
Vieles an diesen Verdiensten ist noch zu Lebzeiten Ehrlichs im wissenschaftlichen Tageskampf jener bewegten Zeit untergegangen, einiges in häßlichen, zum Teil bis in unsere Tage reichenden Prioritätsstreitigkeiten verzerrt worden. Auch hat letztlich die Geschichtsfälschung der Nazizeit den Juden Paul Ehrlich auf vordergründige Weise abzuwerten versucht und sich damit selbst ad absurdum geführt.
Einen König aus der Heroenzeit der experimentell-therapeutischen Forschung hat Emil von Behring seinen Freund und Widersacher Ehrlich an dessen Grab genannt, und in der Tat war es die Zeit der nahezu rauschhaften, triumphalen Erfolge einer neuen Medizin, in der sich das Lebenswerk Ehrlichs entfaltet hat. Seit der

Mitte des 19. Jahrhunderts waren die Systeme und Theorien der alten Heilkunde endgültig der exakten naturwissenschaftlichen Methodik anvertraut. »Die Medizin kann wahre Fortschritte nur dadurch machen, daß die ganze Physik, Chemie und alle Naturwissenschaften auf sie angewendet, und daß sie auf die gegenwärtig erstiegene Höhe derselben gestellt und mit ihren glänzenden Fortschritten in Übereinstimmung gebracht werde« — dieser Satz des Berliner Physiologen Johannes Müller charakterisiert am besten die neue Richtung, die aus der Medizin endgültig ein Feld exakter, quantitativ messender Untersuchungsverfahren machen sollte. Der revolutionäre Umschwung der Methodik führte in wenigen Jahrzehnten zur Grundlegung eines neuen medizinischen Weltbildes. Von nun an bediente man sich nicht nur der Naturwissenschaften, die wissenschaftliche Medizin selbst wurde zur Naturwissenschaft, zur experimentellen Medizin.
Die verbesserte Optik des Mikroskops erlaubte den Beweis, daß der gesamte tierische und pflanzliche Organismus aus Zellen aufgebaut ist. Die Erkenntnis, daß die Zellen das eigentliche Formelement des Körpers darstellen und daß eine Zelle nur aus einer Zelle entstehen kann, wurde hierauf aufbauend von Rudolf Virchow vorgetragen; dies war die Grundlage seiner Zellularpathologie, die an die Stelle aller älteren humoralpathologischen und vitalistischen Krankheitsauffassungen eine biologisch und pathologisch allgemein verbindliche Grundtheorie des Lebendigen setzte. Durch die Möglichkeit der Ordnung einer überwältigenden Menge von Einzelerkenntnissen wurde die Zellenlehre zur Voraussetzung aller medizinischen Basiswissenschaften; ihre kritische Erweiterung erfuhr sie durch die Bakteriologie, die der naturwissenschaftlichen Medizin mit dem Nachweis der spezifischen Infektion ihre ersten großen praktischen Erfolge verschaffte.
Um den Arbeitsbereich von Paul Ehrlich abstecken zu können, muß man freilich das weitere Umfeld dieser neuen Entwicklung aufsuchen. 1818 hatte der französische Chemiker Louis Pasteur nachgewiesen, daß die Gärung des Weins kein rein chemischer Vorgang, sondern das Werk von Mikroorganismen sei. Er wies weiterhin nach, daß man durch Erhitzen der Flüssigkeiten (»Pa-

steurisieren«) die Mikroorganismen abtöten und die Zersetzung verhindern könne. Die Idee, daß das gefürchtete Wundfieber, der Hospitalbrand, von in ähnlicher Weise verschmutzten Wunden ausgehe, war 1847 schon durch Ignaz Semmelweis in Wien auf empirische Weise angegangen worden: Durch einfaches Händewaschen mit Chlorlösung beendete er in eindrucksvoller und zunächst angefeindeter Weise das Kindbettfieber in der Wiener geburtshilflichen Klinik.

Aus Pasteurs Beobachtungen zog der englische Chirurg Joseph Lister die Konsequenz, fiebererzeugende Keime durch einen mit Karbolsäure getränkten Wundverband von den Wunden fernzuhalten (*Antisepsis*) und darüber hinaus das Operieren selbst durch Sterilisierung der Instrumente und entsprechende Vorbehandlung des Operationsfelds möglichst keimfrei zu machen. An der Ausarbeitung dieses Verfahrens (*Asepsis*) beteiligte sich in hohem Maße die Chirurgie selbst, wobei vor allem Ernst von Bergmann bahnbrechend wirkte.

Als schließlich der praktische Arzt Robert Koch 1978 den Nachweis führte, daß der Milzbrand bei Mensch und Tier in jedem Falle von einem gleichen Erreger hervorgerufen werde, war dies der eigentliche Anfang der wissenschaftlichen Bakteriologie. In rascher Folge entdeckte man spezifische Krankheitserreger, wozu die von Koch ausgearbeitete Technik der Nährbodenzüchtung und verbesserter Färbemethoden wertvolle Dienste leisteten: 1879 fand Neisser den Gonokokkus, 1881 Pasteur den Pneumokokkus, 1882 Koch den Tuberkulosebazillus und 1883 den Choleraerreger, Klebs und Löffler beschrieben 1884 den Diphtheriebazillus, Kitasato 1894 den Pesterreger, Schaudinn und Hoffmann 1905 den Erreger der Syphilis. Dies sind nur die wesentlichsten Schritte zur Aufhellung der alten großen Volksseuchen; hinzu kommt eine Vielzahl ergänzender bakteriologischer Erkenntnisse in aller Welt. Sie veränderten die medizinische Praxis ebenso wie die Zellenlehre die theoretische Medizin.

Für diese war vor allem die Entdeckung entscheidend, daß bestimmte Infektionskrankheiten nicht nur Veränderungen der Zelle, sondern auch solche im Chemismus des Blutes beding-

ten. Die Entdeckung der Antitoxine eröffnete das weite Gebiet der Serologie und der Immunbiologie bis hin zur Entwicklung von Schutzimpfungen und einer vielfach differenzierten Serumtherapie. Endokrinologie und Vererbungslehre erweiterten die Einsichten in die Dynamik und die Gesetzmäßigkeiten von Gesundheit und Krankheit und begünstigten die nunmehr eigenständige Entwicklung der verschiedenen Spezialfächer. Von diesen müssen zum Verständnis der Arbeiten Ehrlichs noch die durch Justus von Liebig vorbereitete physiologische Chemie erwähnt werden, und ebenso die wissenschaftliche Pharmakologie, die nun mit der stürmischen Entwicklung chemischer Reinsubstanzen und der Möglichkeit ihrer experimentellen Prüfung durch neue chemische und physiologische Methoden einen ungeahnten Aufschwung erlebte.
Im Geburtsjahr Paul Ehrlichs (1854) hatte Virchow die Zellularpathologie begründet; sein Sterbejahr (1915) markiert bereits den Abschluß aller oben skizzierten Entwicklungen. Man kann diese Tatsache nicht genug betonen, will man das pathetische Wort Behrings von der Heroenzeit der naturwissenschaftlichen Medizin richtig verstanden wissen. In wenigen Jahrzehnten war ein neues medizinisches Weltbild geschaffen worden. Paul Ehrlich steht in allen Brennpunkten dieses dynamischen Geschehens.

Er entstammt jenem bürgerlichen Judentum, das im kaiserlichen Vorkriegsdeutschland voll assimiliert war und dessen Intelligenz auch der Geschichte des wissenschaftlichen Denkens so wesentliche Beiträge geleistet hat. Am 14. März 1854 wurde er in der schlesischen Kleinstadt Strehlen nach mehreren Schwestern als lange erwarteter Sohn einer angesehenen jüdischen Gastwirtsfamilie geboren. Über seine Kinderzeit ist nicht viel bekannt, doch müssen die anregenden Erziehungsprinzipien der Eltern von nachhaltiger Wirkung gewesen sein. Das Gymnasium in Breslau wird mit einiger Mühe, aber betonter Vorliebe für die Naturwissenschaft absolviert; der Entschluß, Naturwissenschaften und Medizin zu studieren, ist eine konsequente Folge dieses frühzeitig ausgerichteten Interesses. Das Studium beginnt Ehrlich in Breslau, aber schon im zweiten Semester wechselt er nach Straßburg, wo er im Laboratorium von Waldeyer — dem großen Promotor der chemischen Denkweise in der Medizin — erste eigenständige Färbeversuche biologischer Objekte durchführt.

Dieses Gebiet fasziniert ihn von Anfang an und während seiner gesamten Studienzeit, die ihn zurück nach Breslau, dann nach Freiburg i. Br. und zum Abschluß nach Leipzig führt. In seiner Dissertation *Beiträge zur Theorie und Praxis der histologischen Färbung* (Leipzig, 7. Juni 1878) wird er den theoretischen Ausgangspunkt dieser seiner ersten wissenschaftlichen Überlegungen zeigen, indem er rügt, »daß die Histologen sich um die Theorie der Färbung noch so wenig kümmerten, obwohl von einer richtigen Theorie auch praktische Rückwirkungen für die Färbetechnik zu erwarten seien«.

Ehrlichs Bedürfnis, praktische Ergebnisse theoretisch zu untermauern, zeitigt bereits in diesen Studienjahren eine grundlegende Idee, die zum Ausgangspunkt für alle seine späteren Untersuchungen wird: die Seitenkettentheorie. Sie geht von der Vorstellung aus, daß das Verhalten fremder Substanzen im Körper von ihrer chemischen Konstitution abhängig ist. Eine solche Substanz — ob Farbe, Gift, Medikament, Nahrungsstoff — kann nur dann eine Wirkung entfalten, wenn ihre Atomgruppierung befähigt ist, mit korrespondierenden Atomgruppierungen der Zellen bzw. der biologischen Materie in Verbindung zu treten. Ehrlich vermutete solche chemische Bindungsmöglichkeiten, die er nach ihrer gedachten Funktion Rezeptoren nannte, im Zellprotoplasma. Diese Idee der chemischen Verankerung von fremden Stoffen an das Protoplasma — genauer an die Seitenketten des Proteinmoleküls — kam ihm beim Nachdenken über das Wesen der Färbung; man hat später gesagt, daß Ehrlich für diese Idee sein Leben lang gekämpft und in diesem Kampf alle seine Entdeckungen gemacht habe.

1877 hatte Ehrlich in Breslau sein Staatsexamen bestanden und 1878 in Leipzig promoviert. Anschließend bot ihm F. Th. von Frerichs, damals Leiter der II. Medizinischen Klinik in der Berliner Charité, eine Assistentenstelle, darüber hinaus aber auch die

Möglichkeit, bei Reduzierung der klinischen Aufgaben vor allem im Labor zu arbeiten. Hier hatte er reichlich Gelegenheit, seine Färbemethoden weiter auszubauen und sich damit in der wissenschaftlichen Welt einen Namen zu schaffen. Die Untersuchungen über die färberische Darstellung, die Morphologie und Funktion von Zellen und Geweben konzentrierten sich in den folgenden Jahren auf die morphologischen Bestandteile des Blutes, für deren diagnostische Beurteilung, das sogenannte »Blutbild«, Paul Ehrlich die entscheidenden Grundlagen lieferte. Die Erkennung und Differenzierung der weißen Blutzellen, der Leukozyten, auf der Basis der chemischen Affinität ihrer Bestandteile gegenüber bestimmten Farben ist die Frucht langer und zeitraubender Versuche — seine Mitarbeiter pflegten die dabei geübte Gewissenhaftigkeit und Unermüdlichkeit mit dem Scherzwort zu charakterisieren: »Ehrlich färbt am längsten.«

1882 ist er Zeuge von Robert Kochs Vortrag in der Berliner Physiologischen Gesellschaft über die Entdeckung der Tuberkelbazillen (1882) und beginnt in der gleichen Nacht mit eigenen Färbeversuchen; als er versehentlich die Objektträger auf dem Laboratoriumsofen abstellt, entdeckt er die Möglichkeit, Tuberkelbazillen bei gleichzeitigem Erwärmen zu färben; eine Methode, die in der Modifikation von Ziehl und Neelsen noch heute gebräuchlich ist. Robert Koch, mit dem dadurch eine fruchtbare Zusammenarbeit begann, erkannte sofort, daß seine Entdeckung erst durch Ehrlichs Färbemethode für die Praxis erschlossen wurde, »während sich sonst wohl nur wenige Forscher mit den Tuberkelbazillen befaßt haben würden«.

1884 wurde Ehrlich in Anerkennung seiner wissenschaftlichen Leistungen auf dem Gebiet der Mikroskopie der Professorentitel zuerkannt; die eigentliche Habilitation erfolgte erst drei Jahre später als Privatdozent für Innere Medizin an der Berliner Universität. Seit 1883 war er mit Hedwig Pinkus vermählt, einer Großindustriellentochter aus seiner schlesischen Heimat, in der er für sein ganzes, bewegtes Leben eine verständnisvolle Gefährtin fand.

Nach dem Tode Frerichs wurde die Klinik von Carl Christian

Gerhardt übernommen, der nicht die Großzügigkeit des Vorgängers besaß und seinen Oberarzt Ehrlich mehr an klinische Aufgaben binden wollte. Diese Einschränkung der Laborarbeit und die Entdeckung, daß er sich eine tuberkulöse Lungeninfektion zugezogen hatte, zwang Ehrlich zum Ausscheiden aus der Charité. Er ging mit seiner jungen Frau nach Ägypten, um erst nach fast zwei Jahren und erfolgter Ausheilung der Erkrankung nach Berlin zurückzukehren.

Inzwischen hatte Robert Koch die Leitung des neugegründeten Instituts für Infektionskrankheiten übernommen und bot Ehrlich — der zunächst ein Privatlabor eröffnet hatte — bei sich eine Arbeitsstätte an. Hier begannen nun seine wichtigen Arbeiten über die biochemischen Grundlagen der Immunität, die ihm später den Nobelpreis eintragen sollten. Wiederum geht es ihm — nach seiner ursprünglichen Konzeption — darum, »Mittel zu finden, die infolge einer chemischen Verwandtschaft zu bestimmten Zellen und Substanzen im Organismus sich an diese Stellen verteilen und ›verankern‹ und auch nur auf diese spezifisch wirken«.

Das Problem der Immunisierung war innerhalb der neuen methodischen Zielsetzungen jetzt auch zum experimentellen Thema geworden, dem man sich an mehreren Stellen — vor allem auch in Frankreich im Umkreise Pasteurs — widmete. Ehrlich ging insofern einen neuen Weg, als er zu seinen Untersuchungen Pflanzengifte verwendete, die gegenüber den Bakteriengiften quantitativ leichter zu handhaben waren. Er konnte damit das wichtigste Prinzip der Immunisierung aufzeigen: daß nämlich ein Organismus nur dann gegen eine sonst tödlich wirkende Giftdosis immun wird, wenn man ihm kleine, sich ständig steigernde Dosen des Giftes zuführt. Damit war sowohl die Grundlage für die aktive Immunisierung geschaffen als auch die Basis für die passive Immunität, die durch direkte Zufuhr des Antitoxins bewirkt werden kann, das aus dem Blutserum aktiv Immunisierter gewonnen wird. Auch wenn wir heute wissen, daß Ehrlichs Theorie, die Seitenkette des Protoplasmas sei wiederum der wirksame Ort der Immunisierung, nicht mehr in dieser Form aufrechtzuerhalten ist, so war mit

ihr dennoch der Weg in dieses für die Praxis so eminent wichtige therapeutische Gebiet offen.
Damals trat Ehrlich in enge wissenschaftliche Beziehungen zu Emil von Behring, der 1892 solche spezifisch heilenden Immunstoffe im Blutserum von Tieren entdeckt hatte, die mit Diphtheriebakterien infiziert waren. Behrings unter großen Hoffnungen hergestelltes Diphtherieheilserum versagte aber bald, da es anfangs noch nicht den genügend hohen Antitoxingehalt besaß. Ehrlich konnte indessen durch mehrfache Überimpfung bei Pferden ein mit Antitoxinen reich beladenes Serum erzeugen und in vielen Versuchen einen gültigen Standard für die zur Heilung notwendigen Antitoxineinheiten erarbeiten. Damit erst war das Behringsche Serum für die praktische Verwendung brauchbar gemacht; damit begann aber auch eine große persönliche Tragödie im so wichtigen Zusammenwirken dieser beiden Männer, da es zwischen beiden über den Problemen der kommerziellen Nutzung der Herstellungsverfahren und der Priorität in der notwendigen Serumkontrolle zu unversöhnlichen Zwistigkeiten kam, unter denen Ehrlich sein Leben lang gelitten hat.
Die große praktische Bedeutung der Forschungen Ehrlichs bewog den in akademischen Angelegenheiten mächtigen preußischen Ministerialdirektor Althoff, 1896 in Berlin-Steglitz ein »Institut für Serumforschung und Serumprüfung« zu errichten und Paul Ehrlich mit dessen Leitung zu betrauen. In den drei Jahren seiner Tätigkeit an diesem Institut entstand — in relativ kleinen Verhältnissen — eine Vielzahl weiterführender Untersuchungen zu Problemen der Immunitätsforschung; auch versuchte Ehrlich nun, seine Theorien und Erkenntnisse zur bakteriellen Immunität auf die Bekämpfung bösartiger Geschwülste auszudehnen. Nach drei Jahren war es offenbar, daß es der kleinen Arbeitsgruppe nicht mehr möglich war, den anfallenden Aufgaben gerecht zu werden, und Althoff konnte bewogen werden, für Ehrlich in Frankfurt a. M. ein »Kaiserliches Institut für experimentelle Therapie« zu errichten. Hier blieb Paul Ehrlich bis zu seinem Tode; in den sechzehn Jahren seines dortigen Wirkens wurde das Institut zu einem Zentrum der internationalen Forschung.

Mit großzügigen öffentlichen und privaten Mitteln ausgestattet und stets von ausgezeichneten Mitarbeitern umgeben, begann Ehrlich nunmehr sein letztes und bedeutungsvollstes Arbeitsgebiet in Angriff zu nehmen: die Bekämpfung von Krankheiten durch spezifische chemische Heilmittel. Der von ihm eingeführte Ausdruck »Chemotherapie« ist dabei dem Sinn nach nur dann zu verstehen, wenn man das anfangs von ihm hinzugesetzte Adjektiv »specifica« im Auge behält. »Was wir wollen«, sagte er 1907 vor der Berliner Medizinischen Gesellschaft, »ist eine Chemotherapia specifica, das heißt, wir suchen Mittel, die einerseits bestimmte Parasiten zu töten imstande sind, die aber andererseits in den zur Abtötung nötigen Mengen von dem Organismus ohne zu großen Schaden ertragen werden.«

Dieser sein Anspruch war wiederum durch die Art seiner früheren Untersuchungen begründet. Seine immuntherapeutische Arbeitsperiode hatte ihn zu der Überzeugung gebracht, daß Serotherapie und Chemotherapie nicht grundsätzlich zu unterscheiden seien, weil es für ihn nach wie vor feststand, daß die Wirkung einer Substanz von ihrer Speicherung im Organismus abhängig sei. Es galt nun also Substanzen zu finden, die eine gezielte (»Wir müssen zielen lernen«) und den übrigen Körper nicht schädigende Wirkung auf jeweils bestimmte Bakterien ausüben. Modell hierfür waren ihm wiederum die Farben, die von der Chemie jener Zeit — und oft von Ehrlich angeregt — in vielen neu synthetisierten Substanzen zur Verfügung gestellt wurden.

Das erste Studienobjekt waren die Trypanosomen, deren Entdeckung als Erreger tierischer und menschlicher Krankheiten um die Jahrhundertwende gelungen war. Zusammen mit seinem japanischen Schüler Shiga erkannte Ehrlich 1904, daß der Benzidinfarbstoff Benzopurpurin auf die Zahl der Trypanosomen und damit auf den Krankheitsverlauf infizierter Mäuse einen gewissen günstigen Einfluß ausübte. Diese Beobachtung wurde der Anlaß zur Herstellung aller möglichen Derivate des Benzopurpurins und ihrer Durchprüfung im Tierexperiment. Dabei konnte als wirksamste eine Substanz isoliert werden, die wegen ihres charakteristischen Aussehens den Namen Trypanrot erhielt. Mit ihr gelang

es tatsächlich, das vorschwebende Ziel zu erreichen, nämlich tödlich erkrankte Tiere zu retten, wobei sich gewissermaßen als Nebenbefund ergab, daß die geheilten Mäuse überdies für drei bis vier Wochen gegenüber einer Neuinfektion immun waren. Charakteristisch für Ehrlich war seine Schlußfolgerung aus diesem Experiment, daß es nämlich nun nötig sei, auf der gewonnenen Basis weiterzuarbeiten und zu »untersuchen, ob auf dem Wege der Synthese Verwandte des Farbstoffs mit noch günstigerer Wirkung zu finden« seien.
Damit war das noch heute gültige Prinzip jeglicher chemotherapeutischer Forschung formuliert; das Beispiel charakterisiert darüber hinaus die Art und den Umfang von Ehrlichs Arbeitsstil. Es ist unmöglich, die solcherart angestellten Versuche und durchprobierten Substanzen auch nur andeutungsweise hier aufzuzählen — es war dies gleichzeitig der mühevolle und konsequente Weg, auf dem — als Präparat 606 einer langen Versuchsreihe — das Salvarsan gefunden wurde.
Schon lange hatte sich Ehrlich für bestimmte arsenhaltige Verbindungen interessiert, von denen besonders das Arsen-Benzol-Derivat Atoxyl Gegenstand zahlreicher, von der Wirksamkeit her zunächst enttäuschender Versuche war. Bereits während seiner Arbeit an Trypanosomenmäusen waren höchst wichtige chemische Abwandlungen des Atoxyls dargestellt und erprobt worden, als sich Ehrlich einer weiteren Gruppe von Infektionserregern zuwandte, den Spirillen bzw. Spirochäten. Diese waren wenige Jahre zuvor von Schaudinn und Hoffmann als Erreger der Syphilis erkannt worden; nunmehr sollten sie als Testobjekt für die weitere Arbeit Ehrlichs an den Arsenverbindungen dienen.
Das 606. chemische Präparat, das später Salvarsan genannte p-Dioxy-m-diamino-Arsenobenzol, war bereits 1908 fertiggestellt worden — es war dies das Jahr, in dem Paul Ehrlich zusammen mit dem am Pasteur-Institut in Paris arbeitenden Russen Elie Metschnikoff für ihre erfolgreichen Immunforschungen der Nobelpreis verliehen wurde. Als Ehrlich und sein wiederum japanischer Schüler Hata das Präparat 606 an syphilitischen Tieren erprobten, zeigte es gegenüber anderen Ver-

bindungen eine verblüffende Wirksamkeit. Zwei Jahre lang hielt Ehrlich mit diesem Befund zurück; in Hunderten von Wiederholungsversuchen und ersten tastenden Erprobungen am Menschen wurde das Ergebnis immer wieder durchgeprüft, bis sich Paul Ehrlich 1910 entschließen konnte, seine Ergebnisse gemeinsam mit Hata der Öffentlichkeit vorzulegen. Der Widerhall war ein geradezu triumphaler; nicht nur die medizinische Fachwelt, auch die Tagespresse in aller Welt feierte Ehrlich als den Überwinder der Syphilis. Der Name Salvarsan (Salv-arsan — ein Arsen, das heilt) wird gefunden, Ehrlich kann sich vor Besuchern und vor Anforderungen nach dem neuen Präparat kaum retten. Bis zur Kommerzialisierung des Heilmittels waren freilich noch viele Schwierigkeiten zu überwinden, wobei es besonders um Probleme der Verträglichkeit und der Applikationsweise ging; auch begannen wiederum lästige Prioritätsstreitigkeiten, die noch lange über Ehrlichs Tod hinaus andauerten. Ehrlich war geradezu ängstlich darauf bedacht, alle Erfahrungsberichte über das Salvarsan in seiner Hand zu vereinen und auszuwerten, um die noch bestehenden Gefahren der Behandlung weiter zu reduzieren. Nach neuerlichen Versuchen und abermaliger Erprobung führte er Mitte 1912 das Neo-Salvarsan ein, das bis heute seine Bewährungsprobe bestanden hat.

Sein Ideal der »Therapie auf einen Schlag«, der von ihm so genannten *Therapia magna sterilisans*, hat Paul Ehrlich freilich nicht erreicht. Er war realistisch genug, dies auch heute noch kaum erreichte Ziel nicht für sich in Anspruch zu nehmen. Er sah auch klar voraus, welche Schwierigkeiten der Chemotherapie durch die Resistenzentwicklung der Bakterien gegen die Medikamente erwachsen würden. Als er — überhäuft mit vielen weiteren Ehrungen — 1915 in Homburg starb, hatte er jedoch der Weiterentwicklung der Medizin eine der entscheidendsten Türen geöffnet.

Dabei muß noch einmal und abschließend betont werden, daß ihn nicht allein die Tatkraft auf seinem Weg geführt hat, sondern ebensosehr jene früh gefaßte theoretische Konzeption der Korrelation von chemischer Konstitution und biologischer Funktion, die er in verblüffender Folgerichtigkeit auf den verschiedensten Gebieten biologischer Forschung verifizieren und zum Erfolg führen konnte.

Es war der Erfolg konsequenten Denkens und Forschens, der beständigen Selbstkontrolle Ehrlichs durch die Empirie des Experiments. Seine vielzitierte Arbeitsmaxime sollte gerade heute mit erneuter Aufmerksamkeit beachtet werden: »Viel probieren, möglichste Genauigkeit der Versuche, möglichst wenig willkürliche Einschätzung. Viel arbeiten, wenig publizieren . . .«

Friedrich Deich

Emil von Behring
(1854—1917)

Die Legende, im kirchlichen Mittelalter ein Instrument zur Festigung des Glaubens und in der Romantik zur hohen Kunstform entwickelt, wird heute gern als anonymes Gespinst aus Wahrheit und Dichtung um Entdeckungen gewoben, um den wissenschaftlich schwer zugänglichen Kern einer Entdeckung der Wirklichkeit des Alltags näherzubringen. Diese »lebensnahe« Legende, diese *story*, hält ungefähr die Mitte zwischen der Moritat der Bänkelsänger und der alten Heiligenlegende: Sie verkündet nicht das Wunder, aber das Wundersame, Seltsame, Außergewöhnliche. Worauf es eigentlich ankommt, das Erkennen einer neuen wissenschaftlichen oder technischen Methode, wird als zu abstrakt und daher als unverständlich weggelassen. Wollte man dem Lebenswerk Emil von Behrings gerecht werden, müßte man zunächst eine Einführung in die Immunologie geben, wobei es sich nicht vermeiden ließe, sprachliche Fremdkörper wie »Ehrlichsche Seitenkettentheorie« zu verwenden. Oder man müßte in das Pathos der Gedenkreden fallen, in denen von der »einzigartigen Großtat dieses wahrhaft genialen Forschers« Emil von Behring die Rede ist, der »über den Rahmen seiner Fachwissenschaft hinaus zu einem schöpferischen Geist emporwuchs«. Diese pathetischen Worte wurden auf dem akademischen Festakt zur fünfzigjährigen Wiederkehr der Verleihung des ersten Nobelpreises für Medizin an Emil von Behring am 10. Dezember 1951 gesprochen.
Da bietet denn doch die bildhafte Legende, die sich um den

»Retter der Kinder« rankte, in ihrem dramaturgischen Aufbau viel mehr für die Vorstellungskraft. Daher sei sie hier in neuer Fassung — gleichsam als Quersumme all ihrer um die Jahrhundertwende verbreiteten Varianten — vorangestellt:

»Am Heiligabend des Jahres 1891, die Straßen Berlins lagen unter einer tiefen Schneedecke und nur wenige Gestalten huschten über die schlecht beleuchteten Bürgersteige, da saß, während sich überall frohe Gesichter um den lichterbekränzten Christbaum scharten, ein in Tränen aufgelöstes Elternpaar im Vorraum des Infektionssaals der Chirurgischen Klinik in der Ziegelstraße, in der berühmten Charité. Die guten Leute hatten bereits vier Kinder durch den Würgeengel Halsbräune verloren — die Ärzte nannten die ›Bräune‹ in ihrer Gelehrtensprache Diphtheritis und nun lag auch ihr letztes Kind mit der gleichen tödlichen Krankheit auf der Station des Geheimrats Ernst von Bergmann. Vergeblich hatte er versucht, dem Kind mit einem Luftröhrenschnitt zu helfen. Zwar drohte es jetzt nicht mehr zu ersticken, aber die Herzlähmung schritt unaufhaltsam weiter; es bestand keine Hoffnung mehr. Schon hatte die Schwester zu den untröstlichen Eltern gesagt: ›Geschieht heute nacht kein Wunder, dann . . .‹ — sie konnte den Satz nicht vollenden.

Der Geheimrat, betroffen vom unglücklichen Schicksal jener Familie, die nun ihr fünftes Kind durch den ›Würgeengel‹ verlieren sollte, erinnerte sich, als er die Klinik verließ, um mit seiner Familie das Weihnachtsfest zu feiern, daß in letzter Zeit ein finster dreinblickender Arzt in der Uniform eines preußischen Stabsarztes wiederholt Erlaubnis gebeten hatte, diphtheriekranken Kindern Blut abnehmen zu dürfen. Er arbeite an einem Heilserum, hatte er auf Befragen gesagt. Ernst von Bergmann hielt nichts von diesem neuen Zeug, zumal er die Blamage noch nicht vergessen hatte, die er mit dem Tuberkuloseheilmittel des berühmten Robert Koch erlebt hatte. Er selbst, der berühmte Chirurg, hatte noch vor einem Jahr vor der Berliner Medizinischen Gesellschaft von ›glänzenden Behandlungsresultaten‹ gesprochen, worauf aus der ganzen Welt Tuberkulosekranke nach Berlin strömten, um sich von Robert Koch heilen zu lassen, von dem man annahm, er habe mit der

Entdeckung des Erregers auch das Problem der Tuberkulose gelöst. Als sich dann herausstellte, daß das Kochsche Tuberkulin überhaupt keine heilende Wirkung hatte, war für Ernst von Bergmann die ganze neue Richtung der Mikrobenjäger reine Scharlatanerie. Er vertraute fortan nur seinem Skalpell.
Aber als der berühmte Arzt an diesem Heiligabend überall frohe Gesichter sah, nur nicht auf seiner Infektionsabteilung in der Charité, überwand er seine Bedenken und schickte einen Boten zu Stabsarzt Dr. Behring: Er möge doch jenes Kind auf seiner Abteilung mit dem neuen Serum behandeln.
Mitternacht nahte bereits, als eine hohe Gestalt die Charité betrat, nach dem Kind fragte, mit der Spritze aus einem Glasgefäß eine gelbe Flüssigkeit aufsaugte und sie dem todkranken Kind in den Muskel jagte. Alles verlief in wenigen Minuten. Niemand außer der Schwester, die der Geheimrat in seinen Plan eingeweiht hatte, wußte, was hier vorging. Das Kind schlief alsbald ruhig ein. Am nächsten Morgen, als es erwachte, war das Fieber verschwunden, das Herz schlug kräftig, in wenigen Tagen genas es völlig von der Krankheit. Das Wunder war geschehen: Stabsarzt Dr. Behring hatte den Würgeengel vom Totenbett des Kindes vertrieben.«

An dieser schönen Legende ist kein wahres Wort, dennoch rafft sie die Geschehnisse jener Jahre wahrheitsgemäß zusammen, eine Dichtung also. Die Serumtherapie war schon 1890 in den Grundzügen fertig. Die Ergebnisse der Tierversuche waren vielversprechend. Die erste Veröffentlichung *Über das Zustandekommen der Diphtherie-Immunität und der Tetanus-Immunität bei Thieren* von Emil Behring und Shibasaburo Kitasato lag vor, aber Versuche am kranken Menschen erschienen Behring noch verfrüht. Die ersten Menschenversuche — unter größter Vorsicht und nicht im Alleingang bei Nacht — machte Behring erst im Verlaufe des Jahres 1893, und zwar nicht in der Chirurgischen, sondern in der Kinderklinik, deren Leiter, Professor Otto Heubner, die Konzeption Behrings von dem Antitoxin klar erkannt hatte.
Das neue Heilserum half aber im fortgeschrittenen Stadium der Diphtherie auch nicht mehr; ein einzelner Fall von Heilung besagt

zudem nichts über die Wirkung eines neuen Mittels. Man braucht Vergleichsgruppen, Protokolle, Dosierungsschemata, genaue Kontrollen über schädliche Auswirkungen — heute »Nebenwirkungen« genannt — kurzum, erst 1895 berichtete Otto Heubner auf dem 13. Kongreß für Innere Medizin in München »über zweihundert mit dem Behringschen Heilserum (›Diphtherie-Antitoxin‹) behandelte Kinder«. Sein Urteil: »Ich habe noch nie von einem Mittel einen so starken Eindruck unmittelbarer Wirkung gehabt wie von diesem Heilserum.«

Was aber gab es denn 1894 für Medikamente, die dem Kliniker erlaubten, Krankheiten zu behandeln? Außer Morphium, Digitalis und Chinin so gut wie nichts. Die Medizin hatte sich erst um die Mitte des 19. Jahrhunderts von naturphilosophischen Spekulationen über das Wesen der Krankheit endgültig abgewandt und war zur genauen Beobachtung der Krankheitssymptome zurückgekehrt. Rudolf Virchow hatte mit der Zellularpathologie die Grundlagen zu einer wissenschaftlichen Weltmedizin gelegt; Louis Pasteur und Robert Koch hatten die Lehre von den Mikroben als Krankheitserregern begründet, Ignaz Semmelweis die Asepsis, Lord Lister die Antisepsis, aber ein spezifisches Heilmittel gab es nicht. Die pharmazeutische Industrie war dabei, die ersten synthetischen Arzneimittel herzustellen: 1884 das Antipyrin, 1888 das Phenacetin und das erste synthetische Schlafmittel Sulfonal — wirksame Mittel gegen Fieber, Kopfschmerzen und Schlaflosigkeit, aber nicht mehr.

In der Praxis des niedergelassenen Arztes herrschte eine wilde Polypragmasie, eine »Vielgeschäftigkeit«. Gegen eine einzige Krankheit verschrieb man ein ganzes Bündel von verschiedenen Mitteln, das Ergebnis jahrhundertelangen Herumprobierens und Spekulierens, wobei manche Erfahrungen aus der alten Volksmedizin noch am ehesten ihre Wirkung taten. Immerhin war die Zeit, da man mit Aderlaß und Quecksilber mehr Menschen umbrachte als heilte, längst vorbei. Die Hygiene war im Vormarsch, und die Chirurgie feierte bereits ihre größten Triumphe, während in den Kliniken für Innere Medizin freilich noch der »therapeutische Nihilismus« herrschte: Von den alten galenischen Mitteln

hielt man nichts mehr, und die ersehnten spezifischen Therapeutika gab es noch nicht. Die erste große Enttäuschung mit dem Tuberkulin hatte der jungen therapeutischen Richtung überdies einen schweren Schlag versetzt. Es ist grotesk, daß das erste spezifische Heilmittel der fünftausend Jahre alten Medizin von einem Mann gefunden wurde, der gar keine Neigung hatte, Spezialist zu werden und sich mithin ein ganzes Leben lang nur einer einzigen Aufgabe zu widmen. Emil Behring, ein höchst gebildeter Mann mit reifem Urteil und originellem Denkvermögen, war allen Künsten und Wissenschaften gegenüber aufgeschlossen. Zeitweilig war er an der Philosophie Eduard von Hartmanns mehr interessiert als an der Virchowschen Zellularpathologie.
Am 15. März 1854 war er in Hansdorf (Westpreußen) geboren worden. Sein Medizinstudium absolvierte er an der Berliner Militärärztlichen Bildungsanstalt. Während seiner anschließenden mehrjährigen Tätigkeit als Militärarzt befaßte er sich mit der Bekämpfung von Infektionskrankheiten. 1887 arbeitete er dann am Pharmakologischen Institut der Universität Bonn, wo ihn Karl Binz in die neue Forschungsrichtung der Bakteriologie einführte.
1889 wurde er zu Robert Koch, damals schon eine Weltberühmtheit, abkommandiert: Die Berliner Militärärztliche Akademie verschaffte ihren Zöglingen die denkbar beste Ausbildung.
Daß Behring sich damals gerade für die Diphtherie zu interessieren begann, ist kein Wunder — welcher Arzt hätte nicht angesichts der verheerenden Seuchenzüge dieser Krankheit den Wunsch gehabt, hier helfend eingreifen zu können. 1892 hatte die Sterblichkeit an Diphtherie allein im Deutschen Reich die Zahl 50 000 überschritten. Man wußte seit den grundlegenden Arbeiten des französischen Arztes Pierre Bretonneau aus Tours, daß die Diphtherie ansteckend ist und nach Überstehen eine Immunität hinterläßt. Bretonneau gab der Krankheit den Namen Diphtheritis, weil er die lederhautartigen Beläge des Rachens — griechisch *diphthera* — für ein Charakteristikum der Krankheit hielt; er hatte 1826 auch den Luftröhrenschnitt eingeführt, um die Kinder vor dem Erstickungstod zu retten.

Vor Bretonneau hatte man die verschiedenen Halsentzündungen nicht voneinander unterschieden. Doch gab es die Diphtherie — das läßt sich anhand der Beschreibungen feststellen — schon in der Antike. Man nannte sie *Ulcer syricum* (Syrisches Geschwür) oder *Malcum egypticum* (Ägyptische Krankheit), aber von Epidemien war nie die Rede gewesen.

Erst im 16. Jahrhundert wurden Spanien und Italien von einer Epidemie heimgesucht. Aus Deutschland wurde zu jener Zeit darüber nichts berichtet, und noch in den deutschen Real-Lexika des 18. Jahrhunderts wurde über die »Bräune« (Halsbräune) oder »Halssucht« wie folgt geschrieben: »Die Halssucht ist eine Kranckheit des Mundes und Halses bey Menschen und Vieh, und heißt Bräune. Sie ist unter den Schweinen sehr gemein, da in dem Halse eines Schweines sich das Zäpffchen entzündet, wodurch die Luftröhre versperret wird, daß es endlich ersticken muß . . . Wenn ein Pferd die Bräune hat, darf man nur 4 Loth langen Pfeffer, 3 Loth Album Graecum oder weißen Hunds-Koth, und für einen Pfenning Alaun wohl durcheinander stoßen . . .«

Kein Wort also davon, daß Kinder an der Bräune in Massen gestorben seien. Die Seuche kam wohl erst über Deutschland, als die Großstädte anwuchsen und viele Menschen in feuchten Kellern wohnen mußten. Die amtliche Statistik, die ab 1890 vom Reichsgesundheitsamt geführt wurde, zeigt ein deutliches Ansteigen der Diphtherie mit dem Gipfel um 1892.

Zwei entscheidende Entdeckungen gingen der Behringschen Erfindung der Serotherapie voraus: 1884 konnte Friedrich Löffler, Mitarbeiter von Robert Koch, nachweisen, daß der bereits ein Jahr zuvor von Edwin Klebs entdeckte Bazillus tatsächlich der Überträger der Diphtherie ist. Er hatte mit dem isolierten und kultivierten Erreger bei Tieren die typischen diphtherischen Beläge erzeugen können. 1889 hatten Emile Roux und der Schweizer Alexandre Yersin, beide am Pasteur-Institut in Paris tätig, entdeckt, daß nicht der Diphtheriebazillus, sondern ein Gift (Toxin), das der Bazillus absondert, die tödlichen Lähmungen erzeugt; man hatte dieses Toxin im kreisenden Blut der erkrankten Tiere gefunden.

Da man seit Bretonneau wußte, daß ein Kind, das die Diphtherie überstanden hat, meist ein Leben lang gegen eine neuerliche Infektion mit Diphtheriebazillen immun ist, lag eigentlich der Gedanke nahe, daß der Körper irgendwelche Gegengifte gegen das Diphtherietoxin zu bilden imstande ist. Dieser Idee gingen Behring und Kitasato am Kochschen Hygiene-Institut in Berlin nach und übertrugen das Blut von Hammeln, die man zuvor mit Diphtherie infiziert hatte, auf gesunde Tiere. Als man diese vorbehandelten Tiere erneut mit Diphtheriebazillen infizierte, erkrankten sie nicht mehr: Man hatte sie mit dem Blut anderer Tiere immunisiert. Da das beim Tetanus als auch bei der Diphtherie gelang, folgerte Behring, hier müsse ein allgemeines Prinzip der Natur vorliegen. Und so war es.

Das klingt sehr einfach, und geniale Ideen sind ja meist sehr einfach, nur muß eine Idee als Gedanke, oder besser als »Bild eines Zusammenhangs«, irgendwann im Kopf eines Menschen entstanden sein; erst dann ist alles weitere konsequente Verfolgung der Idee und ihre Realisierung. Und erst dann entscheidet es sich, ob die Idee richtig war oder nicht. Behrings Idee von der passiven Immunisierung durch die Übertragung der in einem fremden Körper entstandenen natürlichen Gegengifte (Antitoxine) war etwas völlig Neues. Nie zuvor hatte jemand auch nur an die Möglichkeit gedacht, daß die Immunität als etwas Stoffliches aufzufassen sei, das man von einem Lebewesen auf ein anderes übertragen könne. In Frankreich, dem Geburtsland der Immunologie als Wissenschaft, hatte Charles Richet, der 1913 für seine Entdeckung der Anaphylaxie den Nobelpreis für Medizin erhielt, etwa gleichzeitig mit Behring denselben Gedanken. Er hatte zunächst Hunde mit einem Staphylokokkenserum immunisiert und schon am 16. Dezember 1890 einen Menschen gegen die Staphylokokkeninfektion zu immunisieren versucht, aber da die Immunisierung nur wenige Tage anhielt, gab er diese Versuche wieder auf — eben zu der Zeit, als es Behring und Kitasato in Berlin gelang, Hammel gegen Diphtherie auf passive Weise zu immunisieren. Von aktiver Immunisierung spricht man dagegen, wenn durch Verimpfung von abgeschwächten Erregern im Organismus eine Erzeugung der *eigenen* Abwehrkräfte in Gang gesetzt wird. Die Schutzimpfung gegen

Pocken mit einer Injektion von abgeschwächten Erregern der Kuhpocken ist das klassische Beispiel einer aktiven Immunisierung. Sie kommt aber, wenn die Krankheit bereits ausgebrochen ist, zu spät. Daher ist die aktive Immunisierung im Gegensatz zur passiven nicht als Therapie zu bezeichnen.)
Als der Stabsarzt Behring durch die Tierversuche von der Richtigkeit seiner Idee überzeugt war, ging eine merkwürdige Verwandlung mit ihm vor. Aus dem lebensfrohen jungen Arzt, der im Uniformrock des Assistenzarztes — vom preußischen Leutnant nun nicht mehr allzusehr unterschieden — gesellschaftsfähig geworden war und sich fortan nicht mehr als der Sohn eines armen Dorfschullehrers zu fühlen brauchte, wurde ein Besessener, der nur von einem Gedanken beherrscht wurde: Besaß er den Schlüssel zur Bekämpfung der großen Seuchen oder nicht? War seine Idee von der passiven Immunisierung gegen Tetanus und Diphtherie richtig, dann mußte er die Zeit nutzen, um die Idee in die Praxis umzusetzen. Es galt, was er im Tierversuch erkannt hatte, auf den Menschen zu übertragen.
Behring wußte: Würden die ersten Versuche fehlschlagen, dann hatte er keine Möglichkeit mehr, für seine Überzeugung einzutreten. Er sah das Schicksal Edward Jenners vor sich. Auch Jenner war von einer Idee besessen: die Kinder mit der Kuhpockenlymphe gegen die echten Pocken zu schützen. Als er aber das erste Kind, das er zuvor geimpft hatte, mit den echten Pocken infizierte, setzte er alles aufs Spiel: Er konnte nur als großer Arzt oder als Mörder in die Geschichte eingehen. Ein Drittes gab es nicht. Als aber der Versuch geglückt war, und Jenner seine Beobachtungen der Royal Society einsandte, wurde er dennoch zunächst unter Mordverdacht gestellt. Man glaubte ihm nicht.
Zunächst mußte Behring experimentieren und nur experimentieren. Seine Mitarbeiter aus jener Zeit fanden ihn »hochmütig und arrogant«, er wirkte schroff und unfreundlich, abweisend und übel gelaunt. Der Gedanke, es könne ihm vielleicht gelingen, mit der Serotherapie die Medizin zu revolutionieren, kam — wie er selber einmal gestand — wie ein Dämon über ihn. Bevor das Werk vollendet war, plagten ihn freilich Zweifel über Zweifel. Er schloß

sich ein und grübelte, meldete sich krank, war für niemand zu sprechen, er mied selbst seine Freunde. Und Kitasato war längst nach Japan zurückgekehrt, als Behring beschloß, sein Heilserum an Menschen zu erproben.
Er wurde einsam, schwermütig, finster. Dieses finstere Antlitz verlor sich nie wieder. H. N., der als junger Mann in Marburg in der Familie Behring wie ein Sohn des Hauses verkehrte, antwortete mir auf die Frage, welchen persönlichen Eindruck der Forscher gemacht habe, der die erste spezifische Therapie entdeckt hatte: »Ich habe nie einen Menschen getroffen, der ständig so übel gelaunt war wie der alte Behring.« Ein anderer hat ihm nie vergessen, daß er ein schroffes Nein zur Antwort erhielt, als er sich in Berlin in einem Weinlokal mit der Frage an ihn wandte: »Gestatten der Herr Stabsarzt, daß ich mich zu Herrn Stabsarzt an den Tisch setze?«
Behring trug schwer an der Last seines Vorhabens und konnte sich anderen nicht mitteilen. Er mußte ein Leben leben, das ihm im Grunde nicht lag; er wurde wider Willen ein Spezialist. Als dann 1894 die ersten Erfolge gemeldet wurden, feierten die französischen Zeitungen den Sieg über die Diphtherie als einen Erfolg der Pasteurschen Schule. Auf dem Internationalen Hygiene-Kongreß von 1894 in Budapest — Hauptthema war »Das Diphtherie-Antitoxin« — fehlte Behring: Er war wegen »unerträglicher Nervenschmerzen« nach Italien geflüchtet. Für ihn sprach Emile Roux, der das Antitoxin erfolgreich nach den Angaben Behrings in Frankreich angewandt hatte, während Behring, der über die gleichen Erfolge hätte berichten können, den Schritt an die Öffentlichkeit scheute.
Aus Budapest gelangte die Siegesnachricht nach Paris. Der »Figaro« feierte Emile Roux als den würdigen Nachfolger Pasteurs und veranstaltete eine nationale Sammlung für die Fortsetzung der Versuche am Pasteur-Institut; in wenigen Tagen kam eine Spende von einer Million Franken zustande. Doch zum Glück blieb Behring der übliche Prioritätsstreit erspart. Emile Roux selbst wandte sich in einem offenen Brief an die französische Presse: »Der Entdecker der Serotherapie gegen die kindermordende Seuche

Diphtherie heißt Emil Behring.« Bald danach kamen die Dankschreiben aus aller Welt. Behring wurde geadelt, erhielt den Titel Exzellenz, wurde zum Professor ernannt und bekam schließlich auf seinen Wunsch das Ordinariat für Hygiene an der Universität Marburg.
In Marburg konnte er in Ruhe weiterforschen. Er wußte, er hatte die Sterblichkeit der Kinder an Diphtherie zwar um die Hälfte gesenkt, aber er hatte das Problem der Ausrottung der Diphtherie noch nicht gelöst. Was ihn vor allem bewogen hatte, nach Marburg zu gehen, war die gute Zusammenarbeit mit den Farbwerken Hoechst. Sie boten ihm ihre großzügige finanzielle Hilfe für die Herstellung des Diphtherie-Antitoxins in den zu erwartenden großen Mengen, und auch die nötige Unterstützung der weiteren Forschungen. Berlin war ihm ohnehin längst verleidet. Er fand das Wort Virchows, das größte Hindernis für den Fortschritt seien die Theorien und die Autoritäten, an seinem eigenen Fall bestätigt. Geheimrat von Bergmann, der die Enttäuschung über das Kochsche Antituberkulin nie verwinden konnte, äußerte sich auf einer Ärzteversammlung, Behring habe ihm von erfolglosen Versuchen mit Kaninchen erzählt. (Behring hatte nie mit Kaninchen gearbeitet.) Virchow hatte seine alten Warnungen, man solle die Ergebnisse der Bakteriologie nicht überbewerten, noch immer nicht aufgegeben. Zuletzt vertrug Behring sich sogar mit seinem verehrten Lehrer Robert Koch nicht mehr. Nur Paul Ehrlich hielt zu ihm und half ihm auch im entscheidenden Augenblick, als es galt, die Sera zu standardisieren.
Natürlich blieben Rückschläge nicht aus. Die nordischen Länder und die Vereinigten Staaten verhielten sich gegenüber der neuen Therapie sehr zurückhaltend. Tierfreunde, selten auch Menschenfreunde, bemängelten, daß Behring die Pferde erst künstlich krank machte, um ihnen dann »riesige« Mengen von Blut abzuzapfen. Andere wieder nannten es »naturwidrig«, Menschen das Blutserum von Pferden zu injizieren — Blut ist bekanntlich ein ganz besonderer Saft. Sie wollten ihre Kinder nicht mit Pferdeblut behandelt wissen, so wie zu Jenners Zeiten die Leute nicht mit Kuhpocken infiziert werden wollten. Behring mußte immer wie-

der darlegen, daß seine Therapie die Natur nachahme. Seine Therapie, so schrieb er den Naturaposteln, sei nichts weiter als eine »Steigerung der natürlichen Heilkräfte«.
Behring verbrachte viel Zeit und Kraft damit, seine Kritiker zu widerlegen. Unsachliche Angriffe konnten ihn rasend machen. Auch hatte er nicht die Absicht, den Erfolg seiner Therapie mit irgend jemand zu teilen. Es war seine Idee gewesen, nun sprach er auch folgerichtig von »seiner« Serumtherapie. Das Ergebnis seiner Forschung faßte er in die knappen Sätze zusammen, die als Grundlage der passiven Immunisierung gelten können: »Das Blut eines gesunden Menschen überträgt keine Krankheit und schützt auch nicht vor einer Krankheit. Das Blut eines kranken Menschen überträgt die Krankheit. Das Blut eines genesenden Menschen schützt andere vor der Krankheit und heilt Kranke.« Diese Sätze gelten natürlich nur für bestimmte Infektionskrankheiten.
Am Ende des Jahrhunderts schien sich die Serotherapie in der ganzen Welt bewährt zu haben. Nur einige Hygieniker aus der Pettenkofer-Schule führten den Rückgang der Diphtheriesterblichkeit auf die verbesserte Hygiene, auf die Isolierung der Diphtheriekranken und auf die Kontrolle der Bazillenträger zurück (denn Bazillenträger streuen, ohne selbst krank zu sein, die Diphtheriebazillen und gelten somit als die gefährlichsten Infektionsquellen).
Als der erste Nobelpreis für »Medizin oder Physiologie« verliehen werden sollte, wurden zunächst Rudolf Virchow, der Begründer der Zellularpathologie, Albert von Kölliker, der Schöpfer der mikroskopischen Anatomie, Max von Pettenkofer, dem die Welt die wissenschaftliche Hygiene zu verdanken hat, Lord Lister, der Meister der Antisepsis und Sir Francis Galton, der Vater der Eugenik, vorgeschlagen. Das Nobel-Komitee lehnte mit der Begründung ab, die Arbeiten dieser großen Forscher lägen schon zu weit zurück, um sie noch berücksichtigen zu können, denn nach dem Wortlaut des Testaments Alfred Nobels sollten die preiswürdigen Arbeiten im letzten Jahr vor der Preisverleihung entstanden sein. Auch der Vorschlag, den Preis an Emil von Behring zu vergeben, wurde aus diesem Grunde abgelehnt. Statt dessen schlug das Nobel-Komitee vor, den Preis an den Engländer Ronald Ross, der

zuvor die Übertragung der Malariaparasiten durch die Anophelesmücke aufgeklärt hatte, oder an Niels Ryberg Finsen, den Erfinder der Lichttherapie, zu verleihen. Bei der Abstimmung der Mitglieder der medizinischen Fakultät entschied sich aber die Mehrheit für Emil von Behring. Dem Einwand des Nobel-Komitees, die Entdeckung der Serotherapie liege nun schon zehn Jahre zurück, begegnete man mit dem Hinweis, die Bekämpfung der Diphtherie mit dem Antitoxin habe sich erst in den letzten Jahren bewährt.
Daß der erste Nobelpreis der Medizin an Emil von Behring fiel, und das zu Lebzeiten Robert Kochs, bewies deutlich, daß man Behring als den Begründer der spezifischen Therapie, als den eigentlichen Überwinder des therapeutischen Nihilismus und schließlich als den Retter ungezählter Kinder ehren wollte, wobei man sich großzügig über die Satzungen des Nobelschen Testaments hinwegsetzte, eine Tradition, die man bis heute, und sicherlich im Sinne Alfred Nobels, fortgesetzt hat.

War Emil von Behring nun wirklich der Retter der Kinder? Der Münchner Hygieniker Karl Kißkalt, aus der Schule des großen Max von Pettenkofer, pflegte seinem Auditorium im alten Pettenkofer-Institut an der Paul-Heyse-Straße bei der Besprechung der Diphtherie eine Tafel zu zeigen, auf der die Kurve der Sterblichkeit für die Jahre 1890 bis 1930 eingetragen war. Dazu sprach er in jedem Semester die klassischen Worte: »Wie Sie sehen, meine Herren, ist die Sterblichkeit der Diphtherie seit der Einführung des Diphtherie-Antitoxins im Jahre 1894 steil abgefallen. Wie Sie aber auch bemerken wollen, ist der steile Abfall der Diphtheriesterblichkeit bereits zwei Jahre vor Einführung des Serums, nämlich im Jahre 1892, eingetreten.« Ein weiterer Kommentar erfolgte nicht.
Aus den Reihen der Kinderärzte ist dagegen nie ein Zweifel an der Wirksamkeit des Diphtherie-Antitoxins geäußert worden. Noch heute, achtzig Jahre nach der ersten Arbeit über *Das Zustandekommen der Diphtherie-Immunität* gilt als schwerer ärztlicher Kunstfehler, bei Ausbruch einer diphtherischen Erkrankung das Behringsche Antitoxin nicht zu verabfolgen. »Vieltausendfältige Erfahrung hat gezeigt, daß das antitoxische Heilserum imstande ist, den lokalen Krankheits-

prozeß zum Stillstand zubringen.« Das ist noch immer die Auffassung der Kinderärzte, zuletzt 1966 ausgesprochen von dem Nestor der deutschen Pädiater, Hans Kleinschmidt, in der 21. Auflage des Lehrbuchs der Kinderheilkunde von Emil Feer.
Natürlich wird die Erkrankungsziffer, die Morbidität der Diphtherie, von dem Heilserum kaum beeinflußt. In den beiden Weltkriegen stieg diese Morbidität im Deutschen Reich 1915 auf 30 und 1940—45 auf 34 pro 10 000 der Bevölkerung an. Die Sterblichkeitsziffer aber, die 1892 16 : 10 000 erreicht hatte, war bis 1914 auf 2 : 10 000 gefallen und stieg nur in den Hungerjahren des Ersten Weltkrieges auf fast 4 : 10 000 an, erreichte im Zweiten Weltkrieg noch einmal einen kleinen Gipfel (2 : 10 000), um dann nach dem letzten Krieg praktisch auf der Null-Linie zu bleiben. Auch die Erkrankungsziffer ist dank der vorbeugenden aktiven Schutzimpfung seit 1965 fast auf Null gefallen.
Die Diphtherie ist eine seltene Krankheit geworden. Zwar muß, wenn die Virulenz des Erregers wieder ansteigen sollte, mit neuen Epidemien gerechnet werden, aber der »Würgeengel«, den man einst in der Diphtherie am Werk sah, wird nie mehr wiederkehren, dank der Arbeit eines Mannes, der vor achtzig Jahren eine »Idee« hatte.
Emil von Behring hat kurz vor seinem Tod — er starb am 1. März 1917 in Marburg — auch noch den Triumph seiner Serotherapie bei der Behandlung des Wundstarrkrampfs erlebt. Dennoch war er nie mit sich zufrieden. Er wollte unter allen Umständen auch noch das Problem der Tuberkulose lösen. Robert Koch war mit seinem Tuberkulin gescheitert, es hat sich nur zu diagnostischen Zwecken bewährt; ebenso blieben Behrings Arbeiten, die auf eine Therapie der Tuberkulose zielten, ohne Erfolg. Auch die Erforschung der Wirkungsweise der Antikörper, die zentrale, ihn als Theoretiker interessierende Frage, wie der Abwehrmechanismus des Körpers gegen die eingedrungenen Krankheitserreger wirkt, konnte er nicht lösen. Das gelang einem anderen Gelehrten, der Behring im entscheidenden Kampf gegen die Widerstände von außen geholfen hatte: Paul Ehrlich. Die »Ehrlichsche Seitenkettentheorie« — viele Jahre bewundert und verlacht — wurde in den letzten Jahren experimentell bestätigt.

Mit der Errichtung der nach ihm benannten Behring-Werke in Marbach bei Marburg hat sich der Überwinder der Diphtherie ein Denkmal geschaffen, das ihn überdauert. Daß eine finanzkräftige Firma ihm die Mittel dafür zur Verfügung stellte, kann man wohl nicht als »Behrings Kumpanei mit dem Kapitalismus« verunglimpfen. Sofern dieser Kapitalismus im Bund mit der Forschung eine segensreiche Therapie nach der andern hervorbringt, ist nichts dagegen einzuwenden. Im übrigen war Emil von Behring kein bequemer Partner für die Männer der Hoechster Farbwerke, die mit ihm zusammenarbeiten mußten. Er war im Irrtum ebenso starrköpfig und unduldsam wie bei der Verfolgung seiner großen Idee von der Therapie mit dem Blut der Genesenden.
Am Ende seines Lebens brach sein Denken aus der angewandten Naturwissenschaft aus und bewegte sich in philosophischen Bahnen. Er versuchte, seine Gedanken zu ordnen, seine Erkenntnisse in ein System zu bringen. Da er nun einmal überzeugt war, die natürlichen Heilkräfte zur Grundlage der Therapie gemacht zu haben — zu seiner Zeit gab es keine andere — wandte er sich der Naturphilosophie zu. Als Student hatte er einst Eduard von Hartmann gehört, dessen Philosophie des Unbewußten er stets großes Verständnis entgegenbrachte. Auf den Reisen las er Nietzsche und Schopenhauer. Zu Kant, Hegel oder gar Ernst Haeckel zog es ihn nicht hin; das Rationale wurde zugunsten des Irrationalen in seinem Denken zeitweilig verdrängt. Im Grunde war er ein Gottsucher. Aber er suchte Gott mit dem Verstand. Und mit dem Verstand zweifelte er zeit seines Lebens. Aber hätte Emil von Behring nicht als Mediziner und Naturwissenschaftler den Zweifel als selbstkritisches Regulativ besessen, er hätte nie die Serumtherapie gefunden.
Schöpferisches Denken ohne Zweifel führt in der Wissenschaft zu nichts. Behrings ewiges Zweifeln führte ihn über die kurzen Augenblicke des Glücks fort zu neuem Nachdenken, das erst mit seinem Tode endete. Er war kein »Genie«, aber er hat mit ungeheurem Fleiß das beste aus seinem Leben gemacht. Indem er tat, was er für seine Pflicht hielt, half er der Menschheit, nicht aber sich selbst. In Frankreich wäre er ein Nationalheros geworden.

Tobias Brocher

Sigmund Freud
(1856—1939)

In der Epoche der letzten hundert Jahre gibt es kaum eine Neuentdeckung, der mit widersprüchlicheren und affektgeladeneren Reaktionen begegnet worden wäre als der Psychoanalyse. Als Konsequenz reicht die Verzerrung der Gestalt Sigmund Freuds von schwärmerischer Begeisterung bis zu haßerfüllten, antisemitischen Verdächtigungen sowohl des Mannes wie der Methode. Beide Extreme sind durch Unkenntnis und blindes Vorurteil gekennzeichnet.

Marthe Robert trifft mit dem Titel ihrer Freud-Biographie *Die psychoanalytische Revolution* die entscheidende Wirkung Freuds, die sich an den Reaktionen seiner Zeitgenossen am klarsten ablesen läßt. Die von ihm entwickelte Lehre vom psychischen Konflikt hätte nicht besser bewiesen werden können als durch die Ambivalenz und die Ängste, die in der zeitgenössischen Auseinandersetzung mit der Psychoanalyse, und vielfach selbst bei namhaften Gelehrten, oft so sehr öffentlich erkennbar wurden, daß investierte Affektbeträge die Richtigkeit seiner Thesen indirekt mehr bestätigten, als es den entschiedenen Gegnern erwünscht sein konnte. Viele zeigten eine gewisse grandiose Omnipotenz, indem sie der Psychoanalyse von Hoche über Bumke bis zu Wolpe, Eysenck und manchen anderen Zeitgenossen in bestimmten Abständen ein ehrenvolles Begräbnis empfahlen. Dies offenbart zugleich auch die Realitätsferne vieler Argumentationen, die mehr vom Neid als von Sachlichkeit bestimmt sind. Bezieht man dies inhaltlich auf Freuds

Entdeckungen, so scheint gerade seine dringliche Empfehlung einer stetigen Kontrolle des Realitätsprinzips bis heute ein Ärgernis zu sein, das wütende Angriffe gegen die sehr bescheidene, jedoch seinen eigenen schöpferischen, wissenschaftlichen Ideen kritischer als alle anderen gegenüberstehende Persönlichkeit Freuds ausgelöst hat. Es ist sicher kein Zufall, daß gerade die Auseinandersetzung mit der Lehre vom Unbewußten bei vielen Menschen den von Freud entdeckten Mechanismus der Projektion auslöst. So wird bis heute übersehen, daß diese Erkenntnis schlicht besagt: Das Bewußtsein weiß nichts von unbewußten Motivationen; sie lassen sich erst in Handlungen, Aussagen oder Fehlleistungen nachweisen. Unter Fehlleistungen versteht man einen Durchbruch unbewußter Tendenzen entgegen einer gewollten Absicht. »Projektion« bedeutet in der Psychoanalyse die Zuordnung eines schwererträglichen eigenen Impulses oder einer Idee zur Außenwelt. Der eigene Impuls wird dabei zunächst umgewandelt und sodann auf ein Objekt, das heißt meist auf einen anderen Menschen, in der Außenwelt projiziert. Historisch gehört Freud zu jenen genialen Persönlichkeiten des vergangenen Jahrhunderts, deren Forschungsergebnisse nicht nur das 20. Jahrhundert in vielen Entwicklungen entscheidend beeinflußt haben; im allmählichen Erkennen und Verstehen der umfangreichen Konsequenzen seiner Denkansätze werden die Resultate seiner Arbeit noch bis ins 21. Jahrhundert wirksam sein. Diese unbestreitbare Größe mag den Anlaß zu immer neuen Ärgernissen gegeben haben, wenn man die Betroffenheit berücksichtigt, die von den tiefreichenden Konsequenzen seiner revolutionären Theorien ausgeht: die Theorie des Unbewußten, die Lehre vom psychischen Konflikt, die Bedeutung und Interpretation von Träumen als Ausdruck des Unbewußten, die Theorie der infantilen Sexualität, die Lehre von der Libido als psychischer, sexueller Energie und schließlich die Ableitung der Neurosenlehre aus gestörter Sexualität und das Konzept der psychischen Abwehrmechanismen. Den Umfang dieses genialen Werks, verflochten mit der Entwicklung der Persönlichkeit, in einer kurzen biographischen Skizze erfassen zu wollen, ist in sich ein unmöglicher Versuch, wenn man berücksichtigt, daß Ernest

Jones in drei Bänden mit je fünfhundert Seiten einer durch seine persönliche Freundschaft zu Freud und seiner Familie doppelt sorgfältigen Biographie dennoch einigen Irrtümern erlegen ist, die fast unvermeidbar waren. Freud hat niemals daran geglaubt, daß Biographien die Wahrheit enthüllen. Aus seiner Kenntnis der innerpsychischen Struktur wußte er um den verborgenen Anteil, der kaum voll zu interpretieren ist. Seine in einem Brief vom 31. Mai 1936 an Arnold Zweig formulierte Meinung über Biographien weist auf die unvermeidliche Tendenz jedes Biographen zu Unwahrheiten, Heuchelei, Schwärmerei oder Anbiederung hin, die Mangel an Verständnis verbergen sollen, zumal biographische Authentizität, wenn sie tatsächlich erreichbar wäre, dennoch nicht zu brauchen sei.
Der Versuch, die psychoanalytische Theorie und Technik auf Freud selbst anzuwenden, um aus Kindheit, Jugend und Entwicklung allzu schnell auf psychische Strukturfaktoren zurückzuschließen, würde an der kaum zu beantwortenden Frage scheitern, warum gerade Freud nach langen Jahrhunderten diese Entdeckungen machte und sie Schritt für Schritt in ein theoretisches Konzept umsetzte, dem dann schließlich Kunst, Philosophie und Literatur auf andere Weise folgten, obgleich vielen Dichtern ähnliche Gedankengänge schon vorher geläufig waren, ohne daß sie diese konzeptualisiert hätten. Freuds eigener Lebenslauf gibt, von der Konstellation historischer, familiärer, sozialer und psychologischer Umstände her, keine befriedigende Antwort auf diese Frage.

Sigmund Freud wurde am 6. Mai 1856 in Freiberg/Mähren im Haus Schlossergasse 117 (heute Freudowa Ulice) als erster Sohn aus der zweiten Ehe des Kaufmanns Jakob Freud (1815—1896) mit Amalia (Malka) Nathanson (1835—1930) geboren. Aus der ersten Ehe von Jakob Freud mit Sally Kanner stammen zwei Söhne, Emanuel (geb. 1832) und Philipp (geb. 1836); 1852 starb Jakob Freuds erste Frau.
Eines der Paradoxa in Freuds Leben ist die Tatsache, daß er bereits als Onkel geboren wurde, da Emanuel, Sohn aus erster Ehe, bereits

den einjährigen Sohn John hatte, als Freud geboren wurde, dem dann eine Tochter, Freuds Nichte Paulina folgte. Beide spielen in seiner Kindheitsentwicklung eine Rolle, er und der um ein Jahr ältere »Neffe« John wurden unzertrennliche Spielgefährten. Freud selbst bemerkt seine ambivalente Einstellung zu John später und bewertet sie als einen wirksamen Einfluß auf seine charakterliche Entwicklung: »Bis zu meinem vollendeten dritten Jahre waren wir unzertrennlich gewesen, hatten einander geliebt und miteinander gerauft, und diese Kindererziehung hat — wie ich schon einmal angedeutet — über all meine späteren Gefühle im Verkehr mit Altersgenossen entschieden.« An anderer Stelle sagt er: »Ein intimer Freund und ein gehaßter Feind waren mir immer notwendige Erfordernisse meines Gefühlslebens; ich mußte mir beide immer wieder von neuem verschaffen, und nicht selten stellte ich das Kindheitsideal so weit her, daß Freund und Feind in dieselbe Person zusammenfielen, natürlich nicht mehr gleichzeitig oder in mehrfach wiederholter Abwechslung, wie es in den ersten Kinderjahren der Fall gewesen sein mag.«
Jakob Freud war etwas größer als sein Sohn Sigmund, der sich in einem Brief an Martha Bernays vom 9. Juli 1883 »körperlich und zum Teil auch geistig sein Duplikat« nennt. Er beschreibt seinen Vater als zärtlich, von der ganzen Familie geliebt und ständig in der Erwartung eines unverhofften Glücksfalls lebend. Freuds Mutter Amalia hatte bis zu ihrem Lebensende — sie wurde fünfundneunzig Jahre alt — eine zärtliche und intensive Beziehung zu ihrem Erstgeborenen. Er selbst führt das »Sentimentale« in sich auf seine Mutter zurück, während er dem Vater seinen ererbten »Sinn für Humor, die kühle Skepsis gegenüber den Wechselfällen des Lebens, die Gewohnheit, moralische Betrachtungen mit jüdischen Anekdoten zu veranschaulichen, seine Vorurteilslosigkeit und seine Aufgeschlossenheit« zuschreibt.
Freuds Mutter nannte ihren Sohn im Scherz wegen des dichten schwarzen Kraushaares, mit dem er geboren wurde, ihren »kleinen Mohren«; als erwachsener Mann hatte er dunkle Augen und dunkles Haar bei heller Hautfarbe. Sein inneres Selbstbewußtsein stützt sich auf frühe Erfahrungen, die er später selbst charakterisierte:

»Wenn man der unbestrittene Liebling der Mutter gewesen ist, so behält man fürs Leben jenes Eroberergefühl, jene Zuversicht des Erfolges, welche nicht selten wirklich den Erfolg nach sich zieht.« Freuds familiäre Kindheitskonstellation mag, wie Jones abzuleiten versucht, mit dazu beigetragen haben, daß er vierzig Jahre später die verstehende Lösung zu einer bis dahin gefühlsmäßigen Lösung der Kindheitskonflikte fand, die ihn dann unsterblich machte. Wir wissen es zwar nicht, jedoch zeigt der weitere Lebensablauf eine Fülle von Einflüssen, die zwar im Detail kaum analysierbar sind, es aber sehr wahrscheinlich machen, daß Freud stets leidenschaftlich versuchte, Zusammenhänge genau zu verstehen, *weil* er sich mit gefühlsmäßigen Lösungen nie zufriedengeben mochte. Wie aus seiner späteren Selbstdarstellung hervorgeht, haben die Selbstanalyse und viele Erinnerungen sicher zum Auffinden seiner Theorien, besonders jener über die infantile Sexualität beigetragen. In Freuds Selbstanalyse spielt dieser Lebensabschnitt jedoch kaum eine Rolle. Seine Umgebung sieht ihn damals als »braven, gehorsamen Knaben mit ehrgeizigem Lerneifer«.
Freud bestand, nachdem er zuvor von Mutter und Vater in den elementaren Erkenntnissen unterrichtet worden war, mit neun Jahren die Aufnahmeprüfung im Leopoldstädter Kommunal- und Obergymnasium in der Sperlgasse in Wien und wurde ein glänzender Schüler. Sein Sprachtalent umfaßte schon früh neben den klassischen Sprachen Hebräisch, Latein und Griechisch gute Schulkenntnisse in Französisch und Englisch; im Italienischen und Spanischen unterrichtete er sich später selbst. In sechs von acht Schuljahren war er an der Spitze seiner Klasse, mit siebzehn Jahren bestand er das Abitur mit »vorzüglich«, wobei zu erwähnen ist, daß er in Griechisch-Deutsch einen dreiundzwanzig Verse umfassenden Abschnitt aus dem *Ödipus* des Sophokles zu übersetzen hatte. Bei Beginn seines Universitätsstudiums änderte er den registrierten offiziellen Vornamen Sigismund in Sigmund um, bei dem er dann zeitlebens blieb; die Gründe für diesen Entschluß kennen wir nicht. Die Mühe seines Vaters vergalt er durch die Unterrichtung seiner jüngeren Schwestern, wobei er Anna, als sie fünfzehnjährig war, davon abhielt, Balzac und Dumas zu lesen,

wie er überhaupt die Lektüre und die Entwicklung aller jüngeren Schwestern zu überwachen versuchte. Damals bewohnte Freud in der zweiten, größeren Wohnung der Familie in der Kaiser-Joseph-Straße (1875—1885) ein »Kabinett«, also einen langen schmalen Raum mit einem Fenster zur Straße, wo er auch seine Schulfreunde empfing; er blieb dort bis zu seiner Übersiedlung in das Allgemeine Krankenhaus. Seine frühe Abneigung gegen Musik — freilich nur eine Seite seiner Beziehung zur Musik — scheint auf die Klavierstunden zurückzugehen, die seine Mutter der Schwester Anna erteilte; Freud fühlte sich dadurch in seinem Studium gestört und verlangte, daß das Instrument aus dem Hause geschafft werde, was dann auch tatsächlich geschah.
Freud war stolz auf sein Judentum, aber empfindlich gegen Antisemitismus. In Wien hat er darunter offensichtlich nicht nur in der Schule und an der Universität gelitten. Karl Lueger, der spätere Oberbürgermeister von Wien, kann wohl als Repräsentant jener antisemitischen Wiener Ideologie gelten, die 1938 nach dem Einzug der Nazis offen durchbrach und sich gegenüber Freud und der Psychoanalyse (als einem »jüdischen Erzeugnis«) bis heute in Resten des Rassenwahns gehalten hat. Es bedarf des besonderen Verständnisses der Wiener Mentalität und Geschichte, um dieser verdeckten Grundlage der Mißachtung der Psychoanalyse voll ansichtig zu werden. Der aggressive Antisemitismus in Wien, dem der Vater Freuds in direkten körperlichen Angriffen ausgesetzt war, mobilisierte in dem dreizehnjährigen Knaben aus einem aktuellen Anlaß dieser Art (dem Vater war seine Pelzmütze vom Kopf geschlagen worden, nachdem man ihn als Juden vom Bürgersteig gedrängt hatte) eine militante Phase, in der er sich mit dem Feldmarschall Masséna verglich, fälschlich dessen Geburtsdatum mit hundert Jahren Differenz dem seinen gleichsetzend. Seine Knabenträume zeigen eine deutliche Identifizierung mit dem General; aber die im Alter von dreiundzwanzig, mitten im Studium erfahrene stupide Monotonie des einjährigen Militärdienstes hat wohl dann die Heldenverehrung als Abwehrmöglichkeit gegen den militanten Wiener Antisemitismus endgültig ausgeschlossen.
Ebenso vergingen Freuds Knabenträume von einer Laufbahn als Staatsmann unter dem Druck der Verhältnisse. Nach Be-

endigung der Schulzeit kamen für ihn als Abkömmling des damaligen Wiener jüdischen Mittelstands nur Handel oder Industrie, Jurisprudenz oder Medizin als Berufsmöglichkeiten in Frage. Die erste Möglichkeit schlug Freud als intellektueller Typ aus, auch wenn sie vielleicht eine bessere Existenzsicherung bedeutet hätte. Vorübergehend scheint er auch an ein Rechtsstudium gedacht zu haben, entschied sich dann aber für die Medizin, obschon er sich auch später niemals dazu hingezogen fühlte. Zum Beispiel teilt er Jones 1910 mit, daß er sich viel lieber ganz dem Studium kultureller und historischer Probleme widmen möchte, da er sich nicht recht als Arzt vorkomme. Später schreibt er: »Ich meine aber, mein Mangel an der richtigen ärztlichen Disposition hat meinen Kranken nicht geschadet. Denn der Kranke hat nicht viel davon, wenn das therapeutische Interesse beim Arzt affektiv überbesetzt ist. Für ihn ist es am besten, wenn der Arzt kühl und möglichst korrekt arbeitet.«

Zuvor beschreibt Freud seine Einstellung zur Berufswahl im Zusammenhang mit der Familiensituation: »Obwohl wir in sehr beengten Verhältnissen lebten, verlangte mein Vater, daß ich in der Berufswahl nur meinen Neigungen folgen sollte. Eine besondere Vorliebe für die Stellung und Tätigkeit des Arztes habe ich in jenen Jugendjahren nicht verspürt, übrigens auch später nicht. Eher bewegte mich eine Art Wißbegierde, die sich aber mehr auf menschliche Verhältnisse als auf natürliche Objekte bezog und auch den Wert der Beobachtung als eines Hauptmittels zu ihrer Befriedigung nicht erkannt hatte. Indes, die damals aktuelle Lehre Darwins zog mich mächtig an, weil sie eine außerordentliche Förderung des Weltverständnisses versprach, und ich weiß, daß der Vortrag von Goethes schönem Aufsatz ›Die Natur‹ in einer populären Vorlesung von Professor Carl Brühl kurz vor der Reifeprüfung die Entscheidung gab, daß ich Medizin inskribierte.«

Freud hat seine in jungen Jahren bestehende Neigung zum Spekulieren und Grübeln stets energisch zugunsten einer intellektuellen Disziplin zu bekämpfen versucht, die ihm besonders in der Wissenschaft nicht nur Objektivität, sondern auch Exaktheit, Maß und

Präzision bedeutete — Eigenschaften, die er bei sich selbst zu vermissen glaubte. In einem Brief an den Jugendfreund Emil Fluss vom 16. Juni 1873 wird sein Grauen vor der Mittelmäßigkeit zur strengen Selbstkritik, die er ebenso wie seine Bescheidenheit in der Bewertung seiner eigenen Leistungen — im Gegensatz zu manchem seiner Schüler — sein Leben lang beibehielt. Vielleicht hätte Freud schon im Lauf seiner Untersuchungen im Laboratorium sehr früh Weltruhm erlangen können (etwa bei der Entdeckung der Neuronen oder in der Kokain-Studie), wenn er sich nicht selbst diese Strenge gegen die Mächtigkeit seiner Phantasie auferlegt hätte, wodurch sein Denken über lange Zeit in den Bahnen traditionell wissenschaftlich ritualisierter Medizin befangen blieb und behindert wurde, ehe er sich zu einem Durchbruch, selbst gegen die Bedenken seines Mentors und Freundes Breuer, entschloß. Sicher ist jedoch, daß er als Student und als junger Arzt eher dazu neigte, sich in das Prokrustesbett kontemporärer Wissenschaftsrituale zu zwängen, um sein Denken zu disziplinieren, als sich rebellierend dem allgemeinen Zug zu spekulativen Philosophien zu überlassen. Etwas mehr Phantasie, dafür weniger »naiver Autoritätsglaube«, hätte ihm vermutlich früher zu wissenschaftlicher Größe verholfen. Daran zeigt sich auch die Richtigkeit seiner späteren Theorien über intrapsychische Reaktionsbildungen als Abwehrformation, durch die kreative Möglichkeiten behindert werden.
Der Student im Alter von siebzehn Jahren forderte viel von sich selbst. Mit dreiundzwanzig bis achtundzwanzig Wochenstunden allein an Vorlesungen und Seminaren, mit zusätzlichen Abstechern in Brentanos philosophisches Leseseminar, zentrierten sich seine Interessen seit Sommer 1875 — er war nun im vierten Semester — mehr auf Zoologie, Physikkurse und Brückes Vorlesungen über Physiologie, nebenbei folgte er immer noch Brentanos Vorlesungen über Aristotelische Logik. Im Mai 1876 begann er bei Carl Claus seine erste selbständige Untersuchung über die Geschlechtsorgane der Aale, die am 15. März 1877 der Akademie der Wissenschaften vorgelegt und im April desselben Jahres veröffentlicht wurde.

Freud schreibt später über diese Zeit: »Außerdem mußte ich in den ersten Jahren die Erfahrung machen, daß Eigenheit und Enge meiner Begabungen mir in mehreren wissenschaftlichen Fächern, auf die ich mich in jugendlichem Übereifer gestürzt hatte, jeden Erfolg versagten. Im Physiologischen Laboratorium von Ernst Brücke fand ich endlich Ruhe und volle Befriedigung, auch die Personen, die ich respektieren und zu Vorbildern nehmen konnte.« Freud bezeichnet den Einfluß Brückes als den der größten Autorität, die je auf ihn gewirkt habe. Brücke war vierzig, Claus dagegen nur zwanzig Jahre älter als Freud.

Um die Entwicklung Freuds in dieser Atmosphäre zu verstehen, ist daran zu erinnern, daß Brückes Institut als Exponent der Helmholtzschen Schule der Medizin in dieser Epoche große Bedeutung hatte. Brücke wurde in Wien als der Ostgesandte der Berliner Physikalischen Gesellschaft angesehen, die 1845 von einem Kern der Schüler Johannes Müllers gegründet wurde, mit dessen Lehre vom Vitalismus diese endgültig aufräumen wollten. Die Entwicklung der dynamischen Seite der Physiologie durch Brücke ist bei Freud noch 1926 in der Beschreibung der dynamischen Seite der Psychoanalyse als Einfluß erkennbar: »In erster Hinsicht führt sie alle psychischen Vorgänge . . . auf das Spiel von Kräften zurück, die einander fördern oder hemmen, sich miteinander verbinden, zu Kompromissen zusammentreten . . .«

In den ersten sechs Jahren an Brückes Institut, wo er mit Ernst von Fleischl-Marxow und Sigmund Exner, die zugleich ältere Lehrer für ihn wurden, befreundet war, begann Freud die neuen physiologischen Theorien auf das Studium des Nervensystems anzuwenden, um sie dann viel später auf das System seelischen Erlebens zu übertragen. Als Fünfundsiebzigjähriger formuliert er: »Meine Lebensarbeit war auf ein einziges Ziel eingestellt . . . wie der Apparat gebaut ist, der diesen [*seelischen*] Leistungen dient, welche Kräfte in ihm zusammen- und gegeneinander wirken.«

Eine der ersten Arbeiten, die Brücke Freud auftrug, war die 1877 publizierte Untersuchung über die Histologie der Nervenzellen. Freud setzt die Untersuchung über die Reissner-Zellen bis 1878 fort und veröffentlicht einen zweiten Bericht über das Petromyzon

(Neunauge). In der Folge erweitert er vor allem die histologischen Arbeiten zur Neuronenforschung und trägt wesentlich dazu bei, der Neuronentheorie den Weg zu ebnen, doch nahm damals niemand von diesen Entdeckungen Freuds Notiz. Erst 1891 wurde mit Waldeyers Monographie die Anerkennung der Neuronentheorie erreicht, obgleich Freud bereits 1882 seinen selbständigen Forschungsnachweis erbracht hatte, daß Nervenzellen und Fortsätze eine Einheit bilden.

Die wissenschaftliche Richtung, die Freud hier beginnt, führt über die Stationen Gehirnanatomie, Gehirnphysiologie, Psychopathologie, Psychologie, Philosophie und Kulturkritik, bevor er zu seinem ersten Entwurf einer *Psychologie für den Neurologen* kommt, den er im März 1895 während intensiver Nachtarbeit in wenigen Wochen vollendet. Im Mai 1895 gibt Freud seiner Hoffnung Ausdruck, »aus der Psychopathologie den Gewinn für die normale Psychologie herauszuschälen«. An dieser von Jones als *Entwurf* bezeichneten Arbeit Freuds wird ersichtlich, wie lange — bis etwa 1897 — Freud weiterhin ständig versucht, seine Erfahrungen aus der neuroanatomischen Forschung auf die Psyche anzuwenden.

Die Einflüsse Meynerts sind unverkennbar, vor allem aber das Festhalten an der strikt naturwissenschaftlichen Orientierung und der Versuch, die Neuronen-Theorie mit einer neuen, neurologischen Psychologie zu verbinden. Dieser *Entwurf* enthält auch die ersten Ansätze eines Durchbruchs zu völlig neuen Perspektiven. Obwohl erst viel später, 1950, als Anhang zu den Briefen unter dem Titel *Aus den Anfängen der Psychoanalyse* veröffentlicht, ist dieses unvollständige Manuskript der Schlüssel zur weiteren Entwicklung Freuds als Forscher in den von ihm neuentdeckten Zusammenhängen. Von 1895 an dauert es jedoch noch erhebliche Zeit, bis er Schritt für Schritt am klinischen Beweismaterial die Elemente für die spätere Psychoanalyse entwickelt.

Zunächst zurück zum Jahr 1882, in dem Freud von Ernst Brücke zu Theodor Meynert wechselt. Auch hier entscheidet er sich wiederum für die histologische Neuroanatomie. Daran wird ein wichtiger Charakterzug sichtbar, der letztlich Freuds Entdeckungen mitbestimmt hat: »Er verabscheute Brutalität und Grausamkeit in jeder Form und vermied es nach Möglichkeit, andere zu beeinflussen oder sich in fremde Angelegenheiten einzumischen.« So verzichtet Freud in seiner Praxis sowohl auf die damals übliche Therapie mit elektrischen Strömen wie auch schließlich auf die Anwendung der Hypnose als Behandlungstechnik aus der Überzeugung, er werde, wenn er die Neurose erst einmal erkannt habe, sie wirklich verstehe und die Kräfte, die sie verursachten, in seine Gewalt bekommen habe, damit einen ausreichenden Erfolg erzielen können. Hier ist zu bedenken, daß die Hypnose damals den meisten Universitätspsychiatern als etwas »Schwindelhaftes und überaus Gefährliches« galt. Die Elektrotherapie war dagegen sehr in Mode, obgleich man wenig später zu der Überzeugung kam, daß die ärztliche Suggestion dabei wirksamer war als der elektrische Strom. Man muß sich die Atmosphäre der damaligen Kliniken und die ärztlichen Auffassungen vergegenwärtigen, um die Kühnheit der Freudschen Therapie zu begreifen; ihre Inhalte widersprachen allen Traditionen. Später bemerkt Freud sarkastisch: ». . . es war die Zeit, da auch größere Autoritäten in Wien eine Neurasthenie als Hirntumor zu diagnostizieren pflegten.«

Freud erhielt sein Doktordiplom der Medizin am 31. März 1881. Berühmte Ärzte, so der Chirurg Billroth, der Dermatologe Hebra, der Ophthalmologe Arlt, gehörten zu seinen Lehrern, vor allem aber interessierten ihn damals Meynerts Vorlesungen über Psychiatrie, die ihm nach intensiver Laboratoriumsarbeit als etwas Neues erschienen. Es ist einer der großen Wendepunkte im Leben Freuds, als er sich entschließt, seine Stelle als Demonstrator am Brückeschen Institut, in die er im Mai 1881 aufgerückt war, aufzugeben, um seinen Lebensunterhalt als Arzt zu verdienen. Er war für die Zukunft aufs Verdienen angewiesen, dennoch setzte er zunächst seine wissenschaftlichen Studien fort, solange sein Vater und dessen Freunde ihn unterstützen konnten; gleichzeitig vervollständigte er aber seine ärztliche Ausbildung.

»Die Wendung kam 1882, als mein über alles verehrter Lehrer den großmütigen Leichtsinn meines Vaters korrigierte, indem er mich mit Rücksicht auf meine schlechte materielle Lage dringend

mahnte, die theoretische Laufbahn aufzugeben. Ich folgte seinem Rate, verließ das Physiologische Laboratorium und trat als Aspirant in das Allgemeine Krankenhaus ein.«
1884 schuldete Freud seinem Gönner Josef Breuer die ansehnliche Summe von 1500 Gulden, etwa 2400 DM. Seit Oktober 1882 arbeitete er in Nothnagels Abteilung für Innere Medizin, am 1. Mai 1883 wurde er Sekundärarzt in Meynerts Psychiatrischer Klinik. Mit siebenundzwanzig Jahren verläßt er damals zum erstenmal sein Elternhaus und siedelt in die Klinik um, danach kehrt er in das Kabinett seiner Knaben- und Jugendzeit nicht mehr zurück.
Freud schätzte Meynert als Gehirnanatom sehr hoch, als Psychiater eher gering ein. Nach fünf Monaten Psychiatrie wechselte er am 1. Oktober 1883 in von Zeissels Abteilung für Hautkrankheiten über. Während dieser Zeit bildete er sich außerdem noch in Spezialkursen in der Hals-, Nasen- und Ohrenheilkunde aus. Seit Januar 1884 arbeitet Freud unter dem Primarius Franz Scholz in der sogenannten »Nervenabteilung«, die aber damals bereits viele andere Kranke aufnimmt, da sich Scholz für Nervenkranke weniger interessiert und diese einfach abwies.
Vom Juli 1884 an hatte Freud die volle Verantwortung für 106 Patienten, zwei Sekundärärzte, einen Assistenten und zehn Krankenschwestern auf dieser Abteilung. Am 12. Januar 1885 reicht er sein Bewerbungsschreiben als Privatdozent bei der Universität Wien ein. Der am 24. Januar gebildete Fakultätsausschuß, bestehend aus Brücke, Nothnagel und Meynert, folgt Brückes ausführlichem Bericht über Freuds Arbeiten, so daß die Fakultät die Empfehlung der Zulassung zu weiteren Habilitierungsprüfungen sofort mit einundzwanzig Stimmen gegen eine annimmt. Am 20. Juni 1885 erteilte die Fakultät die Erlaubnis zur Probevorlesung über »Die Muskelstrecken des Gehirns«, der dann am 18. Juli der Beschluß folgte, Freud zur Ernennung zum Privatdozenten für Neuropathologie zu empfehlen, die am 25. September 1885 vom Ministerium bestätigt wird.
Am 1. März 1885 hatte Freud bereits von der Nervenabteilung in die Abteilung für Augenheilkunde wechseln müssen, weil er mit den Ansichten von Scholz über die administrative Führung des

Hospitals differierte. Am 7. Juni 1885 übernahm er deshalb eine Vertretung bei Obersteiner an dessen Privat-Nervenheilanstalt in Oberdöbling, eine Tätigkeit, die mit Rücksicht auf die Patienten aus den vornehmsten Kreisen Zylinder und weiße Handschuhe bei der Ausübung erforderte.
Das Jahr 1885 wird dann zum endgültigen Erfolg, als Freud am 19. Juni ein Reisestipendium von 600 Gulden (1000 DM) und sechs Monate Urlaub erhält. Er nimmt am 31. August endgültig Abschied vom Allgemeinen Krankenhaus Wien. Ein Brief an Martha Bernays in Wandsbek, mit der sich Freud am 17. Juni 1882 verlobt hatte, von der er jedoch drei Jahre getrennt war, vermittelt den Überschwang des Augenblicks, der die menschliche Seite sehr viel deutlicher beleuchtet als jede biographische Akribie: »Oh, wie schön wird das sein. Ich komme mit Geld und bleibe recht lange und bringe was Schönes für dich mit und gehe dann nach Paris und werde ein großer Gelehrter und komme dann mit einem großen, großen Nimbus nach Wien zurück und dann heiraten wir bald und ich curire alle unheilbaren Nervenkrankheiten und du erhältst mich gesund und ich küsse dich, bis du stark und heiter und glücklich bist — und wenn sie nicht gestorben sind, so leben sie heute noch.«
Freud verbringt neunzehn Wochen bei Charcot in Paris, studiert anschließend unter Baginsky drei Wochen Pädiatrie in Berlin und kehrt nach Wien zurück. Mit neunundzwanzig Jahren, als Dozent für Neuropathologie, hat Freud das Ziel einer formalen, ärztlich-wissenschaftlichen Laufbahn erreicht, ohne daß bislang irgendein Grundgedanke der späteren Psychoanalyse bei ihm aufgetaucht wäre.
Freuds private Gefühle und Gedanken, seine Freunde, seine Beziehung zu Martha Bernays, blieben lange verschlossen. In seinen Arbeiten finden sich die einzigen verborgenen Hinweise in *Psychopathologie des Alltagslebens* und *Die Traumdeutung*, aber auch hier spricht er nur dann von sich selbst, wenn es unumgänglich ist. Allein der Briefwechsel zwischen Freud und Martha Bernays während der dreijährigen Trennung (er schrieb in dieser Zeit mehr als 900 Briefe) würde

jedoch Freuds Gegner ad absurdum führen, die in ihm jenen skandalösen Mann sehen möchten, der mit der sexuellen Ätiologie psychischer Erkrankungen, aber auch mit dem Nachweis des Unbewußten und der Sexualität als einer wichtigen Quelle schöpferischer Leistungen angeblich »alles Vergangene profaniert, alles Gegenwärtige vergiftet und alles Zukünftige getötet« habe.

Martha Bernays, geboren am 26. Juli 1861, entstammte einer alten jüdischen Familie in Hamburg. Sie war schlank, blaß und von eher kleinem Wuchs. Jones, der sie persönlich kannte, charakterisiert sie bis in ihr hohes Alter als gütig, liebenswert und loyal, mit Charme und großer Liebenswürdigkeit. Sie starb am 2. November 1951, zwölf Jahre nach Freud, in London. Die sehr innige Beziehung, über die der umfangreiche Briefwechsel Aufschluß gibt, war durch die vollentwickelte, ausgeglichene Persönlichkeit Martha Bernays', gekennzeichnet, die »sehr charakterfest« war und »recht hartnäckig« werden konnte, während Freud selbst, vor allem während der Verlobungszeit, eher zur Eifersucht neigte und eine »kategorische Notwendigkeit verspürte, sich selbst zu quälen«. Freuds Haltung kommt in einer viel späteren Bemerkung in einem Brief an Putnam über die größere sexuelle Freiheit der Jugend zum Ausdruck: »Ich vertrete ein ungleich freieres Sexual-Leben, wenngleich ich selbst sehr wenig von solcher Freiheit geübt habe.«

Die Entscheidung Freuds, in jedem Fall und spätestens 1887 zu heiraten, traf allerdings auf einige Hindernisse. Er wurde kurz vorher unerwartet zu Manövern in Österreich einberufen. Und das jüdische Hochzeitsritual, das er zu vermeiden trachtete, war durch die österreichischen Gesetze nicht zu umgehen, so daß er in den beiden Nächten vor dem 13. September 1886, an dem die Hochzeit des Paares im Rathaus zu Wandsbek stattfand, im Hause seines Onkels Elias Philipp zunächst die hebräische »Broche« lernen mußte, die er bei der Eheschließung zu sprechen hatte. Einen gemeinsamen Brief von der Hochzeitsreise nach Lübeck schließt Freud mit den humorvollen Worten: »Gegeben in unserer derzeitigen Residenz zu Lübeck am 1. Tag des hoffentlich 30jährigen Krieges zwischen Sigm. und Martha (15. September 1886).« Aus den dreißig Jahren wurden dreiundfünfzig.

Bis zu diesem Zeitpunkt scheint nur wenig darauf hinzudeuten, daß dieser begabte junge Neurologe auf den traditionellen Wegen zeitgenössischer, exakter Wissenschaften eine Revolution im abendländischen Denken entfachen würde. Seine Biographen, vor allem Ernest Jones und Marthe Robert, haben sich bemüht, die revolutionären Entdeckungen Freuds mit Fakten seines Lebensablaufs, seiner inneren, dynamischen Entwicklungsgeschichte und den äußeren sozialen Umständen zu verbinden. Ehe wir uns der Entwicklung des wissenschaftlichen Werks der Psychoanalyse zuwenden, umreißt vielleicht am besten seine eigene Aussage jene prinzipielle Richtung seines Denkens, die etwa von der Jahrhundertwende an das Leben Freuds weitgehend bestimmt: »Das Unbewußte ist das eigentlich reale Psychische, uns nach seiner inneren Natur so unbekannt, wie das Reale der Außenwelt, und uns durch die Daten des Bewußtseins ebenso unvollständig gegeben wie die Außenwelt durch die Angaben unserer Sinnesorgane.« Freud behauptet also, »daß die *psychische Realität* eine besondere Existenzform ist, welche mit der *materiellen Realität* nicht verwechselt werden soll«.

Der Neurologe Freud gewinnt zwischen 1880 und 1890 immer größeres Interesse an der Psychopathologie, obgleich seine besten neurologischen Arbeiten noch in den Anfang dieser Periode fallen. In dieser Zeit bestimmen zwei Freundschaften seine weitere Entwicklung sehr stark, die Beziehung zu Josef Breuer und später zu Wilhelm Fließ. Der 1842 geborene Josef Breuer war ein Wissenschaftler von Rang, den Freud 1881 am Physiologischen Institut kennengelernt hatte; er wurde zum Gönner, Förderer und schließlich in enger fachlicher Zusammenarbeit am Patienten zum Inspirator der *Studien über Hysterie*, obwohl seine eigene Haltung lange Zeit ambivalent blieb. Auch der Umstand, daß Freud in Wien genügend Patienten für seine Praxis finden mußte, bestimmte neben gemeinsamen wissenschaftlichen Interessen mit Breuer, der ein angesehener Wiener Familienarzt war, die familiäre Freund-

schaft der beiden. Freud nennt ihn den »ewig Getreuen«, zumal ihm Breuer lange Zeit aus seinen Schulden herauszuhelfen versuchte, die ihn stets außerordentlich bedrückten.
Freud hatte im Herbst 1885 Jean Martin Charcot in Paris besucht und diesem angeboten, seine Vorlesungen ins Deutsche zu übersetzen; bei Vorlesungen und Krankendemonstrationen kamen sie in engeren Kontakt. Die dabei gewonnenen Erfahrungen regten Freud an, die hysterischen Krankheitsformen genauer zu untersuchen. Gemeinsam mit Breuer veröffentlichte er dann die *Studien über Hysterie*, deren Bedeutung zunächst kaum verstanden wurde — noch waren die Degenerationstheorien, die für alle nervösen Erkrankungen eine organische Grundlage unterstellten, die gängige klinische Auffassung. Schon die Hypnosebehandlung galt als »verdächtig«, obgleich sie vorübergehende Erfolge erzielte. Vor allem deshalb reiste Freud im Sommer 1886 nach Nancy, um sich durch die Beobachtung der Hypnosetechniken Liébaults und Bernheims sowie in Diskussionen mit den französischen Kollegen Klarheit darüber zu verschaffen, was mit der Hypnose, die für den praktischen Nervenarzt wegen der schnellen und sichtbaren Erfolge so verführerisch war, überhaupt erreicht werden konnte.
Aus Diskussionen mit Breuer entwickelte Freud dann die hypnotische Suggestion, zunächst hauptsächlich »zur Ausforschung des Kranken über die Entstehungsgeschichte seines Symptoms, die er im Wachzustand oft gar nicht oder nur sehr unvollkommen mitteilen konnte«. Breuers Behandlung von Fräulein Anna O. in der Zeit vom Dezember 1890 bis zum Juni 1892 war der erste Versuch, eine völlig andere Methode zu entwickeln. Mit Breuers Behandlungstechnik, die von der Patientin unter anderem »the talking cure« oder »chimney sweeping« genannt wurde, begann die Phase der Katharsis. Überraschenderweise verschwanden nämlich die Krankheitssymptome, wenn es dem Patienten möglich war, die Umstände ihrer Entstehung voll auszusprechen. Freud schloß daraus, daß dies mit aufgestauten, vergessenen Gefühlen zu tun haben mußte, deren Befreiung aus dem unterdrückten oder »eingeklemmten« Zustand das Symptom überflüssig werden ließ. Gerade an Breuers Behandlung zeigte sich jedoch allmählich sehr

klar, daß die spezifische Gefühlsbeziehung des Patienten zum Arzt das eigentliche Rätsel enthielt, was Freud auch bei seinen eigenen Patienten bestätigt fand. So kam Freud zu zwei wichtigen Grundbegriffen der Psychoanalyse, dem Begriff der Übertragung (später Übertragungsneurose) und dem der Verdrängung. Für die zeitgenössische Auffassung gab es nur das Bewußtsein (»bewußt« = »psychisch«). Freuds Behauptung, daß es ein Unbewußtes gebe, in dem Inhalte, Gefühle und Affekte gegenüber früheren Beziehungspersonen in der Verdrängung erhalten bleiben, stieß auf Unverständnis und Ablehnung.

Die Entdeckung der »Übertragungsliebe« an Breuers Patientin führte Freud zu dem folgerichtigen Schluß, daß es sich um Kindheitserlebnisse handeln müsse. Breuer selbst war das Erlebnis peinlich, weil er darin ein »Mißgeschick« sah, während Freud gerade durch diese Erkenntnis in der Lage war, die alte, kathartische Methode der »Affektabfuhr« aufzugeben und die neue Theorie von Verdrängung und Widerstand gegen die Aufhebung solcher Verdrängungen zu entwickeln. So entstand die Lehre vom seelischen Konflikt: Zwei dynamische Größen, Trieb und Widerstand, ringen miteinander; der Ausgang dieses Kampfes ist sehr verschieden. Freud entdeckte, daß sich das Ich notwendigerweise, um sich zu schützen, andrängende Triebregungen durch einen »permanenten Aufwand, eine *Gegenbesetzung*« vom Bewußtsein fernhalten mußte. Das Verdrängte war somit unbewußt, aber auch »vogelfrei«, das heißt unkontrollierbar geworden, so daß sich der Trieb auf Umwegen Abfuhr und Ersatzbefriedigung schaffen konnte, die außerhalb bewußter Kontrolle lagen. Die verdrängte Regung also *schuf* sich die Symptome als Kompromißergebnis zwischen abgewiesenen und verschleiert doch halb akzeptiertem Triebwunsch, entstanden durch den Widerstand des Ich gegen den ursprünglichen Triebimpuls. Diese Lehre von der *Verdrängung* wurde zum Grundpfeiler der Psychoanalyse.

Aber zurück zur historischen Entwicklung. Während Freud mit Breuer sorgfältig dessen Notizen durcharbeitete und die unbewußten Zusammenhänge zu klären versuchte, entstand als ein fortentwickeltes Ergebnis von Freuds Besuchen in Paris und Nancy sein

am 15. Oktober 1886 vor der Psychiatrischen Gesellschaft gegebener Vortrag über »männliche Hysterie«, der eine »üble Aufnahme« und empörte Ablehnung fand, nachdem Freud schon am 27. Mai 1886 Vorträge über Hypnotismus gehalten hatte, die von seinem früheren Lehrer Meynert verurteilt worden waren.
Es ist heute schwer, sich die formal-konventionelle viktorianische Atmosphäre vorzustellen, die, von paternalistischen Vorurteilen durchdrungen, Freuds Begeisterung für Charcots Theorie der Entstehung der Hysterie aus sexuellen Impulsen zu dämpfen versuchte (zumal auch aus der traditionellen Wiener akademischen Arroganz heraus), während er selbst glaubte, entscheidend Neues vorzutragen, von dessen Bedeutung für die Ätiologie der Hysterie er überzeugt war. Freud ließ sich aber dadurch nicht beirren, vielleicht auch deshalb, weil er als Jude gegen Ablehnung, Vorurteil und Herabsetzung aus Erfahrung gewappnet war. Vielmehr entwickelte er als Behandlungstechnik die bis heute gebräuchliche Methode der freien Assoziation. Er forderte seine Patienten auf, alles auszusprechen, was ihnen einfiele, ohne es durch Zweifel, Intellekt oder konventionelle Bedenken zu »zensieren«. Aus diesen Gedankenketten ließ sich dann auf die dahinterliegenden verdrängten Inhalte schließen, gleichzeitig wurde auch der Grad des Widerstands und die Methode der inneren Abwehr von Impulsen für ihn erkennbar. Durch die Aufklärung des unbewußt gebliebenen Inhalts war der Patient dann in der Lage, eine echte und reifere Konfliktlösung herbeizuführen, also den Impuls zu befriedigen, zu sublimieren oder tatsächlich abzuweisen. Am meisten Anstoß erregte jedoch bei den Zeitgenossen der Nachweis der infantilen Sexualität, da damals das Kind als »rein« und asexuell galt. Mit Hilfe der freien Assoziation gelangen Freud seine weiteren tiefgründigen Entdeckungen, die nicht nur das Weltbild der Psychiatrie und Psychologie seiner Epoche umstürzten. Die Entdeckung des Unbewußten ist die größte wissenschaftliche Leistung Freuds. Sie schließt seine Selbstanalyse ein, aus der die Arbeit an der Traumdeutung hervorging. Aus den Einsichten in die Struktur der infantilen Sexualität erkannte er die Bedeutung des Ödipuskomplexes und des Kastrationskomplexes, die die Lehre vom psychi-

schen Konflikt weiter verdeutlichten. Nicht blitzartige Erkenntnis oder Erleuchtung erbrachte diese Ergebnisse, sondern unermüdliche Beharrlichkeit und Ausdauer, die Stetigkeit des Ringens gegen innere und äußere Widerstände. Erst nach langen, in ganz andere Richtungen führenden Studien gelang es Freud, seine geniale Denkfähigkeit zu Erkenntnissen zu präzisieren, die er dann, nach 1893, in rascher Folge zu formulieren beginnt. In den *Studien über Hysterie* berichtet Freud auch über die klassisch und berühmt gewordenen Fälle Emmy v. N. und Elisabeth v. R. aus dem Jahr 1892, und er beschreibt seine Methode »zur Psychotherapie der Neurosen«, die er zunächst »psychische Analyse« nennt.
Die 1895—96 erschienenen Arbeiten über die Bedeutung des infantilen Traumas führten über seine erste Angst-Theorie und die Bemerkungen über die Abwehr-Neuropsychosen schließlich zu der so viele Mißverständnisse und in einer prüden Welt außerordentlich Anstoß erregenden Arbeit über *Die Sexualität in der Ätiologie der Neurosen*. Schon die *Studien über Hysterie* waren von den meisten Medizinern abgelehnt worden; selbst Breuer und sogar Charcot vermochten Freud in der Annahme, daß Störungen des Sexuallebens bei der Entstehung von Neurosen wie bei Psychoneurosen die entscheidende Rolle spielten, nicht voll zuzustimmen. Breuers Haltung schwankte zeitweilig. Um die Bedeutung dieser Beziehung der beiden Wissenschaftler voll zu werten, bedürfte es der Kenntnis weiterer Einzelheiten. Die Mäzenatenhaltung Breuers war so in das Freundschafts- und wissenschaftliche Arbeitsverhältnis verwoben, daß er oft zu kritischer Bedachtsamkeit mahnen zu müssen glaubte, wo Freuds Intensität bereits neue Entwicklungen sah, die er vorantreiben wollte.
Seit 1887 war Freud mit Wilhelm Fließ befreundet, den er durch Breuer kennengelernt hatte. In der Folge kam es zu einer sehr engen Verbindung zwischen Fließ und Freud, an die letzterer etwa von 1895 bis 1901 gefühlsmäßig gebunden war. Die von Fließ entwickelten Konzepte der »Periodizität«, vor allem sein Hauptwerk *Der Ablauf des Lebens*, aber auch seine faszinierende Persönlichkeit, hatten in Berlin viele, die ihn kannten, beeindruckt —

mit Ausnahme des kritisch distanzierten Karl Abraham, der später mit Max Eitingon in Berlin die Psychoanalyse begründete. Die Bedeutung der Freundschaft mit Fließ, vor allem deren Bruch durch einen von Fließ eingeleiteten Prioritätsstreit über die Verwendung des Begriffs »Bisexualität«, gehört zu dem schmerzlichen Wandel sich in das Gegenteil verkehrender Freundschaften, der sich einige Male im Leben Freuds abspielte. Dies hängt wohl auch mit dem unaufhaltsamen Fortschreiten Freuds und zum Teil mit der ständigen Verbesserung seiner eigenen, früheren Konzepte zusammen, wobei Neid, Eifersucht und Überraschung seiner Kollegen ebenso eine Rolle spielten wie die tieferliegende Ambivalenz mancher Bindungen. Fließ hatte im Gegensatz zu dem zögernden Breuer sexuelle Probleme zum Kernpunkt seiner Arbeiten gemacht und gerade in jener Zeit, als Freud im Begriff war, seine Libido-Theorie auf die Erklärung normaler und pathologischer psychischer Vorgänge anzuwenden, eine völlig andersartige Spekulation über Periodizitäten entwickelt. Während er mit magischen Zahlen, männlichen oder weiblichen »sexuellen Perioden« operierte, um daraus Leben, Krankheit und Tod abzuleiten, blieb Freud realistischer, obwohl er lange hoffte, in Fließ »die ideale Verbindung von Mitarbeiter und wissenschaftlichem Lehrmeister gefunden zu haben«. An dieser Freundschaft erweist sich, daß Freud gegenüber Spekulationen stets äußerst skeptisch blieb, obwohl gerade ihm vom allgemeinen, epochalen Vorurteil oft Spekulation vorgeworfen wurde. Aus emotionalen Gründen blieb die Beziehung mit Fließ dennoch sehr eng. Zum Bruch kam es, als Fließ Ende 1905 einen Freund veranlaßte, ein Pamphlet herauszugeben, indem Freud indirekt beschuldigt wurde, er habe sich das von Fließ — nach dessen Meinung — entdeckte Konzept der Bisexualität als Plagiat angeeignet. Auch der spätere Bruch mit Alfred Adler und Carl Gustav Jung scheint, wenn auch aus ganz anderen Anlässen, eine ähnliche psychologische Struktur zu haben. Alle Trennungen von Freunden lösten sehr schmerzliche Gefühle in Freud aus, so daß man eigentlich nur aus dem Studium der Selbstanalyse und aus den detaillierten Darstellungen Ernest Jones' volles Verständnis für diese Vorgänge gewinnen kann, die eng mit bestimmten, relevanten psychischen Inhalten in Freuds Lebensgeschichte verbunden waren.

Folgt man der Linie der Publikationen Freuds, die in ihrer Einzelbedeutung hier kaum erfaßbar sind, so ist in der Periode von 1900—1904 zunächst eine Abwendung vom klinischen Detail festzustellen. Doch ist die zu dieser Zeit veröffentlichte *Traumdeutung* ohne Zweifel die markanteste Schrift Freuds und in der damaligen Epoche eine Pionierleistung ohnegleichen. Die 1904 folgende Schrift *Zur Psychopathologie des Alltagslebens* erlangte sogleich Weltruhm. Freuds Einfluß in Literatur, Kunst und Philosophie wächst nun mit großer Schnelligkeit, obwohl die Anfeindungen innerhalb der Medizin nicht enden.

Dem Kulturkritiker Freud ist die Öffentlichkeit zunächst leichter gefolgt als dem Kliniker der Neurosentherapie. Die Sexualität und der törichte, verallgemeinernde Vorwurf des »Pansexualismus«, aus nur halbbelesenem Vorurteil genährt, blieben die Ursachen für die Kritik der viktorianischen Puritaner. Die Flucht vor dem »Anstößigen« wurde zwischen 1910 und 1913 auch in Adlers weit akzeptablerem Machttrieb oder in Jungs Abstraktionen und der beginnenden Eliminierung der Sexualität aus der Freudschen Theorie sichtbar; beide folgten im Grunde dem vorurteilsgeladenen Zeitgeist. Man kann sich heute fragen, inwiefern dies auch der Ausdruck einer Furcht vor der Realität war.

Die Jahre 1904—1905 sind durch die Erweiterung des klinischen Beweismaterials und der Theorie gekennzeichnet. Die *Drei Abhandlungen zur Sexualtheorie* (1904) wurden zum klassischen Bildungsgrundstoff des halbwegs informierten Akademikers in aller Welt. Bis heute gehören sie zu den unerläßlichen Grundkenntnissen jedes jungen Psychiaters und Psychologen, da sie die psychoanalytische Methode in ihrem ersten Entwurf mit einer Klarheit beschreiben, die später nur noch durch die *Vorlesungen zur Einführung in die Psychoanalyse* (1916) und die *Neue Folge der Vorlesungen zur Einführung in die Psychoanalyse* (1932) übertroffen werden. Neben der klinischen Arbeit folgen *Der Witz und seine Beziehung zum Unbewußten* (1905), *Totem und Tabu* (1912), *Massenpsychologie und Ich-Analyse* (1921), *Die Zukunft einer Illusion* (1927), *Der Humor* (1928), *Das Unbehagen in der Kultur* (1930) und schließlich *Moses, sein Volk und die monotheistische Religion* (1939).

Die wissenschaftliche Leistung, die wirkliche Revolution, die Freud in der Medizin, der Psychiatrie und der Psychologie, in der Pädagogik, den Gesellschaftswissenschaften und der Geschichtswissenschaft auslöste, ist bis heute kaum in ihrem ganzen Ausmaß zu erfassen. Allein die Würdigung der mehr als hundert klinischen, theoretischen und technischen Schriften Freuds ist ein unmögliches Unterfangen, da wir die in diesen Denkanstößen enthaltenen Möglichkeiten bis heute noch nicht erschöpfend durchdenken konnten und mithin ihre Konsequenzen noch nicht übersehen. Würde man jedoch den Versuch unternehmen, einem jungen, völlig ahnungslosen Mitbürger, der kaum etwas über die Geschichte des 19. und 20. Jahrhunderts weiß, zu verdeutlichen, worin Freuds wissenschaftliche Leistung besteht, so könnte man nur Freuds Publikationen folgen.
Nachdem es für Freud feststand, daß die meisten seelischen Krankheitszustände verdrängten sexuellen Inhalten zuzuschreiben sind, deren Bewußtmachung die Krankheitssymptome dann zum Verschwinden bringt und der Persönlichkeit den Weg zu neuer Entwicklung und zum vollen Gebrauch der vitalen Energien eröffnet, wandte er sich, dem ungeheuer schwierigen Prozeß der Selbstanalyse folgend, der Bedeutung der infantilen Sexualität zu. Er entwickelt die Theorie der prägenitalen und genitalen Organisationsphasen und erweitert den Begriff der Sexualität. Damit wird zum erstenmal eine Entwicklungspsychologie des Kindes begründet, die spätere, psychopathologische Phänomene aus den Begriffen der Triebfixierung und der Regression erklärt. Die Psychoanalyse des Traumes (als der *via regia* zum Unbewußten) spielt in der frühen Methode eine größere Rolle; sie bekommt nun zum Teil durch das neue Konzept von Übertragung und Widerstand andere Akzente.

Freud ist nun nicht mehr allein in seiner Forschung. Abraham, Eitingon, Ferenczi, Rank, Jones, Brill, Sachs, Pfarrer Pfister van Emde, Reik und andere beginnen bereits, neue Analytiker auszubilden. Auch Jung, Adler und Stekel gehörten zu dieser Gruppe. Freud bemerkt 1925: »Es genügt dagegen, darauf hinzuweisen, daß denen, die mich verlassen haben ... eine große Anzahl von Personen gegenübersteht, die ... seit etwa fünfzehn Jahren mir in treuer Mitarbeiterschaft, meist auch in ungetrübter Freundschaft anhängen.«
Mit der Fortsetzung der psychoanalytischen Bewegung entstehen auch Ausbildungsprobleme, da immer mehr Ärzte danach drängen, die Methode zu erlernen, und sich allmählich Schwerpunkte der wissenschaftlichen Diskussion in vielen Großstädten bilden. Dann folgen technische Schriften, etwa zur Handhabung der Traumdeutung, der Übertragung und Gegenübertragung, also zum Erkennen der unbewußten Gefühlsbeziehungen zwischen Arzt und Patient, wie sie bereits Breuer erfahren hatte, ohne das zu realisieren, was später als Gegenübertragung beschrieben wird. Die Behandlung in der Übertragung und die Herstellung der Übertragungsneurose ist bis heute das Kernstück der psychoanalytischen Technik geblieben.
Auch kritische Positionen und eine Grenzsetzung gegen den Mißbrauch der psychoanalytischen Methode durch mangelhaft Ausgebildete werden notwendig. Klinisch geht Freud von der Erforschung der Hysterie dann zur genaueren Erkenntnis der zwangsneurotischen Mechanismen über. Die Verbindung zwischen den einzelnen Stadien der infantilen Sexualität (orale, anale, phallische und genitale Phase), die Bedeutung der prägenitalen Partialtriebe und ihrer Zentrierung im Genitalprimat in der kindlichen Entwicklung werden von vielen Analytikern nachgewiesen. Die frühe Psychoanalyse ist zunächst mehr an dem Es, das heißt an den Trieben interessiert, während das spätere Konzept der Abwehr, obwohl bereits 1893 im theoretischen Ansatz dargestellt, erst später im Zusammenhang mit der zweiten Ich-Theorie Bedeutung gewinnt (*Das Ich und das Es*, 1922).
Freuds Bereitschaft, eigene Irrtümer in seiner Theorie ständig zu

korrigieren, bringt Differenzen in der wachsenden Schülerschaft mit sich. Alfred Adler verharrt auf seiner isolierten These der Organminderwertigkeit und der Rolle des Machttriebes, so daß sich seine Individualpsychologie in eine andere Richtung entwickelt, was ihn von Freuds viel differenzierterem Konzept endgültig trennt, zugleich aber auch auf Jahrzehnte hinaus weitere Aufsplitterungen mit sich bringt. Die meisten dieser Variationen Freudscher Gedanken haben keine klinische Theorie gezeitigt, die an Boden gewonnen hätte, weil sie keine klinische Evidenz erbrachten.

In den zwanziger Jahren, als die ersten psychoanalytischen Ausbildungsinstitute gegründet werden, hatte die Psychoanalyse längst weltweite Bedeutung erlangt, obgleich die Wiener — aus ihrer spezifischen Mentalität, und vielleicht bis auf den heutigen Tag — diese Leistung noch kaum begreifen oder sie im wachsenden Antisemitismus abwerten, während Freud mit der Schrift *Jenseits des Lustprinzips* (1920) bereits eine neue Epoche der Psychoanalyse einleitet, die schließlich nach seinem Tode, vor allem durch Arbeiten H. Hartmanns und Anna Freuds, zur Entwicklung der psychoanalytischen Ich-Psychologie geführt hat. Wollte man die für die Weiterentwicklung bedeutsamsten Arbeiten seiner Schüler auswählen, so stünde man vor der Schwierigkeit, Bruchstücke aus jeder Arbeit Freuds mit anderen Arbeiten zu jenem Ganzen verbinden zu müssen, das in Freuds geistiger Konzeption allmählich entstanden war und systematisch fortentwickelt werden konnte.

Definiert man heute den Stand der Psychoanalyse, so läßt sich die Freudsche Entdeckung kaum knapp umreißen. Aus unbewußten Erlebnissen der frühkindlichen Objektbeziehung entwickelt sich eine individuell verschiedene Prägung von Trieben (Es), Triebabwehr (Über-Ich) und Realkontrolle (Ich-Funktion). Bewußtsein (Sekundärprozeß) und Unbewußtes (Primärprozeß) sind ursprünglich verbunden (»wo Es war, soll Ich werden«). Teile der Früherlebnisse, besonders die infantile Sexualität, der ödipale Konflikt (Liebe zum Gegengeschlecht, Rivalität und »magische

Beseitigungswünsche« gegenüber dem gleichen Geschlecht, bei Knaben und Mädchen verschieden), fallen der Verdrängung anheim. Die unbewußten Inhalte können im späteren Leben zu jeder Zeit wieder mobilisiert werden, wenn die Lösung des psychischen Konflikts unvollständig war, so daß neurotische Symptome als Ausdruck eines Kompromisses zwischen unbewußtem Wunsch und nicht voll geglückter Abwehr entstehen. Die Psychoanalyse als Therapie bedient sich der Übertragung, die ein allgemeines Phänomen ist. In der spezifischen Übertragungsneurose werden unbewußt die gleichen Gefühle in der Beziehung zum Analytiker wiederbelebt und neu erfahren, die früher auf die Eltern oder jene Personen der Umgebung gerichtet waren, die eine Hauptrolle in der unvollständigen Lösung des Konflikts spielten. Wird dieser unbewußte Inhalt allmählich, im Schutz der Übertragung, an den Vorgängen der freien Assoziation, der Traumproduktion und der Art der wechselnden Abwehr bewußt, so kann der Patient den inneren Konflikt bewältigen und seine Krankheit aufgeben, weil er seine seelischen Energien neuen Objekten zuwenden kann und zum Triebaufschub, zur Sublimierung und zu intelligentem Umwegverhalten fähig wird. Die Fähigkeit, diese therapeutische und wissenschaftliche Leistung in gemeinsamer Arbeit mit dem Patienten zu vollbringen, erlernt der Psychoanalytiker in einer vier- bis fünfjährigen Spezialausbildung, die eine Selbstanalyse sowie theoretische und technische Seminare neben längeren Behandlungen von Patienten unter der Aufsicht eines erfahrenen Analytikers umfaßt, bevor er in eigener voller Verantwortung mit seinen Patienten arbeitet.

Dies ist in sehr komprimierter Form das Ergebnis der Lebensarbeit Freuds für die Fortbildung von Psychoanalytikern, wie es sich in der Arbeit von Tausenden Therapeuten in der gesamten Welt, vereinigt in der International Psycho-Analytic Association (I. P. A.) und in Hunderten seit den zwanziger Jahren bestehenden Ausbildungsinstituten niederschlägt. Nur im deutschen und von den Nationalsozialisten beherrschten europäischen Bereich wurde diese Entwicklung durch den Rassenwahn unterbrochen, während sie in der übrigen Welt zu intensiven Veränderungen wissenschaftlicher Konzepte der

Psychiatrie bis in die Psychosenlehre hineinführte. Auf der Höhe seines Weltruhms traf Freud die Barbarei der Nazis.
Im Zusammenhang mit der Auflösung des Berliner und Frankfurter Psychoanalytischen Institutes, der Flucht Eitingons nach Israel und dem Berufsverbot für alle jüdischen Kollegen erscheint die Haltung C. G. Jungs, obwohl meist diskret verdeckt, außerordentlich aufschlußreich. Als Jung ab 1913 sein Konzept zur Religionsphilosophie durch die Einführung des kollektiven Unbewußten ausdehnte, waren Zweifel an der klinischen Validität dieses Schritts bei Freud entstanden. Freuds neues Konzept *Zur Einführung des Narzißmus* (1913), die Unterscheidung von Objekt-Libido und narzißtischer Libido, rief bei Jung insofern Widerspruch hervor, als dieser die sexuelle Energie zu diesem Zeitpunkt als abstrakte lebenstreibende Kraft, das heißt als Energie schlechthin interpretierte, um damit der anstößigen Sexualität aus dem Wege zu gehen. Damit gab er aber die Libido-Theorie auf. Das Konzept des Narzißmus stellte klar, daß eine Revision erforderlich war, bei der die bisherigen Theorien des psychischen Konflikts neu durchdacht werden mußten. Freud selbst gab eigentlich erst 1920 die Antwort auf die Irritation seiner Schüler. In der Schrift *Kurzer Abriß der Psychoanalyse* führt er aus, daß das Ich sowohl narzißtische und daher sexuelle wie auch andere, egoistische und Selbsterhaltungsziele hat, daß die Objekte des Ich also im einzelnen Fall übereinstimmen oder in Konflikt geraten können.
Auch in der Psychoanalyse war es — wie überhaupt in jeder sich neu entwickelnden Wissenschaft — für die Schüler schwer, den neuen Gedankengängen zu folgen, zumal dann, wenn sie überzeugt waren, die Theorie genauer zu kennen als deren Schöpfer, der stets zu Korrekturen bereit war, wenn ihm diese nötig zu sein schienen. Bei Jung kam noch die lange Freundschaft mit Freud hinzu, und zudem wirkten sich hier einige besondere Umstände in der Lebensgeschichte Freuds aus, die Jones im Detail beschreibt, ohne daß sie sich hier behandeln ließen. Schon 1912 bahnte sich die Entzweiung zwischen Freud und Jung an, die dann 1913 tatsächlich erfolgte, nachdem Jung und Riklin in schweizerischen Zeitschriften Artikel über die Psychoanalyse veröffentlicht hatten,

ohne dabei Freuds Namen zu erwähnen, was Jung wegen der Popularität Freuds für überflüssig gehalten hatte. Bei einer folgenden Begegnung mit Jung erlitt Freud plötzlich einen Ohnmachtsanfall; Jung trug ihn zu einem Sofa in der Hotelhalle, wo er bald wieder zu sich kam. Freud hatte schon früher bei anderen Gelegenheiten Ohnmachtsanfälle erlitten; wie Jones darlegt, handelt es sich um eine Deckerinnerung. Ernest Jones drängte damals, wegen der zunehmenden Spannung mit Jung, vielleicht auch schon in Vorahnung des Ersten Weltkriegs, nunmehr einen inneren Kreis der »alten Garde« zu bilden, der aus zuverlässigen Analytikern bestehen sollte, um Freud vor direkten Angriffen und den Unfreundlichkeiten möglicher Auffassungsdifferenzen und Abspaltungstendenzen zu bewahren und an seiner Stelle auf Kritik zu antworten, zumal Freud letzteres nicht sehr schätzte. Ferenczi und Otto Rank stimmten sofort zu, so daß am 25. Mai 1913 das Internationale Komitee konstituiert werden konnte; es bestand aus Jones (London), Sandor Ferenczi (Budapest), Karl Abraham (Berlin), Max Eitingon (Berlin), Otto Rank und Hanns Sachs (beide Wien).

Das Komitee erwies sich in der Zusammenarbeit mit Freud während des Ersten Weltkriegs als außerordentlich wichtig; vor allem hielt es auch die Verbindung zur amerikanischen Psychoanalyse aufrecht, insbesondere zu James Putnam, der als führender Vertreter seines Fachs die Psychoanalyse sehr früh in die amerikanische Psychiatrie integrierte. (Dagegen verharrten die deutschen Psychiater auf einer starren feindlichen Haltung, die besonders durch Hoche, Bumke und andere bestärkt wurde. Erst viel später wurde deutlich, daß die Psychiatrie in Deutschland auf diese Weise in ihrer Entwicklung bis heute außerordentlich zurückgeworfen wurde.) Das Internationale Komitee war im Grunde auch der Beginn der späteren Internationalen Psychoanalytischen Vereinigung, die heute alle Institute und nationalen Vereinigungen zusammenfaßt. Die Verbindung mit Putnam blieb aufrechterhalten, bis 1917 schließlich auch die USA in den Ersten Weltkrieg eintraten.

Die Rolle, die C. G. Jung dann in den Jahren 1933—1936 in Deutschland übernahm, zeigt die Tiefe des Konflikts, sie ist aber

vielleicht auch beispielhaft für die Probleme, die auf andere Weise in der Auseinandersetzung zwischen Judentum und »Ariern« in Europa sichtbar wurden. Antisemitische Vorurteile hatten ja schon in Wien Freuds Schicksal bestimmt und die Entwicklung der Psychoanalyse erschwert. Nun, mit den gewaltsamen politischen Veränderungen in Deutschland und später in Europa wirkte sich der Antisemitismus allgemein in der Wissenschaft, aber speziell gegen die Psychoanalyse aus.
Nachdem Ernst Kretschmer 1933 den Vorsitz der Allgemeinen Ärztlichen Gesellschaft für Psychotherapie in Deutschland aus Protest gegen die Forderung eines sofortigen Ausschlusses aller jüdischen Kollegen niedergelegt hatte, erklärte sich Jung als Schweizer sogleich bereit, den Vorsitz unter Aufsicht der Nazis zu übernehmen und die von diesen gestellte Aufgabe zu lösen, eine »wissenschaftliche Trennung zwischen einer arischen und jüdischen Psychologie« zu definieren. Jung arbeitete bis 1940 mit Dr. H. G. Göring, einem Vetter des Reichsmarschalls, an dieser wissenschaftlichen Unterscheidung zwischen dem »kollektiven Unbewußten« und Freuds Psychoanalyse, deren Begriffe im Nazideutschland nicht mehr benutzt werden durften, weil Freud Jude war. Dieses Ergebnis erscheint in Jungs Werken allerdings ebensowenig wie seine Ausführungen über die Unterschiede zwischen germanischer und jüdischer Mentalität. Gerade diese Entwicklung des ursprünglich sehr engen Freundschaftsverhältnisses mit Freud beleuchtet jedoch die Hintergründe tief verankerter, rassistischer Vorurteile im epochalen Denken, von denen vorübergehend, aus sehr unbewußten Motiven, auch andere namhafte Gelehrte befallen wurden, ohne die Zusammenhänge solcher Einstellungswandlungen mit früheren, verdrängten Konkurrenztendenzen immer gleich erkennen zu können.

Die Entwicklung der psychoanalytischen Bewegung, deren Geschichte Freud 1921 zum erstenmal darstellt, zeigt nicht nur die schnelle Ausbreitung und die Auseinandersetzung der einzelnen Wissenschaften, insbesondere der Medizin, mit Freuds Theorien, sondern auch die Aufnahme einer systematischen Ausbildung und die ständige Arbeit an der Verbesserung der psychoanalytischen Technik; gleichzeitig beweist die zunehmende Zahl der Besucher internationaler Kongresse ein weltweites Echo. Im Jahr 1971 findet zum erstenmal seit der Entdeckung der Psychoanalyse ein internationaler Psychoanalytischer Kongreß in Wien statt — vielleicht ein Symbol für die Hoffnung, daß eine Epoche aggressiver Vorurteile abgeschlossen sein könnte.

Neben der Verbreitung der Ausbildung entfaltete die Psychoanalyse seit den zwanziger Jahren auch in Literatur, Kunst und Bildungseinrichtungen eine größere Breitenwirkung, während zugleich die Widerstände in erhöhtem Ausmaße wuchsen (es gibt über 200 Arbeiten sehr verschiedenen Niveaus »gegen« die Psychoanalyse, einige davon neuesten Datums). Freud charakterisiert sachlich die *Widerstände gegen die Psychoanalyse und ihre unbewußten Hintergründe* (1926). Während berühmte zeitgenössische Dichter und Schriftsteller wie Romain Rolland, Thomas Mann und Stefan Zweig längst die Bedeutung der Psychoanalyse für die Literatur und ihre revolutionierenden, neuen Perspektiven begriffen haben, beckmessert die akademische Psychiatrie selbst noch in dem Augenblick, als Dr. Alphonse Paquet im Auftrag der Stadt Frankfurt Freud mitteilt, daß ihm der Goethe-Preis 1930 zugedacht ist. Anna Freud nimmt nach Verlesung der Ansprache im Goethe-Haus am 28. August 1930 den Preis entgegen.

Seit dem Hungerjahr 1917 litt Freud an einer ursprünglich geringfügigen Schwellung der Gaumenplatte, die sich in den Folgejahren langsam zu einer Geschwulst entwickelte und bis zu seinem Tod dreiunddreißig Operationen erforderlich machte — ein Faktum, das wenig beachtet wurde, da Freud mit ungeheurer Energie und Strenge gegen sich selbst seine Arbeit auch noch unter größten Schmerzen ohne Analgetica fortsetzte, durchaus wissend, um welche Art von Geschwulst es sich bei ihm handelte. Deshalb versagte er es sich auch, im Alter von vierundsiebzig Jahren den Goethe-Preis persönlich in Empfang zu nehmen.

Diese Ehrung bedeutete, daß man auch in Deutschland den Einfluß Freuds auf das zeitgenössische Problembewußtsein zu begreifen begann, nachdem bereits in aller Welt Auszeichnungen und Ehrungen Freuds vorausgegangen waren. Erst ein kritischer Blick auf das Alltagsvokabular vieler Sprachen oder das heutige Grundwissen vieler Berufe macht deutlich, in welchem Umfang sich die Psychoanalyse im Leben des Individuums und der Gesellschaft ausgewirkt hat. Freud sah die Psychoanalyse stets zugleich als Sozialpsychologie. Viele neuerdings in den Vordergrund tretende Fragen wie Gruppen- oder Gesellschaftsprobleme wurden bereits in seinen kulturkritischen Schriften dargestellt; die spätere Literatur baut zum größten Teil auf diesen Grundlagen auf. Diese Veränderung des gesellschaftlichen Bewußtseins wäre gewiß nicht ohne Freuds empirische Strenge gelungen, die es ihm in der Selbstanalyse auch ermöglichte, aus den mit unerbittlicher Ehrlichkeit registrierten eigenen unbewußten Prozessen auf Gesetzlichkeiten im menschlichen Erleben und Verhalten zu schließen.

Sein Ziel war ohne Zweifel die Humanisierung des Menschen, dessen Gefährlichkeit er aus dem klinischen Studium der Triebimpulse kannte. Noch heute stößt man auf Kommentare, daß Freud die Sexualität »überbewertet« habe, während seine sorgfältigen Studien des Aggressionstriebs ignoriert werden. Man wird sich daher der Grundschwierigkeit bewußt bleiben müssen, die Freud hier beschrieben hat. Wer immer sich ernstlich dem Studium der Psychoanalyse widmet, wird unausweichlich mit sich selbst, mit seinen eigenen Verdrängungen und Widerständen konfrontiert. Weil Unbewußtes mobilisiert wird, setzt auch die Abwehr dieses Unbewußten in vielerlei Formen ein. Das mag auch der Anlaß vieler Vorurteile und Kampfansagen gegen Freud gewesen sein, die bis heute andauern, während sich nachweisen läßt, wie sehr seine Erkenntnisse in vielen Gesellschaften längst Allgemeingut wurden.

Die persönliche Tragödie Freuds im Zusammenhang mit der politischen Entwicklung in Deutschland und Österreich ist weitgehend unbekannt geblieben. Der Einbruch der Nazis in Deutschland brachte totales Verbot der Psychoanalyse mit sich. Die Bücher wurden öffentlich verbrannt, die Psychoanalytischen Institute geschlossen und der Psychoanalytische Verlag enteignet. Gleichzeitig erfolgte ein Berufsverbot für alle jüdischen Kollegen. Deutschland verlor in kurzer

Zeit über 52 Prozent aller Universitätswissenschaftler und Gelehrten durch Flucht, Auswanderung oder Entfernung aus dem Beruf. Zur Auswanderung gezwungen, suchten die meisten Analytiker eine neue Heimat in Europa oder in Übersee. Intensive Beiträge in der angelsächsischen Psychiatrie förderten in England und den USA die Weiterentwicklung dieser Wissenschaften, während man in Deutschland der Mittelmäßigkeit den Weg bahnte und in Barbarei verfiel. Freud war niemals bereit, dem Drängen von Ernest Jones, Marie Bonaparte und anderen Psychoanalytikern zu folgen, Wien sicherheitshalber zu verlassen, um nach London zu gehen, das ihm seit seinem ersten Besuch nach dem Maturum bei seinem dort lebenden Halbbruder so sehr gefallen hatte.
Als die Nazis 1938 Wien besetzten, wurde Anna Freud von der Gestapo festgenommen und dort festgehalten. Das Haus sollte durchsucht werden, was Martha Bernays aber nicht zuließ. Sie mußte jedoch 840 Dollar abliefern, damit Manuskripte und Bücher ungeschoren blieben. Durch den amerikanischen Botschafter W. C. Bullit alarmiert, intervenierte Roosevelt sofort bei Hitler, während Eduardo Weiss Mussolini mit Erfolg um Hilfe anging. Am 13. März 1938 löste sich die Wiener Psychoanalytische Gesellschaft selbst auf, nachdem auch hier der Psychoanalytische Verlag beschlagnahmt und alle Bücher öffentlich verbrannt worden waren. Ernest Jones erhielt durch Unterstützung von Sir William Bragg, einem bekannten Londoner Arzt, Zugang zu Außenminister Sir Samuel Hoare, der für Freud, seine Familie und einige bekannte Analytiker englische Visa bereitstellte. Freud mußte allerdings drei Monate warten, bis ihm die Nazis gegen eine »Auswanderungssteuer« von 4824 Dollar die Ausreise nach England genehmigten; dieser Betrag, den Freud nicht zur Verfügung hatte, wurde von Marie Bonaparte in Paris aufgebracht. Freud setzte in dieser Zeit seine Arbeit am dritten Teil des *Moses* fort. Seine trockene Ironie war ungebrochen. Zur Unterschrift unter eine Bescheinigung gezwungen, die dokumentieren sollte, daß er von der Gestapo korrekt behandelt worden sei, erbat er die Erlaubnis für eine zusätzliche Bemerkung. Er fügte dem Text hinzu: »Ich kann sie jedermann empfehlen.«

Am 4. Juni 1938 verließ Freud Wien, am Bahnhof von Heinz Kohut, heute Psychoanalytiker in Chicago und damals Schüler von August Aichhorn, beobachtet, der sich hinter einer Säule verbarg, da die Abreise von der Gestapo überwacht wurde. Nach einem kurzen Besuch bei Marie Bonaparte in Paris begab sich Freud nach London, das ihm einen königlichen Empfang bereitete. Er wurde sich seines Weltruhms wohl erst in diesem Augenblick ganz bewußt: Er wurde nicht nur von Autoritäten und Vertretern des öffentlichen Lebens empfangen, auch die anonyme Menge der Bürger hatte sich versammelt, um ihm ihre innere Beteiligung deutlich zu bekunden. In Maresfield Gardens, seiner Londoner Wohnung, erschienen dann viele internationale Besucher, darunter Chaim Weizmann, der Anthropologe Malinowski, H. G. Wells, der noch heute aus arisierten Katalogen bundesrepublikanischer Bibliotheken getilgte Stefan Zweig und viele andere.
Ende 1938 war eine erneute Operation erforderlich, die Freud sehr erschöpfte. Im März 1939, als die englische Fassung des *Moses* erschien, hatten die Ärzte einen inoperablen Tumor im Kiefer festgestellt. In den sechzehn Jahren seiner vielen Operationen hatte Freud niemals ein Medikament zur Linderung der Schmerzen genommen, weil er lieber klar denken wollte. Erst jetzt stimmte er zu, eine kleine Dosis Aspirin zu sich zu nehmen.
Im August 1939 verschlechterte sich sein Gesundheitszustand zusehends. Im Augenblick der Kriegserklärung war er zwar erschöpft, aber völlig klar, ohne das geringste Gefühl von Selbstmitleid und realistischer denn je. Als Max Schur, sein Hausarzt, ihn fragte, wie lange nach seiner Meinung dieser Krieg dauern würde, antwortete er kurz: »Mein letzter.«
Am 19. September 1939 erschien Ernest Jones, der gebeten worden war, von Freud Abschied zu nehmen. Am 21. September 1939, als seine Schmerzen unerträglich wurden, erinnerte Freud Max Schur an dessen Versprechen, ihm zu helfen, diese Welt würdig zu verlassen. Mit einer geringen Dosis Morphium, auf die der extrem erschöpfte Organismus schnell reagierte, entschlief Sigmund Freud am 23. September 1939 in London im Alter von dreiund-

achtzig Jahren. Er hinterließ der Welt die Kühnheit neuer Erkenntnisse, die für alle Zeiten die Selbsttäuschungen des Menschen erschweren werden, bis eines Tages die leise Stimme des Intellekts Gehör finden wird.

Die Psychoanalyse in ihrem heutigen Entwicklungsstand, in ihrer wissenschaftlichen Weiterentwicklung, ihren Auswirkungen in unserem Kulturleben, aber auch in dennoch zu erwartenden Schlußfolgerungen und möglichen Anwendungen zu überblicken, ist für einen einzelnen Autor kaum möglich, ebensowenig die Darstellung des Schicksals der emigrierten Analytiker, von denen viele Ruhm und Anerkennung erlangten, während andere nach langer Flucht elend umkamen oder gewaltsam getötet wurden. Das Unglück und das Entsetzen, das über viele ihrer Familien kam, die in Europa bleiben mußten, ist denen, die es verursachten, niemals zu vergeben. In der Geschichte wird es kaum vergessen werden können.
Gerade Freud hat immer wieder gewarnt, sich Täuschungen über die Gefährlichkeit des menschlichen Aggressionstriebs hinzugeben, als man seine Perspektive zur Sexualität als der stärksten, lebenserhaltenden, verbindenden sozialen Kraft weitgehend noch nicht verstand. Auch das Konzept der kollektiven Regression in *Massenpsychologie und Ich-Analyse* beschrieb bereits deutlich in dynamischen Begriffen, was sich dann in allzu klarer Weise in der Realität abspielte. Angesichts der ungeheuren wissenschaftlichen Leistung mutet es kurios an, wenn weniger produktive Wissenschaftler mit schmalerem Horizont glauben, der Psychoanalyse erneut ein Begräbnis voraussagen zu müssen. Dem steht die Realität des weltweiten wissenschaftlichen Austauschs von neuen Erkenntnissen, Ideen und Entwicklungen gegenüber. Freud wußte um den Neid, die Inferioritätsgefühle und die daraus als Überkompensation entstehenden grandiosen narzißtischen Omnipotenzphantasien, weil er sie in seiner eigenen Kindheit und Jugend erlebt und in der Selbstanalyse ihre Auswirkungen auf den Erwachsenen in der Tiefe des Unbewußten studiert hatte.
Wir haben bislang nur zum Teil erfaßt, was Freud zur Erhellung der *conditio humana* beitrug. Es wird viele Jahrzehnte wissen-

schaftlicher Arbeit bedürfen, bevor die Erben weiterer Generationen das Ererbte tatsächlich erworben und zu ihrem Besitz gemacht haben und bevor sich weitergehende Theorien entwickeln können, die den revolutionären Denkansatz Freuds übersteigen. Es würde den Rahmen dieses Essays überschreiten, entscheidende Wendungen und Ergänzungen der Psychoanalyse einzubeziehen. Doch ist die Wirkung Freuds unverkennbar in der Arbeit seiner Tochter Anna Freud und ihrer frühen Studie *Das Ich und die Abwehrmechanismen* (1936) zu identifizieren, ebenso in ihren Beiträgen zur Erforschung der kindlichen Entwicklung an der Hampstead Child Clinic in London (gegenüber dem Freudschen Haus in Maresfield Gardens). In der internationalen Psychoanalyse kennzeichnet das kontinuierliche Durchdenken und der Versuch weiterer, neuer Problemstellungen der wissenschaftlichen Arbeit den Ideenaustausch der nationalen Institute. Es ist verständlich, daß dank der gesicherten Entwicklung der Psychoanalyse in den angelsächsischen Ländern die meisten Publikationen in diesem Sprachraum erschienen und nur zum Teil durch Rückübersetzungen ins Deutsche wieder zugänglich gemacht werden können. So gibt es aus der Schule Freuds inzwischen manchen »Großen dieser Welt« in der zweiten und dritten Psychoanalytikergeneration, dessen Beiträge längst an anderer Stelle eine Würdigung fanden.
Eine Grundhaltung Freuds scheint die Einstellung der meisten Psychoanalytiker beeinflußt zu haben: seine persönliche Bescheidenheit. Die Psychoanalyse hat sich nirgendwo und niemandem aufgedrängt, im Vertrauen darauf, daß wissenschaftliche Einsicht sich auf die Dauer durchsetzen werde.
Freuds Leben bestätigt das. Die 1926 beendete Selbstdarstellung des damals Siebzigjährigen schließt mit den Worten: »So kann ich denn, rückschauend auf das Stückwerk meiner Lebensarbeit, sagen, daß ich vielerlei Anfänge gemacht und manche Anregungen ausgeteilt habe, woraus dann in der Zukunft etwas werden soll. Ich kann selbst nicht wissen, ob es viel sein wird oder wenig. Aber ich darf die Hoffnung aussprechen, daß ich für einen wichtigen Fortschritt in unserer Erkenntnis den Weg eröffnet habe.«

Huldrych M. Koelbing

Harvey Williams Cushing
(1869—1939)

Die Medizin unseres Jahrhunderts ist durch eine gewaltige Erweiterung der Möglichkeiten ausgezeichnet, in das Gefüge des lebenden Organismus verändernd, wenn auch nicht in jedem Falle heilend, einzugreifen. Im Bereich der Chirurgie ist dieser Fortschritt besonders sinnfällig. Die Errungenschaften der inneren Medizin, namentlich im Bereich der medikamentösen Therapie, sind zwar nicht weniger wichtig, so etwa die Behandlung der Zuckerkrankheit mit dem Hormon Insulin oder der sogenannten perniziösen Anämie — einer zuvor unheilbaren Krankheit der sauerstofftragenden roten Blutkörperchen — mit dem Vitamin B_{12}. Manche der neuen Mittel, vor allem die infektionsbekämpfenden, kommen zudem einer viel größeren Zahl von Individuen zugute als die chirurgischen Verfahren; aber als Christiaan Barnard in Kapstadt Anfang Dezember 1967 zum erstenmal ein schlagendes Herz von einem eben gestorbenen Menschen auf einen anderen verpflanzte und dieses Herz im Körper des Empfängers weiterschlug, da staunte die ganze Welt über diesen unerhörten Triumph der chirurgischen Technik.
Gerade die Herztransplantation läßt jedoch nicht nur die Größe, sondern ebensosehr die Problematik mancher medizinischer Fortschritte deutlich werden: Sind solche Starleistungen sinnvoll? Tatsache ist jedenfalls, daß heute tagtäglich zahlreiche chirurgische Eingriffe ausgeführt werden, die vor hundert oder hundertfünfzig

Jahren kein vernünftiger Mensch und vor allem kein besonnener Chirurg für möglich gehalten hätte.
Der Aufschwung der Chirurgie spiegelt sich auch in dem wachsenden Ansehen ihrer Vertreter in der Öffentlichkeit wider. Das wird uns besonders deutlich, wenn wir einen etwas größeren Zeitraum überblicken. Das griechische Wort »cheir-ourgos« bedeutet schlicht »Hand-Werker«, und bis gegen 1800 stand der vorwiegend handwerklich ausgebildete, manuell tätige »Wundarzt«, der »Chirurgus« oder »surgeon«, im sozialen Rang deutlich hinter dem »Leibarzt«, dem studierten Doktor der Medizin, dem »physician« zurück. Erst im 19. Jahrhundert setzte sich das Prinzip der einheitlichen wissenschaftlichen Grundausbildung aller Ärzte an Universitäten oder an Medizinschulen von Hochschulrang durch (letzteres vor allem in England): Nun erst war der Chirurg nicht länger ein auf einfachere Weise ausgebildeter Allgemeinpraktiker, sondern ein durch zusätzliche Fähigkeiten und Kenntnisse ausgezeichneter Spezialarzt. Der Weg seiner Ausbildung begann nicht mehr, wie so häufig noch im 18. Jahrhundert, in der Barbierstube, wo der Meister Barbierchirurg auch Aderlässe vornahm und Verbände anlegte, sondern in Hörsälen, Anatomiegebäuden und Kliniken. Natürlich vollzog sich diese »Verwissenschaftlichung« der Chirurgie nicht unvorbereitet und plötzlich; weitsichtige Chirurgen und einzelne Doktoren hatten sich seit der Renaissance dafür eingesetzt, man denke nur an Ambroise Paré im 16., an John Hunter im 18. Jahrhundert.
In der alten, handwerklichen Chirurgie nahmen die eigentlichen Operationen einen geringen Raum ein; die Behandlung von Wunden und Verletzungen, von Augen, Haut und Geschlechtskrankheiten, der Blutentzug durch Aderlaß oder Schröpfen und ähnliche Verrichtungen machten die wundärztliche Praxis zur Hauptsache aus. Die Möglichkeit größerer chirurgischer Eingriffe war durch Operationsschmerz, Blutverlust und Infektion eng begrenzt. Zudem galt beispielsweise ein Tumor als Folge einer Säfteverderbnis, also als bloßes Symptom einer Erkrankung des Gesamtorganismus, die mit einer operativen Entfernung der Geschwulst noch keineswegs geheilt war.

Demgegenüber brach sich im 19. Jahrhundert eine neue Auffassung Bahn, die das Wesen der Krankheiten vorwiegend in örtlichen, anatomisch nachweisbaren Veränderungen suchte, die man sehen und greifen konnte. Die in den ersten Jahrzehnten des 19. Jahrhunderts führende Pariser Schule dachte so, und Rudolf Virchow verfocht diese Betrachtungsweise aufgrund seiner mikroskopisch-anatomischen Studien sein Leben lang mit kompromißloser Einseitigkeit: »Ich behaupte, daß kein Arzt ordnungsmäßig über einen krankhaften Vorgang zu denken vermag, wenn er nicht imstande ist, ihm einen Ort im Körper anzuweisen.« War nun aber die Krankheit im wesentlichen eine räumlich begrenzte Gewebsveränderung, so war deren chirurgische Beseitigung — dort, wo sie möglich war — geradezu die ideale Therapie, die alle anderen Behandlungsmaßnahmen wie Diät und Arzneien überflüssig machen konnte. Diese »lokalistische« Auffassung bestimmt beispielsweise die Krebstherapie bis heute: Es gilt, einen Tumor möglichst frühzeitig festzustellen und ihn sodann vollständig zu entfernen, sei es mit dem Messer, sei es mit Strahlen. Eine weitere Möglichkeit zeichnet sich in neuester Zeit ab: Hemmung des Geschwulstwachstums mit chemotherapeutischen Medikamenten.
Im Laufe unseres Jahrhunderts hat die Heilkunde die übermäßige lokalistische Betrachtung wieder verlassen. Wir sehen beispielsweise, daß ein Magengeschwür nur Ausdruck komplexer, teils körperlich, teils seelisch bedingter Funktionsstörungen ist und daß deshalb der chirurgische Eingriff nicht die von vornherein einzig richtige Behandlungsweise darstellt. Das medizinische Denken ist heute im ganzen wohl weniger mechanistisch als zu Beginn des Jahrhunderts, oder zumindest sind die »Mechanismen«, mit denen der wissenschaftliche Mediziner rechnet, subtiler geworden: Sie spielen sich im Innern der Zellen, innerhalb der Körpersäfte und Nervenbahnen ab und lassen sich infolgedessen nicht so leicht von Hand durch eine Reihe von Schnitten korrigieren. Doch die praktische Bedeutung der Chirurgie ist deswegen nicht etwa wieder kleiner geworden. Selber seit langem wissenschaftlich geworden, konnte sie mit dem skizzierten Wandel des wissenschaftlichen

Denkens Schritt halten. Die chirurgische Operation erscheint uns wohl nicht mehr so oft als der souveräne heilende Akt, der allein ein Leiden zu beseitigen, einem Krankheitsprozeß Einhalt zu gebieten vermag; fast immer ist sie bloß Teil eines umfassenden Behandlungsplanes, mit dem der krankhafte Prozeß in günstige Bahnen gelenkt werden soll; aber häufig ist sie der entscheidende Schritt in diesem Plan.

Eine verfeinerte Kenntnis der Lebens- und Krankheitsvorgänge sowie die hierdurch und durch die Entwicklung der Chemie möglich gewordene Ausweitung der medikamentösen Therapie haben den Rang des chirurgischen Eingriffs als einer selbständigen und abschließenden Behandlung zwar relativiert, aber diese Faktoren haben zugleich die technischen Möglichkeiten des Chirurgen ganz ungeheuer erweitert. Die Chirurgie erscheint uns heute als hochdifferenzierte Operationskunst, eingebettet in ein umfassendes System biologischen Wissens.

Die erwähnten Wandlungen der Konzepte haben die Entwicklung der Chirurgie in unserem Jahrhundert mitbestimmt. Darüber hinaus lassen sich drei ganz konkrete Entdeckungen nennen, die den Ausbau der modernen operativen Chirurgie möglich gemacht haben: die Anästhesie, die Asepsis und die Bluttransfusion. Allgemeinnarkose (1846) und Lokalanästhesie (1884) bannten den Operationsschmerz und schalteten zugleich die bewußten und unbewußten Abwehrbewegungen des Patienten aus; die Verfahren haben sich inzwischen verfeinert und kompliziert. Die Asepsis, hervorgegangen aus Joseph Listers »antiseptischem Prinzip« (1867), ermöglicht es dem Operateur, mit seinen Händen und Instrumenten in das Innere des Körpers einzudringen, ohne diesen der Gefahr einer tödlichen Infektion auszusetzen. Durch die Übertragung von Blut — frisch oder konserviert — kann der Blutverlust und die Verminderung der umlaufenden Blutmenge infolge von Gefäßlähmung im sogenannten Operationsschock ausgeglichen werden. Voraussetzung dafür ist, daß das transfundierte Blut vom Empfänger vertragen wird. Die auf Karl Landsteiner zurückgehende Kenntnis der verschiedenen menschlichen Blutgruppen

(1900/1901) erlaubt es, die Verträglichkeit im voraus zu sichern. Wie uns der Experimentalphysiologe Claude Bernard gelehrt hat, ist das Leben an die Konstanz seines »milieu intérieur«, eines komplizierten physikalisch-chemischen Gleichgewichts in seinen Säften und Geweben, gebunden. Der gesunde Organismus verfügt über ein umfassendes System von Regulationsmechanismen, um auch unter den verschiedensten störenden Einflüssen und bei großen Belastungen dieses Gleichgewicht zu erhalten; der Blutdruck, die Körpertemperatur, der Säurewert des Blutes und so weiter weichen nur innerhalb bestimmter Grenzen von den Mittelwerten ab. Für diese Stabilität der elementaren Körperfunktionen, in der sich die Konstanz des »milieu intérieur« ausdrückt, hat der Harvard-Physiologe Walter Bradford Cannon 1929 den Ausdruck »Homöostase« geprägt, den wir seither vorzugsweise gebrauchen. (Eigentlich bedeutet das Wort »Gleichstand«, vom griechischen »homoios« — gleich und »stasis« — Zustand.) Ob die Homöostase erhalten, das innere Milieu konstant bleibt, entscheidet darüber, ob der Patient einen chirurgischen Eingriff übersteht oder nicht. Ihre ständige Überwachung, bei großen Operationen für den Patienten lebenswichtig, ist jedoch dem Operateur, der sich auf die technische Durchführung des Eingriffs konzentrieren muß, nicht möglich. So ist es zur Arbeitsteilung zwischen dem operierenden Chirurgen und dem Anästhesisten respektive zwischen dem Operationsteam und dem Anästhesiologieteam gekommen. Der *Anästhesiologe* ist nicht nur für eine optimale Anästhesie verantwortlich — zuverlässige Schmerzverhütung und genügende Muskelerschlaffung bei möglichst sparsamer Verwendung der entsprechenden Medikamente, sondern auch für die Überwachung der Homöostase und ihre Erhaltung, unter anderem durch künstliche Beatmung, durch Bluttransfusion und Flüssigkeitsersatz.

Man könnte also sagen: der Anästhesiologe oder die Anästhesiologin betreut den Patienten internmedizinisch, während der Chirurg ihn operiert; für den Erfolg großer Operationen ist der stille Partner im Hintergrund ebenso wichtig wie der hell beleuchtet im Mittelpunkt stehende. Die Entwicklung der Anästhesiologie zu einem medizinischen Spezialfach, das Physiologie, Biochemie und Pharmakologie in den Dienst der Chirurgie stellt, hat zunächst in den englischsprechenden Ländern mit ihrer größeren Bereitschaft zum »team work« eingesetzt. 1920 erschien in den Vereinigten Staaten, 1923 in Großbritannien das erste Periodikum der neuen Disziplin, 1928 folgte eine deutsche Fachzeitschrift.

Die vorangehenden Ausführungen schienen mir nötig, um zu zeigen, daß die großen und zum Teil spektakulären Fortschritte der Chirurgie unseres Jahrhunderts nicht nur einer Reihe von kühnen Operateuren zu verdanken sind, sondern ebensosehr auf ausdauernder Grundlagenforschung und ausgeklügelter technischer Auswertung ihrer Ergebnisse beruhen. Doch die Aufmerksamkeit der breiten Öffentlichkeit richtet sich auf denjenigen, der eine zuvor unmöglich scheinende Operation wagt und so durchführt, daß der Patient den Eingriff überlebt — vielleicht für längere Zeit gebessert, vielleicht dauernd geheilt. Dieser eine hat den Ruhm; die vielen, ohne deren Vor- und Mitarbeit seine Leistung unmöglich gewesen und geblieben wäre, bleiben im Dunkel. Doch ohne den Wagemut, den klaren Blick und das operative Geschick jenes einen wäre die Tat eben doch nicht getan worden — jedenfalls nicht in diesem Augenblick und nicht in dieser Form. Die bedeutendsten Chirurgen scheinen mir indessen jene zu sein, bei welchen sich hohes operatives Können mit umfassendem und tiefem Verständnis für die Biologie des menschlichen Organismus paart, und die zudem imstande sind, ihre eigenen Behandlungsergebnisse kritisch — selbstkritisch — zu überprüfen. Zu diesen gehört der amerikanische Hirnchirurg Harvey Cushing.
Harvey Williams Cushing (der Name wird mit kurzem, offenem *u*, also »kusching« ausgesprochen) ist in doppelter Hinsicht für die Entwicklung der Chirurgie im zwanzigsten Jahrhundert repräsentativ: als Hirnchirurg und als Amerikaner.
Nachdem die Chirurgen gelernt hatten, aseptisch zu operieren, drangen sie, im letzten Drittel des 19. Jahrhunderts, vor allem in die *Bauchhöhle* vor: An Magen, Darm und Gallenblase wurde das Messer angesetzt. Zwei Namen mögen hier für viele stehen: Theodor Billroth und Anton Wölfler, beide in Wien, gehören zu den

Pionieren auf diesem Gebiet. Das Krankheitsbild der akuten Blinddarmentzündung wurde abgegrenzt, und die draufgängerischen Chirurgen bewiesen den skeptischen Internisten, daß schon bei begründetem Verdacht auf eine Appendizitis operieren besser als abwarten sei. Diagnostik und Chirurgie der Blinddarmentzündung sind nichts Spektakuläres; daß sie kunstgerecht gehandhabt werden, ist aber für die meisten Menschen sehr viel wichtiger als etwa die Spitzenleistungen der Transplantationsspezialisten. Der Westschweizer Charles Krafft, die Amerikaner Reginald H. Fitz und Charles McBurney, die in den achtziger Jahren des vorigen Jahrhunderts jene Fragen klärten, haben sich um die Menschheit verdient gemacht, auch wenn sie nicht zu den Großen der Geschichte gehören.

Erst in unserem Jahrhundert konnten diejenigen Organe systematisch in den Aktionsbereich der Chirurgie einbezogen werden, deren Aussetzen natürlicherweise innert kürzester Zeit den Tod zur Folge hat: *Lunge*, *Herz* und *Hirn*. Die Entwicklung der *Hirnchirurgie* soll nun mit der kurzen Darstellung von Cushings Leben und Werk beleuchtet werden; für manche seiner Zeit- und Fachgenossen verkörperte Cushing geradezu die Hirnchirurgie, etwa so, wie zuvor Theodor Kocher die Kropfchirurgie personifiziert hatte.

Auch der Umstand, daß Cushing Amerikaner war, ist für die Chirurgie unseres Jahrhunderts bezeichnend: Hier wie in anderen Bereichen der Medizin haben die Vereinigten Staaten von Amerika seit der teilweisen Selbstzerstörung Europas zwischen 1914 und 1945 die Führung übernommen. Cushing selbst kannte die europäische Medizin seiner Zeit und ihre Tradition: In England, der Schweiz und Italien hatte er fortbildende Studien betrieben; für Andreas Vesalius, den Neubegründer der Anatomie und Wegbereiter der naturwissenschaftlichen Medizin der Neuzeit, begeisterte er sich seither mehr und mehr. In seinen wissenschaftlichen Arbeiten pflegte er, anders als manche seiner Landsleute, auch einschlägige Literatur deutscher und französischer Sprache zu zitieren.

Harvey Cushing, geboren am 8. April 1869, stammte aus einer

Ärztefamilie — daher wohl der ungewöhnliche Vorname. Er war das zehnte und jüngste Kind einer ausgeglichenen, gütigen Mutter und eines sehr ernsten Vaters, der zuweilen tagelang daheim kein Wort sprach, des Medizinprofessors Henry Kirke Cushing in Cleveland am Eriesee. Ernst und streng wirkte in seinen Mannesjahren auch Harvey Cushing. Sein scharfgeschnittenes Gesicht, seine hohe, schlanke Gestalt hatten etwas Aristokratisches; sein Benehmen war selbstbewußt bis zur Arroganz. Bewundernd sagte Clovis Vincent, der Cushing als seinen großen Meister verehrte und von diesem als vorbildlicher Schüler anerkannt wurde, Cushing habe begriffen, daß der Neurochirurg physisch trainiert sein müsse wie ein olympischer Wettkämpfer und daß er auf alles, oder doch auf fast alles, verzichtet haben müsse wie ein Trappistenmönch. Der Vergleich mit dem »champion olympique« paßt auch auf Cushings Geisteshaltung: Er war ungemein ehrgeizig und konnte niemand über sich, ja kaum neben sich dulden. Verzichtet hat er, bei aller Disziplin der Lebensführung, auf zweierlei nicht: auf das Sammeln alter medizinischer Bücher, insbesondere mit Bezug auf seinen Helden Vesal, und auf das Zigarettenrauchen. Wie sehr er sich im übrigen in der Hand hatte, zeigt sein Verhalten, als er während der Vorbereitung zu einer Hirnoperation telephonisch benachrichtigt wurde, sein ältester Sohn William, der in Yale studiert hatte, sei bei einem Verkehrsunfall ums Leben gekommen (1926). Wie wenn nichts geschehen wäre, führte er die heikle Operation durch; erst nachher sprach er zu seinen Mitarbeitern von dem Schlag, der ihn getroffen hatte. Cushing war mit einer Jugendfreundin, Catharine Crowell, verheiratet; das Ehepaar hatte drei Töchter und zwei Söhne.

Sofern Abstammung etwas ist, worauf man stolz sein kann, hatte Harvey Cushing einen gewissen Anlaß dazu: Der erste seiner direkten Vorfahren landete schon 1638 in Boston, kam also nur wenig später als die Pilgerväter (1620) in die Neue Welt. Auch die Stationen seines Ausbildungsganges zeigen, daß Cushing zur sozialen und intellektuellen Elite des Landes gehörte: Yale, Harvard, Johns Hopkins. Eigenartig ist es, daß er als Professor von Johns Hopkins wieder nach Harvard und von Harvard nach Yale zurück-

kehrte.
Nach Abschluß des College an der Yale University in New Haven (1891) ging Harvey Cushing zum Medizinstudium nach Harvard und an das zugehörige Universitätsspital, das Massachusetts General Hospital in Boston. Hier hatte am 16. Oktober 1846 John Collins Warren mit William T. G. Morton als Narkotiseur zum erstenmal öffentlich einen mit Äther betäubten Patienten operiert; aber noch immer galt die Ausführung der Narkose als Hilfsarbeit, die man gerne einem Studenten überließ. Der junge Cushing mußte es erleben, daß ihm ein Patient vor versammelter Klasse unter der Narkose starb. Charakteristisch für ihn ist die Konsequenz, die er daraus zog: Gemeinsam mit einem befreundeten Mitstudenten, Ernest Amory Codman, schlug er die fortlaufende Aufzeichnung des Pulses, der Atmung, der Körpertemperatur und des Narkotikaverbrauchs während der Dauer der Anästhesie vor. Später, nachdem er in Italien Riva-Roccis handlichen Blutdruckmeßapparat kennengelernt und ein entsprechendes Gerät heimgebracht hatte (1901), ergänzte er seine Narkosetabellen (»ehter charts«) durch die Blutdruckkurve. Schon bei ihrer ersten Berührung mit der Chirurgie erkannten die beiden Medizinstudenten also die Wichtigkeit einer genauen Beobachtung des Allgemeinzustandes beim Patienten auf dem Operationstisch.
Die Chirurgen von Harvard suchten damals noch, gleich wie in der voranästhetischen und voraseptischen Zeit, die Sicherheit ihrer Patienten vor allem durch möglichst rasches Operieren zu erreichen. Cushing war daher zunächst entsetzt, als er 1896 nach Baltimore ans Johns Hopkins Hospital kam und zum erstenmal seinen neuen Chef, William Stewart Halsted, eine Brustkrebsoperation in aller Ruhe über mehr als zwei Stunden hin ausdehnen sah: mit sorgfältigster Blutstillung und unter größtmöglicher Schonung des Gewebes. Der Assistent Cushing langweilte sich — und hielt die Patientin bei dieser langen Operationsdauer ohnehin für verloren. Zu seiner Verblüffung befand sie sich jedoch anderntags erstaunlich wohl und konnte bereits für eine Weile aus dem Bett aufgenommen werden. Diese Erfahrung war für Cushing entscheidend: Nicht so sehr im schnellen und brillanten, sondern im sorg-

fältigen Operieren liegt das Heil des Kranken.
Während heutzutage unsere jungen Ärzte, die es zu etwas bringen wollen, in die USA pilgern, war es damals noch umgekehrt: In Europa mußte man die großen Berühmtheiten der Medizin suchen. Cushing, der sein Hauptinteresse inzwischen bereits dem Nervensystem zugewandt hatte, fuhr im Sommer 1900 für 14 Monate über den Atlantik. In England besuchte er auf dem Hinweg Sir Victor Horsley in London, der schon auf einige Dutzend erfolgreicher Hirnoperationen zurückblicken konnte; auf dem Rückweg hielt er sich einen Monat bei dem Physiologen Charles Scott Sherrington in Liverpool auf, der damals damit beschäftigt war, die Lokalisation bestimmter Funktionen im Hirn experimentell bei Menschenaffen zu erforschen. Cushing selbst hat später bei Patienten, deren Hirn er in Lokalanästhesie freigelegt hatte, Lokalisationsstudien durch elektrische Reizung bestimmter Hirnpartien gemacht; die bei der Operation gebotene Gelegenheit, ohne Schädigung des Patienten das menschliche Hirn direkt auf seine Reaktionen zu prüfen, hat er sich nicht entgehen lassen. Er war und blieb Chirurg und Physiologe in einem.
In diesem Sinne suchte er sich auch seine Mentoren auf dem europäischen Kontinent aus: den Chirurgen Theodor Kocher in Bern, den dortigen Physiologen Hugo Kronecker und den Turiner Physiologen Angelo Mosso. Mit Hilfe von Tierversuchen (bei narkotisierten Versuchstieren) löste er ein pathophysiologisches Problem, das Kocher ihm aufgegeben hatte, und fand folgendes: Wenn der Hirndruck, das heißt der Druck in der Schädelhöhle, abnorm ansteigt — dies kommt bei Tumoren und Entzündungen in diesem Bereich vor —, dann löst das Hirn zum Ausgleich auch eine Steigerung des Blutdrucks aus, um seine Blutversorgung zu gewährleisten. Versagt jedoch dieser Regulationsmechanismus, und sinkt der Blutdruck auf Werte, die unter dem Hirndruck liegen, so tritt rasch der Tod ein. Diese Studien machten Cushing die Wichtigkeit der Blutdruckkontrolle bei Operationen im allgemeinen, bei Eingriffen am Hirn im speziellen deutlich. Im übrigen fand er Halsteds Prinzip des langsamen, schonenden Operierens an der weltberühmten Kocherschen Klinik bestätigt: Theodor Ko-

chers Sohn, der Oberarzt Albert, bemühte sich geradezu um eine »absolute« Blutstillung im Operationsfeld. Am Schluß einer Operation waren die Ränder des freigelegten Gebiets von ungezählten Gefäßklammern bedeckt; den Assistenten blieb es überlassen, jedes einzelne der abgeklemmten Gefäße nun mit einem Faden abzubinden, die Klemmen abzunehmen und die Operationswunde zu vernähen.

Überwachung des Allgemeinzustandes des Patienten, Vermeidung jeder unnötigen Gewebsschädigung und sorgfältigste Blutstillung — das waren die Prinzipien, die Cushing hinfort in der Hirnchirurgie anwandte und die ihn zum überragenden Hirnoperateur machten. In der Elektrokoagulation blutender Adern fand er schließlich zusammen mit dem Krankenhausphysiker William T. Bovie in Boston eine für ihn ideale Methode der Blutstillung (1928). Mit dem »elektrochirurgischen Operationsmesser« wagte er sich nunmehr auch an sehr gefäßreiche und daher besonders zur Blutung neigende Tumoren heran.

Auf dem Weg von London über Paris nach Bern sah Cushing in Lausanne César Roux Kröpfe herausschneiden — in acht bis zwölf Minuten, ohne jede Anästhesie. So konnte man sich nämlich jederzeit vergewissern, daß die Kehlkopfnerven und damit die Stimme unversehrt geblieben waren. Das Beispiel, das uns schaudern macht, zeigt, was der Mensch an Schmerz aushalten kann, wenn er von seiner Unvermeidbarkeit überzeugt ist.

Während Harvey Cushing bei den führenden Männern der Chirurgie viel Vorzügliches fand, kam ihm die Art der medizinischen Ausbildung nach deutschem Muster, die er in Bern antraf, einseitig vor: viel Theorie, aber zu wenig praktische Übung. In den USA war es in der Regel umgekehrt. In den Jahren 1910/1912 legte Abraham Flexner seinen amerikanischen Landsleuten dar, sie müßten ihren Medizinstudenten eine ebenso gründliche wissenschaftliche Ausbildung geben wie die Deutschen, wenn sie ebenso gute Ärzte haben wollten. Die Studienreformen, die dadurch ausgelöst wurden, waren eine wesentliche Voraussetzung für den Aufschwung der amerikanischen Medizin im weiteren Verlauf des Jahrhunderts. Nur zögernd und großenteils erst nach dem Zweiten

Weltkrieg ist andererseits das Medizinstudium im deutschen Sprachgebiet nach der praktischen Seite hin — Gruppenunterricht am Krankenbett ausgebaut worden.
Cushing war ein guter Zeichner und benutzte sein Talent nicht nur zum Festhalten von Operationsbefunden — das tat er zeit seines Lebens —, sondern auch, um die Züge der Menschen, denen er begegnete, zu skizzieren. Sein geschichtliches Interesse, sein Sinn für die geistige Tradition Europas, in der er auch als Amerikaner stand, wurde vor allem durch seinen Aufenthalt in Italien geweckt, fand aber auch in der Schweiz und in Großbritannien Nahrung. Persönlichkeiten des achtzehnten Jahrhunderts — der Berner Physiologe Albrecht von Haller und die aus Schottland nach London ausgewanderten Chirurgen William und John Hunter — faszinierten ihn.

An beruflichen und menschlichen Erfahrungen reicher, in seinen medizinischen Grundauffassungen bestärkt und mit gesteigertem Selbstbewußtsein kehrte Harvey Cushing im Herbst 1901 nach Baltimore an Halsteds Klinik zurück. Im Juni 1902 heiratete er nach langen Jahren des Wartens seine Braut Kate Crowell, ein Jahr später, 34 Jahre alt, wurde er zum »Associate Professor« für Chirurgie ernannt. Eines seiner Ziele war es nun, Patienten mit Hirntumoren durch Operation zu heilen. Eine durch eingehende Befragung erhobene Krankheitsgeschichte und eine exakte klinisch-neurologische Untersuchung bildeten die Grundlagen für die Planung des Eingriffs, der darauf nach den bereits erwähnten Grundsätzen mit größter Feinheit und Sorgfalt ausgeführt wurde. Trotzdem starben zunächst noch neun von zehn Operierten. Seine Kollegen mahnten Cushing zur Zurückhaltung. Er aber war überzeugt, auf dem rechten Weg zu sein; er ließ sich durch keinen Mißerfolg entmutigen, sondern versuchte es das nächste Mal noch besser zu machen. Als es ihm im Jahre 1910 gelang, Generalmajor Leonard Wood, den Chef des amerikanischen Armeestabs, von einer mächtigen Hirnhautgeschwulst (Meningeom) zu befreien, kam der lang ersehnte und hart erkämpfte Ruhm über Nacht. Siebzehn Jahre später starb Wood, der übrigens zuerst selber Arzt

gewesen war, bei der Operation des inzwischen nachgewachsenen Tumors. Cushing war deswegen so niedergeschlagen, daß er beinahe zwei Wochen lang nicht mehr operierte. Sein berühmter Patient war ihm auch zum persönlichen Freund geworden.
Cushings Neigung, chirurgisches Handeln mit physiologischem Denken zu verbinden, fand einen neuen Ausdruck in der Gründung des »Hunterian Laboratory for Experimental Surgery« am Johns Hopkins Hospital (1905). Der Name dieses Laboratoriums erinnert an John Hunter, der sich im 18. Jahrhundert daran gemacht hatte, chirurgische Probleme durch physiologische Experimente und Überlegungen zu klären. Es diente gleichzeitig der Ausbildung wie der Forschung: Studenten des dritten klinischen Jahres konnten hier unter Cushings Leitung eine Reihe von Standardoperationen an lebenden Tieren ausführen, wobei es so sauber und schmerzlos zugehen mußte wie im richtigen Operationssaal; er selbst erprobte mit seinen engeren Mitarbeitern neue Operationen und studierte deren physiologische Auswirkungen. Vor allem beschäftigte er sich jetzt mit der Hypophyse, der Hirnanhangsdrüse, die durch ihre verschiedenen Hormone die Tätigkeit anderer Hormondrüsen — Schilddrüse, Nebenniere, Keimdrüsen — reguliert und zudem eine Anzahl von Körperfunktionen direkt beeinflußt. Hypophysentumoren wirken sich deshalb je nach den beteiligten Zellen durch mancherlei Störungen im Körper aus. Die auffälligste darunter ist die Akromegalie, die Vergrößerung und Vergröberung von Händen, Füßen und Gesicht. Die Hypophysengeschwulste lassen sich verhältnismäßig leicht im Röntgenbild des Schädels nachweisen, weil sie eine Erweiterung des knöchernen Drüsenbettes, des sogenannten Türkensattels (*Sella turrica*) bewirken. Cushing war weder der erste Chirurg, der solche Geschwülste herausoperierte, noch machte er große Entdeckungen auf diesem Gebiet, aber durch seine Kombination von experimentell-physiologischer Forschung, klinischer Beschreibung und operativem Eingreifen hat er die Kenntnis der Hypophysentätigkeit, ihrer Störungen und der chirurgischen Behandlungsmöglichkeiten derselben unter den Ärzten weit verbreitet und ihren Eifer, sich experimentell und klinisch damit abzugeben, kräftig angeregt (1912). In der umfas-

senden Betrachtungsweise von verschiedenen Seiten her lag seine Leistung. Dabei ging es ihm wie so manchem anderen Wissenschaftler: Nachdem er sich einmal mit nicht geringer Anstrengung ein Bild der Hypophysenfunktion geformt hatte, sollte es dabei bleiben. Daß gewisse Störungen, für die er den Hypophysenhinterlappen verantwortlich gemacht hatte, vom Zwischenhirn direkt ausgelöst werden können, wollte er nicht zugeben; seinen Schülern machte er es durch seinen autoritativen Widerspruch schwer, in dieser Richtung weiterzuforschen.

Zwanzig Jahre nach dem Erscheinen seiner Monographie über die Hypophyse und ihre Störungen beschrieb Cushing dasjenige Krankheitsbild, das nun seinen Namen trägt (Cushing-Syndrom, 1932), ein ganzes System von Blut-, Kreislauf- und Stoffwechselstörungen mit Vollmondgesicht und anderen Merkmalen. Seine Erklärung dieser Symptome als direkte Folgen einer bestimmten Art von Hypophysentumor erwies sich wiederum als zu einfach: Es handelt sich in Wirklichkeit um ein Versagen der Nebennierenrinde, die allerdings von der Hypothese her fehlgesteuert sein kann. Doch Cushings klinische Beschreibung bleibt klassisch: Eine richtig erhobene und gut wiedergegebene Beobachtung behält ihren Wert, auch wenn die Theorien fallen, die wir darum herum gebaut haben.

Unter Halsteds großzügiger Leitung konnte Harvey Cushing am Johns Hopkins Hospital, wie man sieht, seine wissenschaftlichen Ideen und chirurgischen Pläne weitgehend verwirklichen. Es ist deshalb verständlich, daß er mehrere Berufungen auf selbständige Chirurgie-Lehrstühle ablehnte, ehe er einen Ruf an die medizinische Fakultät von Harvard annahm und im Herbst 1912 mit seiner Familie nach Boston zog. Seine dortige Professur war mit der Stellung eines chirurgischen Chefarztes an dem neuen Peter Bent Brigham Hospital verbunden. Die Gründung dieses Universitätshospitals war dadurch möglich geworden, daß Brigham, ein reicher Bostoner Kaufmann, sein Vermögen testamentarisch dazu bestimmt hatte, ein Krankenhaus »für die Pflege kranker Personen aus bedürftigen Verhältnissen« zu schaffen. Hier wirkte Cushing nun während der nächsten zwanzig Jahre, allerdings nicht ohne durch die Katastrophe des Ersten Weltkriegs aus seiner Tätigkeit herausgerissen zu werden. Mit einer freiwilligen Spitaleinheit der Harvard Medical School arbeitete er schon im Frühling 1915 in Frankreich. Nach dem Eintritt der Vereinigten Staaten in den Krieg diente er von Mai 1917 bis Kriegsende als Chirurg im amerikanischen Basishospital Nr. 5 im französisch-belgischen Grenzgebiet. Dabei quälte ihn in den letzten Monaten ein schmerzhaftes Nervenleiden (Polyneuritis).

Wir müssen noch einmal auf die letzten zwei Jahre von Cushings Tätigkeit an der Johns Hopkins University zurückkommen. Von 1910 bis 1912 war hier der junge Walter Edward Dandy einer seiner nächsten Mitarbeiter, zuerst im Hunterian Laboratory, dann auf der neurochirurgischen Klinik. Im Laufe der folgenden Jahre sollte sich Dandy zum zweiten führenden Neurochirurgen der USA neben Cushing emporarbeiten. Die zwei Jahre der Zusammenarbeit der beiden als Lehrer und Schüler endeten in einer tiefen persönlichen Feindschaft, die lebenslang dauerte, auch wenn sich die beiden Männer immer wieder bemühten, sich gegenseitig die geschuldete Achtung zu bezeugen.
Dandy kam aus ganz anderen Verhältnissen als Cushing. Im Gegensatz zu dem alteingesessenen Yankee Cushing war er der Sohn aus England neu zugewanderter Eltern. Sein Vater hatte es zum Ingenieur bei der Missouri-Kansas-Texas-Bahn gebracht; aber der Sohn verdiente sich sein College-Studium an der Universität von Missouri teilweise selbst als Labordiener. Dank seiner ausgezeichneten Leistungen konnte er zum Medizinstudium in die Johns Hopkins Medical School eintreten und dort 1910 abschließen. Die ihm gebotene Möglichkeit, mit einem Rhodes-Stipendium nach Oxford zu gehen, lehnte er ab, weil die berühmte englische Universität medizinisch wenig zu bieten hatte. Von Halsted als Assistent Cushing zugewiesen, zeichnete sich Dandy sogleich durch großes Geschick beim Experimentieren wie beim therapeutischen Handanlegen aus. Dazu hatte er einen scharfen Verstand und Ideen — Cushing hatte in Dandy vielleicht seinen brillantesten Schüler gewonnen. Er lud Dandy denn auch ein, mit ihm nach Boston zu

kommen, und Dandy kündigte seine Assistentenstelle in Baltimore. Doch sozusagen im letzten Augenblick machte Cushing die neue Anstellung rückgängig. Denn in einigen Punkten waren sich die beiden Charaktere allzu ähnlich: in ihrem Ehrgeiz und Eigensinn, in ihrem leidenschaftlichen Willen, ihre eigene Persönlichkeit zu behaupten und ihre Rechte zu wahren. So konnten Zusammenstöße nicht ausbleiben, und Cushing machte von seiner stärkeren Stellung rücksichtslos Gebrauch, als ihm das Maß voll zu sein schien. Zehn Jahre später ließ er der groben Behandlung eine ausgesuchte Kränkung folgen. Dandy hatte in einer wissenschaftlichen Mitteilung Cushing nicht zitiert, obwohl er mit einer von diesem beschriebenen Operationstechnik arbeitete. Cushing, der sich selber zwar auch nicht immer die Mühe nahm, alle seine Vorgänger zu erwähnen, war aufs höchste verärgert, beschwerte sich und schrieb an Dandy unter anderem folgendes: ». . . Sie sind ein unabhängiger Denker und Arbeiter, und das ist durchaus nicht schlecht. Aber Sie dürfen Ihre Manieren nicht vergessen, und Ihre letzte Mitteilung ist von äußerst schlechtem Geschmack. — Stets Ihr Freund, Harvey Cushing.«
Dandy hat seinem ersten neurochirurgischen Lehrer diese unverdiente Abkanzelung nie verziehen, und so blieben die beiden Ärzte, die gleichzeitig in der Neurochirurgie ihres Landes Bahnbrechendes leisteten, auf immer verfeindet. Dandy hat Cushing auch nach dessen Tod seine »unfairness« nicht verziehen.
Cushings Absage an Dandy im Sommer 1912 brachte diesen in große Verlegenheit: Da Professor Halsted für längere Zeit abwesend war, hing seine weitere Anstellung in Baltimore in der Luft. Der Verwaltungsdirektor des Johns Hopkins Hospital, Dr. Winford Smith, übernahm jedoch die Verantwortung, Dandys Anstellung zu verlängern. Dieser ist zeit seines Lebens Johns Hopkins treu geblieben, seit 1922 als Professor für Neurochirurgie.
Als glänzender, erfinderischer Operateur war Dandy nach dem Urteil der Fachleute Cushing überlegen. Neben vielem anderem geht die operative Entfernung der verrutschten Zwischenwirbelscheibe, die Ischiasschmerzen und Lähmungen verursachen kann (die sogenannte Diskushernie), auf Dandy zurück (1928). Im Ge-

gensatz zu Cushing operierte Dandy rasch, aber unerhört geschickt. Auch in der Diagnostik liebte er rasche Entscheidungen. Als er eines Tages zu einer bereits im Sterben liegenden Patientin gerufen wurde, bei der sich trotz aller Mühe keine genaue Diagnose hatte stellen lassen, erklärte er nach kurzem Betrachten der Kranken: »Sie hat einen Stirnhirnabszeß.« Gleich bohrte er den Schädel an, der Eiter schoß heraus, die Patientin erholte sich. Der erfahrene Neurologe, der die Kranke vorher gründlich untersucht hatte, meinte dazu, Gott selbst müsse Dandy die Diagnose ins Ohr geflüstert haben.

Und doch liegt ein besonders wichtiger Beitrag Dandys zur Hirnchirurgie im Ausarbeiten einer Methode zum genaueren Nachweis von Geschwülsten und anderen Veränderungen des Hirns durch Röntgenstrahlen. Das Hirn selbst kann man auf einer gewöhnlichen Röntgenaufnahme nicht sehen. Heute erlaubt es die Elektronik, auf Schichtaufnahmen kleinste Helligkeitsunterschiede zu erfassen, zu verstärken und graphisch darzustellen (sogenannte Computer-Tomographie, EMI scanning). So gewinnen wir Einblick ins Schädelinnere, ohne dem untersuchten Patienten irgendeinen Eingriff zumuten zu müssen. Vor sechzig Jahren lag derartiges außerhalb jeder Möglichkeit; aber Dandy fand doch einen gangbaren Weg, um gewisse Konturen jenes weichen Organs sichtbar zu machen. Sein Chef Halsted pflegte immer wieder darauf hinzuweisen, wie erstaunlich gut auf Röntgenbildern des Bauches Ansammlungen von Luft sich erkennen ließen; es sehe aus, wie wenn die Darmgase Knochen zu durchdringen vermöchten. Das brachte Dandy auf den Gedanken, die Hirn-Rückenmarksflüssigkeit (*Liquor cerebrospinalis*), die die Hirnkammern sowie die Zwischenräume zwischen Hirnhäuten und Hirnoberfläche erfüllt, durch Luft zu ersetzen. Diese Räume heben sich dann im Röntgenbild als noch hellere Flächen von der Hirnsubstanz ab. Durch Geschwülste und andere Krankheiten wird ihre Lage und Form häufig in charakteristischer Weise verändert. Durch seine Methoden — *Ventrikulographie*, *Pneumenzephalographie* — konnte Dandy die Diagnostik der Hirnleiden wesentlich verbessern (1918/19). Vor allem ließ sich nun der Sitz eines Tumors im

Schädel erheblich genauer als zuvor feststellen. Es liegt in der Natur der Sache, daß zahlreiche Tierversuche durchgeführt werden mußten, ehe man solche Untersuchungen an Menschen wagen durfte.
Ein ergänzendes Verfahren der Röntgenuntersuchung liegt in der Darstellung der Hirngefäße durch Einspritzen eines Kontrastmittels in die Halsschlagader (*Karotis-Angiographie* nach Egas Moniz, 1927, 1931). Verdrängung und örtliche Vermehrung der Gefäße können ebenfalls auf Tumoren hinweisen. Erwähnt sei ferner die *Elektroenzephalographie*, die Registrierung der elektrischen Ströme des lebenden Gehirns, die wir dem deutschen Psychiater Hans Berger verdanken (1929). Diese Untersuchungsmethode ist vor allem für die Diagnostik der verschiedenen Epilepsieformen unentbehrlich geworden. Andererseits bildet das dauernde Ausbleiben jeglicher Ströme, das Stummwerden des Elektroenzephalogramms (EEG), den sicheren Beweis dafür, daß ein Hirn tot, ein Mensch gestorben ist. Auch das gehört zu den Besonderheiten der heutigen Medizin, daß diese Diagnose des Todes so wichtig geworden ist. Hierfür gibt es zwei Gründe. Ist der »Hirntod« festgestellt, so haben erstens alle Versuche, mit medizinisch-technischen Maßnahmen das Leben zu erhalten, jeden Sinn verloren. Zweitens ist es von diesem Zeitpunkt an erlaubt, dem Körper des gestorbenen Menschen einzelne Organe zu entnehmen, die als solche noch Leben haben können, um sie auf andere Menschen zu übertragen. Übrigens beschäftigte das Problem, den Tod mit Sicherheit festzustellen, im Lauf der Geschichte schon einmal die zivilisierte Welt besonders stark: Im 18. Jahrhundert verbreitete sich eine große Angst davor, als Scheintoter lebendig begraben zu werden. Im 19. Jahrhundert schwingt diese Angst in Gottfried Kellers Gedichtzyklus *Lebendig begraben* noch nach.

Harvey Cushing hat in anderer Weise als Walter E. Dandy zur genaueren Kenntnis der Hirntumoren beigetragen: Auf dem seit dem vorigen Jahrhundert klassisch gewordenen Weg der Verbindung klinischer mit anatomischer, vorzugsweise mikroskopischer Betrachtung und statistischer Erfassung der verschiedenen Formen. Die zahlenmäßige Erfassung beschränkte sich nicht nur auf deren Häufigkeit, sondern galt auch dem Verlauf, namentlich den Heilungschancen. Hier liegt wohl die größte wissenschaftliche Leistung, die Cushing während seiner Amtszeit als Harvard-Professor zusammen mit zwei engen Mitarbeitern vollbrachte. Von diesen beiden trat Louise Eisenhardt 1915 als Sekretärin in Cushings Dienst; sie half ihm, das Material, das die Grundlage seiner Schriften bildete, zusammenzutragen und zu sichten. Nach dem Ersten Weltkrieg studierte sie Medizin und kam als Assistentin in Cushings neuropathologisches Laboratorium zurück. Hier arbeitete seit 1919 Percival Bailey an der mikroskopischen Untersuchung der Hirntumoren. Louise Eisenhardt unterstützte ihn dabei und wurde seine Nachfolgerin in der Leitung dieses Laboratoriums, als Bailey den Lehrstuhl für Neurologie in seiner Vaterstadt Chicago übernahm. Ausdauernd und exakt führte sie das »schwarze Büchlein«, ein genaues Verzeichnis sämtlicher Hirntumorpatienten ihres Chefs mit allen wünschenswerten Angaben über die Art und den Verlauf der Krankheit während der Behandlung in der Klinik und nachher. Ihre Unbestechlichkeit und Gründlichkeit setzten Cushing in den Stand, fortlaufend seine Operationsstatistik kritisch zu überwachen und 1931 in Bern am ersten internationalen Neurologenkongreß über die phantastisch anmutende Zahl von 2000 selbst operierten Hirngeschwülsten zu berichten. Unablässig nach weiterer Verbesserung seiner Operationsresultate strebend, hatte er die Rate der Todesfälle zu jenem Zeitpunkt auf knapp sieben Prozent zu senken vermocht. Der Leser kennt bereits die Gründe für diesen Erfolg; um ihn zu würdigen, muß man sich in Erinnerung rufen, daß jeder Tumor, der im Innern des Schädels wächst, das Leben bedroht, sei es direkt durch Zerstörung des Hirns, sei es indirekt durch den zunehmenden Druck.

Percival Bailey hat zunächst die von der Hirnsubstanz selbst ausgehenden Tumoren, die sogenannten Gliome, der mikroskopischen Analyse unterzogen. Der Ursprung dieser Geschwülste liegt in der Stützsubstanz des Hirns, der Neuro-Glia (»Nerven-Kitt«). Je nach ihrer Abstammung von der einen oder andern Zellart, wie das Mikroskop sie enthüllt, sind sie mehr oder weniger bösartig, mehr oder weniger aussichtsreich zu operieren. Dank Cushings klinischer Erfahrung ließ sich nun aufgrund von Baileys mikroskopischen Untersuchungen die Lebensgeschichte der verschiedenen Arten von Gliomen mit ihren Besonderheiten und im Blick auf ihre Diagnostik und Therapie schreiben: H. Cushing/P. Bailey, *A Classification of the Tumors of the Glioma Group on a Histogenetic Basis with a Correlated Study of Prognosis* (1926). Sein Wissen über die von den Hirnhäuten (griech. »méninges«) ausgehenden Geschwülste, die Meningeome, stellte Harvey Cushing nach seiner Emeritierung zusammen mit Louise Eisenhardt abschließend dar: H. Cushing/Louise Eisenhardt, *Meningiomas. Their Classification, Regional Behaviour, Life History, and Surgical End Results* (1938).

Mit 63 Jahren schlug für Cushing die Stunde des Rücktritts von seiner chirurgischen Wirksamkeit und Verantwortung an der Harvard-Universität (1932). Von der Yale University in New Haven wurde ihm eine Professur für Neurologie, also für die Wissenschaft der Nervenkrankheiten ohne die Bürde ihrer chirurgischen Behandlung, angeboten. So kehrte er mit 64 Jahren an jene Hochschule zurück, an der er seine unbelasteten College-Jahre verbracht hatte. Ihr schenkte er seine wertvolle medizinhistorische Büchersammlung und legte damit den Grund zu einem der führenden medizinhistorischen Institute Amerikas. (Der britische Neurochirurg Geoffrey Jefferson in Manchester sah in Cushings Bibliophilie denselben Charakterzug hervortreten wie in seiner Tumorforschung, nämlich seine Sammelleidenschaft: Er habe Fälle und Formen von Hirngeschwülsten in derselben Art gesammelt und klassifiziert wie die Schriften Vesals in all ihren Ausgaben.) Seinen Freund Arnold C. Klebs in der Schweiz veranlaßte er, seine Bücher später auch nach New Haven zu schicken, und er selber übernahm noch die Leitung der medizinhistorischen Studien an der Yale University. Damit bestätigte er, oberflächlich betrachtet, das Klischee, das manche jüngere Ärzte haben: Wer zu alt geworden ist für eine fruchtbare medizinische Tätigkeit, widmet sich mit Vorliebe der Geschichte der Medizin und damit der Rückschau auf jene heroischen Zeiten, an denen er auch noch ein wenig Teil hatte. Tatsächlich hat jedoch Cushing, wie erwähnt, seit seiner Europareise die Medizin seiner Zeit, die er miterlebte und mitgestaltete, als Teilerscheinung der größeren geschichtlichen Entwicklung gesehen und zu verstehen gesucht. Anregung dazu gab ihm schon während seiner Assistentenzeit der aus Kanada stammende William Osler, der von 1889 bis 1905 die innere Medizin an Johns Hopkins vertrat und dem eigenwilligen jungen Chirurgen ein souveräner väterlicher Freund wurde. Nachdem Osler 1919 mit siebzig Jahren in Oxford gestorben war, bat seine Witwe Cushing, die »offizielle Biographie« des Verstorbenen zu schreiben. Cushing übernahm den Auftrag. Das Ergebnis ist die zweibändige, erschöpfend dokumentierte und stilistisch ausgefeilte Osler-Biographie, die 1925 in Oxford herauskam und als beste Biographie des Jahres mit dem Pulitzerpreis ausgezeichnet wurde. Solche »offizielle Biographien«, wie sie englischer Tradition entsprechen, haben ihre Vorzüge und ihre Nachteile. Einerseits genießt der Autor die Unterstützung der Familie und hat freien Zugang zu einer Fülle von persönlichen Dokumenten. Andererseits erwartet die Familie, daß der Autor seinen Auftrag mehr pietätvoll als kritisch ausführt: Das Buch soll ein Denkmal für eine Persönlichkeit von besonderer Statur sein. Dieser Nachteil wird bei Harvey Cushings eigener Biographie deutlich, die der Physiologe und Medizinhistoriker John Farquhar Fulton von Yale verfaßt und Frau Catharine Crowell Cushing gewidmet hat (1946). Die unangenehmen Züge von Cushings Wesen, seine Geltungssucht und seine Rücksichtslosigkeit im Verfolgen seiner Ziele, werden da nur ganz behutsam berührt. Doch auch ein Fachgenosse wie Jefferson, der für diese Mängel keineswegs blind war — er erlebte Cushing im persönlichen Umgang abwechselnd als »charmant, ermüdend, köstlich, kleinlich, bewundernswert«, stellt fest, seine großen Eigenschaften hätten bei weitem überwogen. Eine sehr kluge Einstellung hat Ernest Sachs an den Tag gelegt, der sich ebenfalls der Neurochirurgie zuwandte und dem Cushing, etwa 1908, eine Assistentenstelle anbot. Sachs lehnte höflich ab und schreibt im Rückblick fünfzig Jahre später: »Dr. Cushing war bekannt als ein Mensch, mit dem zu arbeiten schwierig war, und ich selber war auch kein Heiliger. Wir wären daher wohl zusammen nicht allzu glücklich gewesen; nun aber blieben wir tatsächlich auf viele Jahre hinaus freundschaftlich gesinnte Kollegen.«

Jedenfalls wußte Cushing nicht nur sich selber durchzusetzen, sondern auch die Sache, für die er arbeitete: die Hirnchirurgie. Dabei kam ihm oft das Glück zu Hilfe — in der Person von Menschen, die seine Pläne förderten, wie sein verständiger, großzügiger Chef Halsted und seine hingebungsvollen Mitarbeiter Percival Bailey und Louise Eisenhardt; in der Form der finanzstarken, freigebigen Privatuniversitäten im Osten der USA; schließlich in der einmaligen Gelegenheit, an General Woods Hirntumor seine Wissenschaft anzuwenden und seine Kunst zu beweisen. Doch gerade diese Gelegenheit hätte ein vorsichtigerer Arzt als Cushing kaum zu ergreifen gewagt: die Wahrscheinlichkeit, daß der hochgestellte Patient an der Operation starb, war wesentlich größer als die Chance des Erfolgs. Doch für Cushing bestand, so glaube ich, überhaupt kein Zweifel daran, daß es in ganz Amerika, wenn nicht in der ganzen Welt, niemand gebe, der einem solchen Fall gewachsen sein könnte, als gerade ihn, Harvey Cushing. Ebensowenig dachte er daran, sich durch den möglichen Mißerfolg entmutigen zulassen: So oder so würde er weiter Hirntumoren operieren — schließlich mußte es ihm ja gelingen, Kranke zu heilen, und zwar nicht ein zufälliges Mal, sondern immer wieder, wenn die Umstände nicht gar zu ungünstig lagen. Aber ohne den Erfolg bei General Wood, der nur ihn selber nicht überrascht haben dürfte, hätte er länger und härter um Anerkennung für sich und sein Fach kämpfen müssen. Doch er hätte dies gewiß getan.

Die Neurochirurgie stellt bloß ein Teilgebiet der Chirurgie, eine Subspezialität dar; aber Cushing, der zur Verselbständigung dieses Fachs wohl mehr beigetragen hat als irgendeiner seiner Zeitgenossen, war kein enger Spezialistengeist. Er wußte, daß gerade die Hirnchirurgie, trotz der scheinbaren Konzentration ihrer Bemühungen auf den kleinen Raum der Schädelhöhle, den ganzen Patienten sehr ernst nehmen muß — als biologischen Organismus wie als menschliches Individuum. Mit all seinen Mängeln, die bei ihm, gleich wie seine Vorzüge, besonders deutlich in Erscheinung traten, war Harvey Cushing ein umfassend gebildeter Wissenschaftler und Arzt. Sein konstantestes Bemühen scheint es mir gewesen zu sein, sein Wissen, Können und Handeln unablässig zu vervollkommnen und an den Dingen, die ihm wichtig und teuer waren, unermüdlich weiterzuarbeiten, bis in die letzten Tage seines Lebens hinein. Am 3. Oktober 1939 erlitt Cushing einen Herzinfarkt, dessen Folgen er vier Tage später in New Haven (Connecticut) erlegen ist.

Der Weg von der allgemeinen Chirurgie zur Neurochirurgie, wie ihn Harvey Cushing, Walter E. Dandy oder — in Schweden — Herbert Olivecrona beschritten haben, war nicht der einzig mögliche. Bei der Erschließung neuer medizinischer Spezialgebiete kommt es mehr auf die persönliche Begabung, Neigung und Initiative an als auf einen bestimmten Ausbildungsgang. Hat sich ein solches Spezialgebiet aber einmal richtig konstituiert, mit eigenen Kliniken, Lehrstühlen, Zeitschriften und Fachgesellschaften, dann werden feste Ausbildungsnormen für die angehenden Fachärzte aufgestellt. Sie können einen guten Durchschnitt gewährleisten, versperren aber möglicherweise außerordentlich begabten Einzelgängern den Weg.

Otfrid Foerster in Breslau und Clovis Vincent in Paris sind Beispiele für einen anderen Werdegang: Beide waren zunächst Neurologen, Nervenärzte internmedizinischer Observanz. Dem amerikanischen Neurochirurgen Paul C. Bucy gegenüber hat Foerster seinen Entschluß, selber Hirnoperationen auszuführen, folgendermaßen begründet: Wenn er die Operation dem Allgemeinchirurgen überließ, so mußte er doch die Diagnose stellen, den Patienten in den Operationssaal begleiten und dem Chirurgen sagen, was er zu tun habe — und dann starb der Patient. Da habe er sich gesagt, daß er selber es auf keinen Fall schlechter machen könne. Und Clovis Vincent erklärte: »Eine mechanische Auffassung der Neurochirurgie ist absurd; man muß eine biologische Auffassung haben und das Hirn als das empfindlichste der lebenden Organe, als dasjenige, das sich am wenigsten gefallen läßt, behandeln.« —

»Ich kannte seine Physiologie; ich litt mit dem Hirn, wenn ich es operierte.«

Manche Neurochirurgen bezeichnen heute ihr Fach mit Vorliebe als *chirurgische Neurologie*, »surgical neurology«, und betonen damit den weiten klinischen und physiologischen Rahmen, in den sich die Nerven- und Hirnchirurgie einzuordnen hat. Sie stehen damit nicht nur in der Tradition Vincents, sondern auch Cushings. Jede aktive ärztliche Behandlung, die medikamentöse, ja die psychotherapeutische so gut wie die chirurgische, kann unerwünschte Nebenwirkungen hervorrufen; eine an sich erfolgreiche Operation am Hirn kann beispielsweise Lähmungen oder Wahrnehmungsstörungen zur Folge haben, die sich mit der größten Sorgfalt nicht vermeiden lassen. Es gibt jedoch eine bestimmte Art von Eingriffen am Hirn, von denen ich glaube, daß sie schon in ihrer ganzen Absicht und Anlage verfehlt sind, nämlich die sogenannte *Psychochirurgie*. Im Jahre 1949 erhielt der portugiesische Neurologe Antonio Egas Moniz den medizinischen Nobelpreis — nicht etwa für die Entwicklung der als wertvolle diagnostische Methode oben erwähnten Karotis-Angiographie, sondern »für seine Entdeckung des therapeutischen Wertes der Leukotomie bei bestimmten Psychosen«. Egas Moniz ging davon aus, daß die bisherige Therapie der Geisteskrankheiten, der Psychosen, enttäuschend sei und daß man ihnen nur von der körperlichen Seite her wirklich beikommen könne; er hielt sich hierin an den seit der Antike verfochtenen, aber auch immer wieder bestrittenen Grundsatz, daß Geisteskrankheiten Hirnkrankheiten sind. Theoretische Überlegungen, die er aufgrund von gewissen klinischen Beobachtungen und von Berichten über Experimente an Affen anstellte, führten ihn zu der Auffassung, daß die Stirnlappen des Hirns für die psychische Aktivität besonders wichtig seien und daß namentlich die fixen Ideen, die manchen Geisteskranken ein normales Leben in Gemeinschaft mit andern Menschen unmöglich machen und sie in quälender seelischer Spannung halten, von hier ausgehen. Mittels Durchtrennung der in der weißen Hirnsubstanz verlaufenden Nervenfasern (»Leukotomie«, von griechisch *leukos* = weiß, *tomé* = Schnitt), die die Stirnlappen mit den anderen Teilen des Hirns verbinden, hoffte er infolgedessen, solche Patienten von ihren Wahnideen befreien und sie beruhigen zu können. Für die Ausführung des vorgeschlagenen Eingriffs zog Egas Moniz, wie schon bei der Karotis-Angiographie, den Neurochirurgen Pedro Manuel de Almeida Lima bei. Tatsächlich wurden manche Kranke nach der Leukotomie wieder ruhiger und umgänglicher; ihre wahnbedingten Ängste verschwanden (1936). Es zeigte sich aber, daß diese Besserung eine Veränderung und Verflachung der Persönlichkeit bedeutete. Heute wird die Leukotomie kaum mehr vorgenommen, und aus der — allerdings erst geringen — historischen Distanz erscheint es uns ungeheuerlich, daß man auf so dürftigen wissenschaftlichen Grundlagen mit einem so groben Eingriff in das feine Gefüge des Hirns seelische Störungen kurieren wollte. Dabei ist die gute Absicht von Egas Moniz und denen, die seiner Empfehlung folgten, durchaus anzuerkennen. Tatsache ist zudem, daß Gemüts- und Geisteskrankheiten durch materielle Einwirkungen auf das Hirn günstig beeinflußt werden können. Das zeigt eindrücklich die Wirkung der Psychopharmaka, die seit zwanzig Jahren vor allem für schwermütige Patienten gewaltige Hilfe bedeuten. Die Psychochirurgie arbeitete also durchaus mit einer Anzahl realer Gegebenheiten. Aber es fehlte ihr der Sinn für die richtigen Proportionen und für die Grenzen, die die Achtung vor der Person des Mitmenschen dem ärztlichen Eingreifen in die Biologie des Organismus setzt. Beides gehört unabdingbar zu einer humanen Medizin.

Gion Condrau

Alfred Adler
(1870—1937)

Leopold Szondi
(*1893)

Ludwig Binswanger
(1881—1966)

Medard Boss
(*1903)

Die Psychoanalyse hat sich in ihrer therapeutischen Methodik seit ihren Anfängen kaum oder nur unwesentlich verändert, bezüglich der metapsychologischen Theorie entstanden jedoch bald Differenzen unter Freuds Schülern und Nachfolgern. Einen Markstein in dieser Entwicklung setzte insbesondere Alfred Adler. Geboren wurde er am 7. Februar 1870 in Wien, wo er Medizin und Philosophie studierte. Daran anschließend eröffnete er nach einer Assistenzzeit an der Ophthalmologischen Abteilung der Wiener Poliklinik 1898 eine Privatpraxis in Wien. Ein Jahr später fand seine erste Begegnung mit Sigmund Freud statt. Er war der erste Schüler Freuds, der sich von ihm trennte. 1907 erschien Adlers erste monographische Veröffentlichung: *Studie über die Minderwertigkeit der Organe*, in welcher zum erstenmal die Lehre von den psychischen Kompensationsmechanismen entwickelt wurde. Anläßlich der Forderung Freuds, eine Loyalitätserklärung zum Primat der Sexualität abzugeben, kam es im Februar 1911 zum Bruch zwischen den beiden Forschern. Adler ersetzte den deterministischen, genetisch-kausalen Aspekt Freuds durch einen finalen, teleologischen, »da wir die Erkenntnis und die Veränderung der Ziele eines Menschen als die Basis unserer korrigierenden Bemühungen, seien sie erzieherisch, heilpädagogisch oder therapeutisch, betrachten«. Seine »Individualpsychologie« kannte jedoch im Gegensatz zu Freud keine strenge Systematik, und wenn er auch nicht alles psychische Verhalten auf so wenige Komponenten wie der Sexual- und den Destruktionsantrieb reduzierte, spielten doch Minderwertigkeitsgefühl, Geltungsdrang und der »männliche Protest« eine ähnlich dominierende Rolle in seiner Psychologie. Triebfedern menschlichen Verhaltens sind nach Adler der Machttrieb und das Geltungsstreben. Danach gehen die neurotischen Krankheitserscheinungen auf eine innere Unsicherheit zurück, die aus dem Mißverständnis zwischen dem menschlichen Geltungsbedürfnis und einer Organminderwertigkeit entsteht. Das Streben nach Macht, das für Freud nur am Rande eine Rolle spielte, ist für Adler ein wesentlicher Motor menschlichen Verhaltens. Es ist — als Mittel, die Minderwertigkeitskomplexe aufzuarbeiten — identisch mit dem von Adler so bezeichneten »männlichen Protest«, einer Haltung, die Macht, Autorität und männliche Privilegien beinhaltet, und der gegenüber Frauen und Kinder besonders minderwertig erscheinen. Dies wiederum führt nach Adler zu tief eingewurzelten Minderwertigkeitsgefühlen, welche dann überkompensiert in einer maßlosen Steigerung des Protests neurotische Symptome und Charakterstörungen bewirken. Ein System von Fiktionen tritt an die Stelle der Realität und führt zur krankhaften Verfolgung einer Leitlinie, wobei dem Sexuellen lediglich die Bedeutung einer besonderen Art, »dem irregeleiteten Willen zur Macht Ausdruck zu verleihen«, zukommt. Die Therapie hat demnach die Aufgabe, dem Kranken seine Fiktionen bewußtzumachen, ihm seine fehlerhafte Leitlinie, seine Lebenslüge aufzuzeigen und neue Wege zur Wiedereinordnung in die Realität und in die soziale Zweckordnung zu weisen. Neurotische Verhaltensweisen sind nach Adler nichts anderes als »Arrangements«, Angriffs- und Sicherungsvorkehrungen, um das Interesse der Umgebung auf sich zu lenken oder um Macht und Herrschaft zu erlangen und zu vermehren.

Durch die Bezeichnung seiner Lehre als »Individualpsychologie« wollte Adler andeuten, daß er sich im Gegensatz zur Psychoanalyse Freuds um das Verständnis der Einmaligkeit und Einzigartig-

keit des Individuums bemühe. Individuum ist hier im etymologischen Sinn als das Unteilbare zu verstehen, in Anlehnung an die Ganzheitsauffassung, die er im Sinn der holistischen Philosophie von Jan Christian Smuts seiner Lehre zugrunde legte. Trotzdem sah Adler den Menschen stets als soziales Wesen, das nur dann existenzfähig ist, wenn es eine tragfähige Beziehung zur menschlichen Umwelt unterhält. Die Persönlichkeit wird als zielgerichtete Einheit betrachtet, sie ist in der Lage, sich selbst zu bestimmen und zu verwirklichen. Die eigentliche Ordnung des Lebendigen ist das ziel- und zweckhafte Handeln. Maßgebend für die Beurteilung eines Menschen ist die Beobachtung des täglichen Verhaltens, aus dem seine Leitidee ersichtlich wird. Es handelt sich somit nach Adler um eine »verstehende Psychologie« im Gegensatz zur »erklärenden Psychologie« Freuds.
Ein weiterer Grundpfeiler der Individualpsychologie ist das Gemeinschaftsgefühl, aus dem heraus alle Lebenserscheinungen als zwischenmenschliche Wechselwirkungen interpretiert werden. Die echte Mitmenschlichkeit äußert sich nach Adler in der Sachlichkeit, der Logik im Denken, der Bereitschaft zur Leistung, der Bereitschaft zur Hingabe an Natur und Kunst und in der Verantwortung für das Tun, Vorstellen und Empfinden. Adler bekannte sich zu einem sozialistischen Humanismus und zur Gewaltlosigkeit, zur Überwindung der Kasten- und Klassenunterschiede, zur Aufhebung moralischen und materiellen Zwangs.
In einem Aufsatz zur *Psychologie der Macht* (1928) nannte er das Streben nach Macht ein verhängnisvolles Blendwerk, das das Zusammenleben der Menschen vergifte. Wer die menschliche Gemeinschaft wolle, müsse dem Streben nach Gewalt über andere entsagen. »Gewaltsame Durchsetzung leuchtet vielen als ein selbstverständlicher Gedanke ein. Wir wollen zugeben: es *scheint* der einfachste Weg, alles, was gut ist und glückverheißend, oder auch nur, was im Sinne einer unaufhaltsamen Entwicklung liegt, mit den Mitteln der Macht zu erschaffen. Wo im Leben der Menschen oder in der Menschheitsgeschichte ist ein solches Vorhaben schon gelungen? Soweit wir sehen, überall weckt die Anwendung selbst sanfter Gewalt den Gegenwillen, selbst dort, wo sichtlich

das Wohl des Niedergezwungenen bezweckt wird. Das patriarchalische System, der aufgeklärte Absolutismus sind solche schrekkende Spuren. Selbst einen Gott vertrug kein Volk ohne Widerspruch. Führt einen Menschen oder ein Volk in den Machtbereich eines anderen — sofort wird sich ein Widerstand regen, offen und heimlich, und er wird nicht schwinden, bis alle Fesseln fallen.«
Adlers Psychologie wurde durch ihre eingängigen Begriffe und nicht zuletzt durch die weitgehende Ausklammerung der damals oft als heikel empfundenen Sexualität rasch populär. Anders als bei Freud stand bei Adler nicht das medizinische, sondern vielmehr ein pädagogisches und soziales Interesse im Vordergrund. Seine Individualpsychologie fand denn auch besondere Beachtung in der Pädagogik und ihre Nachfolge in der Sozialtherapie. Alle seine Werke waren von einem »erzieherischen Optimismus« geprägt. Dennoch wirkte Adler, anders als Freud und Jung, weniger durch seine Schriften als durch die Praxis. Nach dem Ersten Weltkrieg ermöglichte ihm die Wiener Stadtverwaltung die Einrichtung zahlreicher Erziehungsberatungsstellen, die unter der Leitung von Adler-Schülern standen. Adler selbst hatte nach der Ablehnung seiner Habilitation durch den konservativen Psychiater Julius Ritter Wagner von Jauregg eine Dozentur am Pädagogium der Stadt Wien erhalten, wo Lehrer und Fürsorger ausgebildet wurden. Er hielt Vorträge und Vorlesungen in Europa und den USA — auf einer solchen Vortragsreise starb er am 27. Mai 1937 in Aberdeen —, viele seiner psychologischen Einsichten wurden Allgemeingut. Das Erziehungsziel der Individualpsychologie ergab sich aus ihrer Erkenntnis der entwicklungshemmenden Faktoren innerhalb des Menschenlebens und der traditionellen Erziehung. Mitmenschlicher Isoliertheit und Egozentrik stellt sie die Werte des Gemeinschaftslebens gegenüber, die planmäßige Förderung von Mut und Lebenstüchtigkeit, die Übernahme von Verantwortung für sich und seine Mitmenschen. Das Leitmotiv aber ist und bleibt die Erziehung zur Freiheit, einer Freiheit allerdings, die nicht mit einem liberalistischen Prinzip zu tun hat, sondern nur unter der Voraussetzung möglich ist, daß »mitmenschliche Verbundenheit in ihr Gestalt angenommen hat«.

Als Psychotherapie-Schule ist die Individualpsychologie heute erst im Aufbau begriffen, aber sie war eine der frühesten psychoanalytischen Richtungen, die von Freuds »orthodoxer« Psychoanalyse abwich, sie aus anderer Sicht überprüfte und ergänzte. Elemente von Adlers Lehre leben in der Neopsychoanalyse weiter, deren Hauptvertreter Karen Horney, Erich Fromm, Harry Stack Sullivan und Harald Schultz-Hencke die Libidotheorie Freuds ablehnten und den Umwelteinflüssen wesentlichen Raum einräumten. Karen Horney war seit ihrer Übersiedlung in die USA 1932 stark von Adler beeinflußt. Seine Psychologie hatte in den USA viele Anhänger gefunden, weil hier schon früh soziale Einflüsse in die Psychologie einbezogen worden waren.
Karen Horney wandte sich nach langjähriger Gefolgschaft radikal von Freud ab, um *New Ways in Psychoanalysis* zu beschreiten. Sie erblickte die Ursache der Neurosen nicht in spezifischen Störungen der Libidoentwicklung, sondern in kulturellen Bedingtheiten und in mangelnder Wärme, Geborgenheit und Liebe in der Kindheit. Die situationsbedingten Reaktionen auf individuelle Provokationen schlügen sich in bestimmten Charakterzügen nieder, welche den Nährboden für eine Neurose bildeten. Die Grund-Angst *(basic anxiety)* sei untrennbar mit der Grund-Feindseligkeit *(basic hostility)* verwoben. Der neurotische Grundkonflikt bestehe zwischen dem Ideal-Bild und dem realen Selbst, das durch dieses idealisierte Bild an seiner Verwirklichung gehindert wird.
Weitere Ergänzungen zur Psychoanalyse finden sich in der Theorie des Geburtstraumas von Otto Rank sowie in den soziologischen Analysen von Erich Fromm. Auch Harry Stack Sullivans Theorie der *Interpersonal Relationships* sprengte den Rahmen der eigentlichen Freudschen Schule. »Assimilation« und »Sozialisierung« sind nach Fromm zwei Grundtendenzen, welche die Beziehung des Menschen zu sich selbst, zu seiner Umwelt und zur Freiheit in positiver Weise bestimmen. Sullivan glaubt, daß das Streben nach Sicherheit und die Befriedigung körperlicher Bedürfnisse den Menschen primär bestimmen. Die Verwirklichung der menschlichen Ziele und Tendenzen könnte vor allem durch Angst gestört werden. Das Hauptgewicht der menschlichen Entwicklung liege im Bereich der sozialen und kultu-

rellen Maßstäbe, eben jenem der »zwischenmenschlichen Beziehungen«, während der Grundkonflikt der Person im Bedürfnis nach Sicherheit und der Vermeidung von Angst liege. Für Rank bestand die wesentliche Aufgabe der »Psychotherapie« darin, den Neurotiker soweit zu bringen, daß er ohne Angst und Schuldgefühle seine eigene Individualität entwickeln lerne. Die Aufdeckung der Vergangenheit spielt überhaupt bei den neoanalytischen Therapien eine untergeordnete Rolle. In diesem Zusammenhang müßten noch die Vertreter der behavioristischen Auffassung innerhalb der Neopsychoanalyse, unter ihnen Sandor Radò, erwähnt werden.
Die Neopsychoanalyse von Harald Schultz-Hencke ersetzte den Begriff des Triebes durch »Antrieb«. Die drei wichtigsten menschlichen Strebungen seien das Besitz-, das Geltungs- und das Sexualstreben, welche auch in den bekannten Gelübden der Armut, der Demut und der Keuschheit Ausdruck und Bedeutung erhielten. Beim Besitzstreben soll eine kaptative Tendenz, das Haben-Wollen, von einer retentiven Tendenz, dem Behalten-Wollen, unterschieden werden. Die Persönlichkeit erfahre durch Hemmungen dieser Bestrebungen eine Verarmung, die sich besonders in den in jedem menschlichen Leben so häufigen Versuchungs- und Versagungssituationen verheerend auswirken könne. Der Neurotiker sei ein Mensch, dessen Riesenansprüche in der Welt nie in Erfüllung gingen.

Aus tiefenpsychologischen Aspekten ging auch die Triebtheorie von Leopold Szondi hervor.* Doch Szondi wich ebenfalls von der Freudschen Reduzierung alles Psychischen auf den einen Urtrieb der Sexualität ab. Er versuchte vielmehr, alle psychischen Verhaltensmöglichkeiten in vier Haupttrieben unterzubringen: dem Sexualtrieb, dem Ichtrieb, dem ethischen Trieb und dem Kontakttrieb. Damit glaubte er, alle psychologischen Möglichkeiten erfassen zu können und nahm diese Trieblehre als Basis seiner

* Szondi wurde am 11. März 1893 in Nyitra, in der zu Ungarn gehörenden Slowakei, als Sohn eines jüdischen Gelehrten geboren. In Budapest absolvierte er ein Medizinstudium und begann seine glänzende Laufbahn, die 1944 von den Nationalsozialisten unterbrochen wurde. Er wurde in das KZ Bergen-Belsen eingeliefert. Seit 1944 lebt er in der Schweiz.

Schicksalsanalyse. Er schuf den Begriff des »familiären Unbewußten« und versuchte, in der *Schicksalsanalyse* das Schicksal des verdrängten familiären Erbgutes zu enthüllen sowie dessen geheime, unsichtbare Rolle in der Schicksalsformung und Schicksalslenkung der Person aufzudecken. Das Arbeitsgebiet der Schicksalsanalyse ist nicht das persönliche, sondern eben das »familiäre Unbewußte«. Später prägte Szondi auch den Begriff des *Wahlschicksals*. Jeder Mensch komme mit einem Lebensplan zur Welt, der unter Führung von verborgenen Erbelementen unsere schicksalsformenden Wahlhandlungen bestimme. Die Person müsse von den erbgemäß mitgebrachten Schicksalsmöglichkeiten die einen bejahen, die anderen verneinen. Szondi selbst formulierte die Theorie des Schicksals folgendermaßen: Die Um-Welt prägt zwar den Menschen, doch der Mensch läßt sich leicht in der Richtung seines Erbguts und nach Muster und Figur seiner Ahnen von der Umwelt prägen. Der Mensch hat nicht nur ein einziges Schicksal, sondern so viele Schicksalsmöglichkeiten, wie er penetrante Ahnen in seinem Erbgut trägt. Diese Schicksalsmöglichkeiten sind dem Menschen unbekannt, sie sind oft unbewußt. Doch lenken gerade diese verborgenen Erbanlagen, die Ahnen, den Menschen in den Wahlhandlungen, die sein Schicksal formen. Darum spricht die Schicksalsanalyse von einer Zwangswahl und einem Zwangsschicksal. Trotzdem hat das stellungnehmende Ich die Macht, diese erbbedingte Wahlhandlung zu bejahen oder zu verneinen. Entsprechend gibt es neben der Zwangswahl auch eine freie Ich-Wahl und neben dem Zwangsschicksal auch ein freies Ich-Schicksal. Die Hypothese der Anziehung zweier Personen zueinander sowohl in der Liebe wie in der Freundschaft und im Beruf lautet: Menschen, die in sich die gleichen oder verwandten Erbanlagen tragen, ziehen sich an. Aufgrund dieser theoretischen Überlegungen wird die Art der Familienuntersuchungen mit folgenden Daten ergänzt: Wir müssen nicht nur die Familiendaten des Patienten, sondern auch die von jenen Personen abklären, mit denen der Patient in Liebe, Partnerschaft oder im Beruf in engen Kontakt getreten ist. Alle Berufe der Familienmitglieder und der eingeheirateten oder befreundeten Personen müssen eruiert werden. In der »Schicksalsanalyse« konnte Szondi aufgrund von vielen Familienuntersuchungen aufweisen, daß sich die »Berufskreise« mit den familiären Krankheitskreisen decken. Bei allen Mitgliedern eines Stammbaums muß auch der Charakter angegeben werden, Krankengeschichten der hospitalisierten oder Gerichtsakten der kriminellen Familienmitglieder müssen eingeholt werden. Diese Stammbäume nennt er »erbgelenkte« oder »genotropische« Stammbäume. Es ist wichtig zu betonen, daß der Schicksalsanalytiker den genotropischen Stammbaum des Analysanden stets am Tisch vor sich hält, damit er die Aussagen und freien Assoziationen des Kranken mit den Daten des Stammbaums vergleichen kann. Die Stammbaumuntersuchungen haben sich in den vergangenen vier Jahrzehnten (1937—1975) als sehr aufschlußreich erwiesen. Etwas konnten sie aber nicht aussagen: Welche Erbanlagen, die im Stammbaum aufgezeichnet sind, beinhaltet der Patient in seiner persönlichen Erbgarnitur? Unter anderem war es diese Frage, die Szondi zur Konstruierung seines Tests geführt hat.

Ludwig Binswanger, einem der wenigen Schüler Freuds, die diesem bis an ihr Lebensende verbunden blieben, kommt das Verdienst zu, sich profund in seinem Werk mit der Psychoanalyse auseinandergesetzt zu haben.* Er versuchte, der Psychopathologie eine neue, nämlich phänomenologische, wissenschaftliche Grundlage zu geben. Aufgrund seiner philosophischen Studien, die er vor allem den Werken Husserls und Heideggers widmete, brachte er völlig neue Anregungen in die Psychiatrie. Während die führenden Psychiater seinerzeit bestrebt waren, die Psychiatrie mittels der Neuroanatomie, der Neurophilosophie, der experimentellen Testpsychologie oder der Pharmakologie naturwissenschaftlich zu fundieren, wollte Binswanger diesen Rahmen sprengen. Der Vor-

* Er wurde am 13. April 1881 in Kreuzlingen (Schweiz) geboren. Als Psychiater leitete er während vieler Jahre das von seinem Großvater gegründete und von seinem Vater Robert geführte Sanatorium in Kreuzlingen. 1961 ernannte ihn die schweizerische Akademie der medizinischen Wissenschaften zu ihrem Ehrenmitglied. Am 5. Februar 1966 ist er gestorben.

stoß zu einer dem Wesen des Menschen gerecht werdenden Anthropologie und die Überwindung des Freudschen Positivismus schien ihm ohne die Phänomenologie Husserls und die spätere Fundamentalontologie Heideggers nicht möglich zu sein. Ludwig Binswanger war der erste Forscher, der sich die Daseinsanalytik Martin Heideggers zum Vorentwurf seines psychiatrischen Denkens wählte. Er sah die Aufgabe des Forschers darin, auf das Phänomen zurückzugehen und dieses offenbar werden zu lassen. Für die Psychopathologie formulierte er sie als Versuch, die »jeweiligen Weltentwürfe« der Kranken phänomenologisch zu beschreiben und auszulegen mit dem Ziel, den lebensgeschichtlichen Zusammenhang zwischen »Symptom« und »Erlebnis« verständlich werden zu lassen. Dabei zeigte sich die daseinsmäßige Angewiesenheit der phänomenologischen Anthropologie auf die lebensgeschichtliche Forschung und umgekehrt.
Zunächst setzte sich Binswanger mit den Freudschen Interpretationen des lebensgeschichtlichen Erfahrungsmaterials auseinander und betonte, daß sich eine Welt nicht grundsätzlich aus bloßen Empfindungen und Trieben aufbauen lasse. So entwarf er in seinem Hauptwerk *Grundformen und Erkenntnis menschlichen Daseins* eine »Phänomenologische Anthropologie«, in der zwar gewisse, von ihm später selbst zugegebene Mißverständnisse in der Auslegung von Heideggers Fundamentalontologie nachweisbar sind, die jedoch grundlegende Einsichten in das Wesen der mitmenschlichen Beziehungen vermittelte. Besondere Wichtigkeit erhielt sodann seine Auffassung des Verhältnisses zwischen Arzt und Patient, die den engen und fragwürdigen Rahmen der von der Psychoanalyse geschaffenen Begriffe »Übertragung« und »Widerstand« sprengte, indem sie diesen erweiterte und umgestaltete. Binswanger bezeichnete die »existentielle Kommunikation« zwischen Arzt und Kranken als ein »Miteinander- und Füreinanderdasein«, eine innere Einstellung, die es ermöglicht, den Menschen in seiner ganzen Angst und Schuld zu achten und liebevoll aufzunehmen, völlig frei von konventionellen Vorurteilen und Normen. »In jeder Form der ärztlichen Psychotherapie« — schrieb er — »stehen sich zwei Menschen einander gegenüber, sind zwei Menschen

irgendwie aufeinander angewiesen.« Der Begriff »Psychotherapie« bringt somit dieses Miteinandersein nicht genügend zum Ausdruck, da »Psyche« keineswegs Mitmensch und Therapie lediglich eine Dienstleistung an einem Pflegeobjekt bedeutet. »Würden wir uns auf diese Auffassung der Psychotherapie beschränken, wie sie aus dem Wort selbst, das heißt aus der Reduktion des Sinnes mitmenschlichen Seins auf die Bedeutung einer einseitigen medizinisch-psychiatrischen Dienstleistung spricht, so wären wir niemals imstande, zu verstehen und uns darüber zu verständigen, wie Psychotherapie überhaupt wirken kann.«
Die daseinsanalytische Psychiatrie darf sich nach Binswanger keineswegs nur mit dem Anschaulichmachen eines »Minus«, einer Einschränkung oder Reduktion des Daseins auf gewisse Seinsmöglichkeiten zufriedengeben, vielmehr geht ihr Anliegen dahin, *die Weise des jeweiligen Andersseins* »positiv« zur Anschauung zu bringen. Der psychiatrischen Daseinsanalyse geht es jedoch nicht lediglich um eine »Sinn«-Erschließung, sondern um den Nachweis des in der Geschichtlichkeit des Daseins gründenden Geschichts- und Geschehenszusammenhangs. In einem Geleitwort zu Häfners *Psychopathen* führt Binswanger die Unterschiede zwischen daseinsanalytischer und klinischer Psychiatrie darüber hinaus auf die jeweils besondere Weise der Ausdeutung mitweltlicher und mitmenschlicher Bezüge und Verweisungszusammenhänge zurück. Beide, die klinische wie die daseinsanalytische Psychiatrie, besitzen die gleiche Erfahrungsgrundlage des auffälligen, abnormen oder abwegigen zwischenmenschlichen Verhaltens. Während die Daseinsanalyse die zwischenmenschliche Partnerschaft als solche immer im Auge behält, läßt die klinische Psychiatrie dieselbe in einem gegenständlichen Begriffsschema verschwinden. »In der klinischen Psychiatrie erblickt die daseinsanalytische Psychiatrie lediglich ein bereits medizinisch ausgeformtes, in ungeheuer klinisch-wissenschaftlicher Arbeit errichtetes Gebäude, das für sie kein Ziel, sondern lediglich einen Ausgangspunkt darstellt, von dem sie den Rückgang anzutreten hat auf die natürliche Erfahrung und von dieser aus auf die phänomenologische Erfahrung.« Die Daseinsanalyse arbeitet am Fundament des Gebäudes der Psychiatrie.

Bereits 1922 versuchte Binswanger in seiner *Einführung in die Probleme der Allgemeinen Psychologie* die Eigenart des Psychischen und die Wege zu dessen Erforschung der rein naturwissenschaftlichen Betrachtungsweise gegenüber kritisch abzugrenzen. Nach dem Studium der Werke Husserls vertrat er die These, das Psychische sei »nicht objektivierbar«, mit anderen Worten: man könne dem Wesen des Seelischen niemals gerecht werden, wenn man es im Sinne eines Naturobjekts betrachte. Seit 1933 trat der Einfluß Heideggers auf die psychopathologischen Forschungen deutlich in Erscheinung. 1958 faßte Binswanger sein wissenschaftliches Lebenswerk dahingehend zusammen, daß alle seine Arbeiten »in einer ununterbrochenen geraden Linie« verlaufend immer nur die eine Absicht gehabt hätten, die Nichtobjektivierbarkeit des wissenschaftlichen Vor-Wurfs der Psychologie klarzulegen und die Notwendigkeit der Ausarbeitung einer nicht naturwissenschaftlich-objektivierenden Methode zu betonen. An die Stelle des als »Psyche« aufgefaßten wissenschaftlichen Vor-Wurfs ist »der Mensch« getreten, genauer gesagt, das Menschsein als In-der-Welt-Sein.
Was die psychiatrische Daseinsanalyse Ludwig Binswangers als vorwiegend deskriptive und phänomenologische Anthropologie vorenthielt, war die Anwendung dieser Erkenntnisse in der psychotherapeutischen Praxis und Neurosenlehre. Hier war es Medard Boss,* der den entscheidenden Schritt wagte und — Heidegger wohl am nächsten — zum Begründer jener Richtung und Psychotherapie wurde, die heute unter dem Begriff Daseinsanalyse verstanden wird. Für Boss sind zwei — allerdings voneinander untrennbare — Begriffe Heideggers von psychotherapeutisch besonderer Bedeutung geworden 1. Das primäre Welt-Offensein des Menschen, 2. dessen Je-schon-Gestimmtsein. »Des Menschen

* Boss wurde am 4. Oktober 1903 in St. Gallen geboren. Nach dem medizinischen Staatsexamen in Zürich war er vier Jahre Assistenzarzt an der Psychiatrischen Universitätsklinik Burghölzli in Zürich. Von 1934—1939 betreute er als Chefarzt das private Nervensanatorium Schloß Knonau im Kanton Zürich und führte gleichzeitig eine psychoanalytische Privatpraxis in Zürich. Seine analytische Ausbildung erhielt er zum Teil noch bei Sigmund Freud, dann bei Ernest Jones in London sowie am Psychoanalytischen Institut in Berlin.

Berührt-werden-Können durch etwas, sein Wahrnehmen- und Verstehen-Können durch etwas ... setzt ein primäres Weltoffensein voraus, das jedem bloß vorhandenen Gegenstand völlig abgeht.« Der Mensch ist also nie ein nur lebendes Subjekt oder gar ein Gegenstand, das den Objekten einer Außenwelt gegenübersteht oder mit diesen in einer unerklärlichen Art und Weise in Verbindung steht. Nur dann halten wir uns für ein Subjekt oder eine Person, »wenn wir und insofern wir uns vorgängig auf ein gegenständlich reflektierendes Betrachten unserer selbst eingelassen und eingeengt haben. Geben wir uns jedoch etwa als unbefangene Naturfreunde der Bewunderung einer schönen Landschaft hin, oder gehen wir als einfache Chirurgen beim Operieren sehr aufmerksam mit unseren Instrumenten um, so erfährt sich ein jeder von uns als ein Wesen, das so ganz und unmittelbar bei den Dingen seiner Welt sich aufhält und ist, daß wir mit ›Leib und Seele‹ in unseren seelisch-geistig verstehenden Beziehungen zu ihnen und im handelnd erschließbaren Umgang mit ihnen aufgehen.« Das In-der-Welt-Sein des Menschen bedeutet, daß er Mitmenschen, Tiere, Pflanzen, Dinge unmittelbar als solche erfährt, ohne gleichsam über das nackte Vorhandene eine »Bedeutung« zu werfen. Außerdem *gibt* es ihm nicht einen Wert, sondern hat mit dem innerweltlichen Begegnenden als solchem je schon eine im Weltverstehen erschlossene Bewandtnis. Demnach ist das Erscheinen-Können der Dinge nicht etwa gleichzusetzen einem »Machen« der Gegenstände. »Ebensogut könnte man sonst von dem durch einen Hausbewohner in einem zuvor verdunkelten Zimmer angedrehten Licht sagen, er habe durch das Erleuchten des Raumes die jetzt sichtbar werdenden Möbelstücke ›gemacht‹.« Die psychotherapeutische Konsequenz aus dieser Einsicht in die Grundverfassung des Menschseins ist wohl die, daß der Mensch, dank ihrer, derart schicksalshaft in Anspruch genommen wird, daß alles, was ist und sein darf, zu seiner bestmöglichen Entfaltung gelangen kann. »Das Existieren in diesem Sinne ist dem Menschen als sein wesensmäßiger Lebensauftrag aufgegeben.«
Läßt sich nun das Wesen des Menschen mit einem Licht vergleichen, »dessen Schein die Dinge der Welt erhellt«, so beteiligt sich

daran in der primären Weltoffenheit auch die Gestimmtheit. Das jeweilige Gestimmtsein bestimmt »zum vorneherein die besondere Auswahl, Helligkeit und Tönung der Weltbezüge.« Beispielsweise nimmt ein Mensch in der Stimmung des Hassens einen anderen Menschen anders wahr als in der Stimmung der Liebe; er empfindet sein Leben befreiend oder bedrückend, je nach seiner Stimmung des Glücklichseins oder der Angst oder der Trauer. Daß Stimmungen verdorben werden oder umschlagen können — sagt Heidegger —, beweise nur, daß das Dasein »je schon immer gestimmt ist.« »Die oft anhaltende, ebenmäßige und fahle Ungestimmtheit, die nicht mit Verstimmung verwechselt werden darf, ist so wenig nichts, daß gerade in ihr das Dasein ihm selbst überdrüssig wird. Das Sein ist als Last offenbar geworden. Warum weiß man nicht. Und das Dasein kann dergleichen nicht wissen, weil die Erschließungsmöglichkeiten des Erkennens viel zu kurz tragen gegenüber dem ursprünglichen Erschließen der Stimmungen, in denen das Dasein vor sein Sein als Da gebracht ist. Und wiederum kann die gehobene Stimmung der offenbaren Last des Daseins entheben; auch diese Stimmungsmöglichkeit erschließt, wenngleich enthebend, den Lastcharakter des Daseins. Die Stimmung macht offenbar, ›wie einem ist und wird‹. In diesem ›wie einem ist‹ bringt das Gestimmtsein das Sein in sein ›Da‹.«
Die daseinsanalytische Betrachtungsweise erwies sich besonders auf folgenden Gebieten fruchtbar: in der Auslegung der Träume, im Verständnis der Psychosen, Neurosen und psychosomatischen Krankheiten. Wenn die Daseinsanalyse von der »Auslegung« der Träume spricht, dann in ausdrücklicher Abhebung gegen den bisher üblichen Begriff der Traumdeutung. Die Träume, sagt Boss in seinem grundlegenden Werk über die daseinsanalytische Traumlehre, sind »nicht als irgendwelche Gegenstände von einem Menschen losgelöst« zu betrachten und können auch nicht »mit anderen von ihm hergestellten Objekten verglichen« werden. Der Mensch wird sich wachend oder träumend immer in seiner Offenheit zu den Dingen und Mitmenschen erfahren, wobei er »träumend ebenso wie wachend in sehr verschiedenen Arten von Verhaltensweisen und Weltbezügen seine Existenz austragen kann«.

In der phänomenologischen Auslegung der Träume fragen wir deshalb nicht nach einem »verborgenen« Traum-»sinn«, wir sprechen nicht von »latenten Traumgedanken« und von einer Traumzensur, ebensowenig von Symbolen oder Traum-Bildern. Die phänomenologische Traumauslegung überwindet die Traumdeutung auf einer »Objektstufe« oder auf einer »Subjektstufe« wie auch die Theorie vom Traum als Wunscherfüllung. Das intensive eigenleibliche Erleben unserer Träume macht deutlich, daß die Traumerscheinungen in ihrer unmittelbaren Gegebenheit weder als Bilder noch als Sinnbilder wahrgenommen werden. Vielmehr erfahren wir sie träumend »als wirkliche, physische Gegebenheit: ein Ding als ein wirkliches Ding, ein Tier als ein wirkliches Tier, einen Menschen als einen wirklichen Menschen, ein Gespenst als ein wirkliches Gespenst. Wir sind in unseren Träumen in einer ebenso echten, handgreiflichen Welt wie in unserem Wachen und tragen dort wie hier unser Dasein in unseren Beziehungen und in unserem Verhalten zu den Dingen und Mitmenschen aus.«

In seiner 1954, also ein Jahr nach dem Traumbuch, erschienenen *Einführung in die psychosomatische Medizin* definiert Boss die Krankheit als eine »Beeinträchtigung und Bedrohung des menschlichen Daseins«. Dies heißt, daß dem technischen Verstehen in der Medizin Grenzen gesetzt sind, die mit einer rein naturwissenschaftlichen Orientierung nicht überschritten werden können. »Denn einer Auffassung vom Lebendigen, die sich auf die Vorstellungen der Leistung und der Zweckmäßigkeit, auf die Begriffe der Dynamik und Ökonomie reduziert, können so offenkundig wirkungslose, zwecklose und unökonomische Phänomene, wie es die meisten mimischen Äußerungen und Gebärden sind, im Grund gar nicht anders als unverständlich, ja paradox erscheinen.« Wenn aber schon diesen »einfachen« Phänomenen naturwissenschaftlich kaum ein echtes Verständnis abgerungen werden kann, wieviel schwieriger muß ein solches hinsichtlich der viel komplizierteren Vorgänge psychosomatischer Erkrankungen sein? Die bisherigen Erklärungsversuche operierten mit dem Begriff der *Kausalität*. Eine anatomische Strukturläsion *bewirkt* die pathologische Störung der Funktion dieses Organs und das wiederum bewirkt die Symptome der organischen Krankheit. Ein solches technisches Denken, das »sich derart die ganze Welt überhaupt nur noch als ein Konglomerat von Wirkungszusammenhängen zwischen lauter vorhandenen Gegenständen vorstellen kann«, führte lange Zeit auch die Psychiatrie in die Irre. Zunächst mußten für die Geistesstörungen hypothetische organische Grundlagen im Gehirn gesucht werden. Aber nicht einmal, wo solche vorhanden sind, wie etwa bei der progressiven Paralyse, gelang es, die »psychischen« Phänomene aus dem anatomischen Defekt zu »erklären« oder gar zu »verstehen«. Noch größere Schwierigkeiten zeigten sich bei den »nichtorganischen« Störungen. Worauf sollte die Hysterie zurückgeführt werden können? Oder eine Zwangsneurose? Die Einführung von Begriffen wie funktionelle Störungen im Sinne der vegetativen Dystonie oder einer »Psyche« in das Ätiologieschema blieben fruchtlos, solange die Frage nach dem Woher der funktionellen Organneurose oder des »Subjektes« der »Psyche« nicht beantwortet werden konnte. Auch das Bemühen, die zwischen Seele und Körper bestehenden Beziehungen nervös-regulativ oder auf hormonalem Wege erklären zu wollen, scheiterten daran, daß es »schlechthin und prinzipiell ein Ding der Unmöglichkeit« ist, daß je eine physische Substanz, und wäre sie noch so fein, plötzlich zu einem psychischen Phänomen sich verflüchtigen könnte. Das gilt auch für die hysterische Konversion, wie Freud den »rätselhaften Sprung« psychischer Energien ins Körperliche genannt hat.

In einer von solchen Hypothesen beherrschten Heilkunde, sagt Boss, ist die Gefahr sehr groß, daß es nur um die »rasche Herstellung von möglichst viel Gesundheit als des leistungsfähigsten Zustandes des Organismus« geht, »zum mindesten um die Erzielung von möglichst viel Schmerzlosigkeit um jeden Preis, weil Schmerzen den Betrieb und die Rentabilität der menschlichen Arbeitskräfte ja nur stören können. Der eigentliche Wesensgrund des menschlichen Krankseins und die Tiefe, die jeder Schmerz aufreißt, mußten sich jedoch dem Zugriff des technischen Denkens gänzlich entziehen.« Aus diesem Verstehenshorizont heraus ist auch die *Leiblichkeit* des Menschen nie »bloß ein durch eine

Epidermis eingegrenzter und an ihrer Oberfläche aufhörender Körper . . .«, sondern eine der menschlichen Existenz angehörende Sphäre, »durch die hindurch sich die welterschließenden Lebensbezüge, die die Existenz ausmachen, zum Austrag bringen. Bleiben wir bei der Metapher des Lichts, so könnte mithin der ganze Leibbezirk des Menschen etwa mit dem dunklen Gebilde an der Basis einer Kerzenflamme verglichen werden, das ebenso unmittelbares Teilphänomen dieses selbst, wie Durchgangsmedium des Lichtes ist.« Nur aufgrund seines ursprünglichen In-der-Welt-Seins besitzt der Mensch auch die Möglichkeit, leiblich zu sein.

Gerhard Wehr

CARL GUSTAV JUNG
(1875—1961)

In der Urkunde, die Carl Gustav Jung anläßlich der Verleihung der Ehrendoktorwürde der Eidgenössischen Technischen Hochschule in Zürich ausgestellt worden ist, finden sich die folgenden Worte der Würdigung: »Dem Wiederentdecker der Ganzheit und Polarität der menschlichen Psyche und ihrer Einheitstendenz, dem Diagnostiker der Krisenerscheinungen des Menschen im Zeitalter der Wissenschaften und der Technik, dem Interpreten der Ursymbolik und des Individuationsprozesses der Menschheit.«
Damit ist auf eine sehr knappe Formel gebracht, worin die Bedeutung des Begründers der Analytischen (beziehungsweise Komplexen) Psychologie liegt, und von welchen Resultaten seiner Forschung her C. G. Jung wirksam werden konnte. Jung wurde am 26. Juli 1875 in Kesswil in der Schweiz als Sohn eines evangelischen Pfarrers geboren. Nach dem Medizinstudium in Basel und einer Tätigkeit als Assistent und dann Oberarzt in Zürich wirkte er 1905—1913 als Privatdozent an der Universität Zürich. Die folgenden Jahre waren erfüllt von der intensiven Auseinandersetzung mit der psychoanalytischen Bewegung, dem eigenen Unbewußten, religions- und geistesgeschichtlichen sowie ethnologischen Studien. Seit 1944 war er Professor für medizinische Psychologie an der Universität Basel, ein Jahr später gründete er die Schweizerische Gesellschaft für praktische Psychologie. Am 6. Juni 1961 starb er in Küßnacht.
Wer sich nun die Frage vorlegt, wie sich die Wirkung der Jung-

schen Psychologie auf das moderne Geistesleben im einzelnen darstelle, der stößt auf einen Widerspruch: Das unbestrittene Verdienst, die wissenschaftlichen Grundlagen für die Tiefenpsychologie gelegt zu haben, kommt zweifellos Sigmund Freud zu. Er ist es gewesen, der nach seinem eigenen Urteil nach Kopernikus und Darwin dem Menschen der Neuzeit die dritte große Kränkung oder Entthronung zugefügt hat, nämlich durch die Aufdeckung der menschlichen Triebstruktur und durch die Zerstörung eines einseitig idealistischen, vom Bewußtsein beherrschten Menschenbildes. Freuds analytische Einsicht war demnach — um mit Thomas Mann zu reden — »weltverändernd; ein heiterer Argwohn ist mit ihr in die Welt gesetzt worden, ein entlarvender Verdacht, die Verstecktheiten und Machenschaften der Seele betreffend, welcher, einmal geweckt, nie wieder daraus verschwinden kann«. C. G. Jungs eigenständiger, völlig neue Dimensionen der Wirklichkeit erschließender Forschungsbeitrag hat im Vergleich zu Freud bei weitem noch nicht jene Resonanz gefunden, die man eigentlich nach der eingangs genannten Würdigung erwarten dürfte. So wurde noch anläßlich von Jungs 100. Geburtstag (1975) darauf hingewiesen, daß sein Werk »heute bestenfalls teilweise bekannt« sei. In akademischer Lehre werde es kaum weitergegeben und in der Forschung verhältnismäßig wenig beachtet. Jung klagte selbst noch im Briefwechsel aus seinen letzten Lebensjahren, daß er mit seinen Gedanken allzuoft »auf eine undurchdringliche Wand« stoße, und daß man sich heute noch in völliger Unkenntnis seines Werks mit falschen Auffassungen, ja mit Verdrehungen und Vorurteilen begnüge.

Es muß jedoch sogleich hinzugefügt werden, daß das Interesse an den Fragestellungen, Methoden und Ergebnissen der Analytischen Psychologie seit geraumer Zeit zunimmt. Das gilt besonders für die außerpsychologischen Disziplinen und Erkenntnisgebiete. Doch ehe nach Ansätzen für ein interdisziplinäres Gespräch gefragt werden kann, ist Jungs Ausgangspunkt zu markieren. Er selbst hat ihn einmal so beschrieben:

»Ich bin ein Arzt, der es mit der Krankheit des Menschen und seiner Zeit zu tun hat und auf Heilmittel bedacht ist, die der

Wirklichkeit seines Leidens entsprechen. Psychopathologische Untersuchungen haben mich veranlaßt, historische Symbole und Figuren aus dem Staub ihrer Gräber zu erwecken. Ich habe gesehen, daß es nicht genügt, meinen Patienten die Symptome wegzukurieren.« Und Jung fährt in diesem Zusammenhang, das heißt in einem Interview für die Zürcher »Weltwoche«, fort: »Wir brauchen nicht so sehr Ideale als ein wenig Weisheit und Introspektion, eine sorgfältige religiöse Berücksichtigung der Erfahrungen aus dem Unbewußten. Ich sage absichtlich ›religiös‹, weil mir scheint, daß diese Erfahrungen, die dazu helfen, das Leben gesünder oder schöner zu machen oder vollständiger oder sinnvoller zu gestalten, für einen selber oder für die, die man liebt, genügen, um zu bekennen: es war eine Gnade Gottes.«

Dieses Selbstzeugnis Jungs, dem andere, ähnliche, an die Seite gestellt werden könnten, zeigt an, wie der Arzt und der naturwissenschaftlich denkende Psychologe von seiner therapeutischen Aufgabenstellung her genötigt war, die Grenzen seiner Disziplin immer wieder zu überschreiten. Hier sei im besonderen an solche Hervorbringungen des Unbewußten gedacht, die sich nicht im Freudschen Sinne als vergessene oder verdrängte Bestandteile des individuellen Unbewußten beschreiben lassen, sondern die auf Motive hinweisen, die sich auch in der Religions- und Geistesgeschichte der Menschheit vorfinden können und auf ein urbildartiges, kollektives Seelenerbe verweisen. Jung spricht daher vom sogenannten kollektiven Unbewußten mit seinen archetypischen Prägungen. Während die Inhalte des menschlichen Bewußtseins überschaubar sind und durch den Willen gelenkt oder zumindest beeinflußt werden können, stellt das Unbewußte eine Welt mit einer eigenen psychischen Gesetzmäßigkeit dar. Sie entzieht sich beliebiger Beeinflussung. Die Archetypen im Jungschen Sinne gleichen psychischen Kraftfeldern, die sich im kollektiven Unbewußten ausbreiten. »Der Archetypus stellt wesentlich einen unbewußten Inhalt dar, welcher durch seine Bewußtwerdung und das Wahrgenommensein verändert wird, und zwar im Sinne des jeweiligen individuellen Bewußtseins, in welchem er auftaucht.« Dabei legt Jung großen Wert auf die Unterscheidung zwischen »Arche-

typus« und »archetypischen Vorstellungen«. Danach stellt der Archetypus an sich eine hypothetische, unanschaulich bleibende Vorlage, eine Art Grundmuster dar, wie das in der Biologie bekannte *pattern of behaviour*, welches allen Lebewesen ihre spezifische Art verleiht. Oder mit anderen Worten: »Die Archetypen sind, ihrer Definition entsprechend, Faktoren und Motive, welche psychische Elemente zu gewissen (als archetypisch zu bezeichnenden) Bildern anordnen, und zwar in einer Art und Weise, die immer erst aus dem Effekt erkannt werden kann. Sie sind vorbewußt vorhanden und bilden vermutlich die Strukturdominanten der Psyche überhaupt . . . Wie die Manifestationen [des] biologischen Grundplanes sich im Laufe der Entwicklung ändern können, so auch die des Archetypus. Empirisch gesehen ist aber der Archetypus innerhalb der Reichweite organischen Lebens überhaupt nie entstanden. Er tritt mit dem Leben auf den Plan.«
So sehr nun Jung als Psychologe bestrebt war, sich allein innerhalb der Grenzen der Empirie zu bewegen — er lehnte es jedenfalls kategorisch ab, metaphysische oder theologische Aussagen zu machen —, so mußte er doch die gewohnten Erfahrungsbereiche des Alltagsbewußtseins immer wieder verlassen, um sich für das offen zu halten, was sich ihm einerseits in Gestalt bestimmter Eigenerfahrungen, zum anderen in den Produktionen des Unbewußten seiner Patienten und Analysanden darstellte. Um diese Hervorbringungen der Tiefenpsyche aus einem größeren Zusammenhang heraus zu verstehen, hat sich Jung lange Jahre hindurch der Erforschung sehr spezieller Gebiete gewidmet. Dazu gehörten religions- und völkerkundliche Studien, die Beschäftigung mit der frühchristlichen Gnosis ebenso wie das Studium von Texten aus der christlichen und außerchristlichen Mystik. Dazu gehörten ferner die esoterischen Überlieferungen des Fernen Ostens. Sie haben ihn wiederum angeregt, ein spezielles, eher vernachlässigtes Gebiet der abendländischen Esoterik zu erkunden, nämlich die Alchimie, die nicht einfach mit der fragwürdigen Goldmacherei verwechselt werden darf, auch nicht nur mit der vorwissenschaftlichen Gestalt der Chemie. Die Alchimie, die Jungs Studienobjekt geworden ist, stellt vielmehr einen alten Erkenntnisweg besonde-

rer Art dar. Er erlaubt Vergleiche mit der modernen tiefenpsychologischen Forschung.
Jung hat den Fachwissenschaftlern eine Fülle von Anregungen gegeben. Der Ertrag seiner Bemühungen im allgemeinen ist jedoch weniger in den jeweiligen Einzelgebieten zu finden als vielmehr auf dem zentralen, alle Lebens- und Erkenntnisbereiche berührenden Feld der Selbst- und Welterkenntnis. Die Auswirkung der Analytischen Psychologie erscheint somit in erster Linie als ein Beitrag zu einem universalen, Mensch und Welt, Psyche und Materie umfassenden Wirklichkeitsbild. Sowohl die Begegnung mit der fernöstlichen Spiritualität, die in zahlreichen Einzelstudien und psychologischen Kommentaren zu einschlägigen Texten ihren Niederschlag gefunden hat, als auch der Zugang zu alchimistischen Zusammenhängen verwiesen den Psychologen auf die *eine* Wirklichkeit. Jung bezeichnete sie mit dem alchimistischen Terminus »Unus mundus«, eine Welt. Gemeint ist die Wirklichkeit, die sich bald als materielles Sein, bald als eine psychische Dynamik beschreiben läßt. Vor allem im Jungschen Spätwerk sollte der »Unus mundus« eine wichtige Rolle spielen, als es zwischen dem Psychologen und dem Physiker in der Person des Nobelpreisträgers Wolfgang Pauli zu einem fruchtbaren Austausch kam.
In seinem Aufsatz (1929) über den *Gegensatz Freud und Jung* charakterisiert Jung seine Weise, die Welt zu betrachten, folgendermaßen:
»In meinem Weltbild gibt es ein großes Außen und ein ebenso großes Innen, und zwischen diesen Polen steht mir der Mensch, bald dem einen, bald dem anderen zugewandt, um je nach Temperament und Veranlagung bald das eine, bald das andere für diese absolute Wahrheit zu halten, und je nachdem das eine für das andere zu leugnen oder zu opfern.«
Für Jung ist dieses Bild eine unabdingbare Voraussetzung für seine in der Selbsterfahrung begründete Hypothesenbildung. Ohne diese Voraussetzung ist zum Beispiel seine Typenlehre mit dem introversiven und dem extraversiven Einstellungstypus ebensowenig zu denken wie seine Idee der psychischen Energie, die ebenso aus Gegensätzen hervorgehen muß wie die Energie des physischen

Geschehens. Sie setzt immer ein Gefälle, das heißt die Existenz von Gegensätzen und Spannungen voraus. Und was den Faktor des »großen Innen« anlangt, von dem Jung spricht, so ist es für diese Zeit von besonderer Bedeutung, daß das in früheren Kulturepochen wohl erfahrene, jedoch unreflektierte Wissen um die Urbilder allen Seins und Tuns unter der Bezeichnung des kollektiven Unbewußten wiederentdeckt und ins Bewußtsein des naturwissenschaftlich denkenden Menschen heraufgehoben worden ist. Und zwar aus folgendem Grund: »Nicht philosophische Deduktion oder metaphysische Schau, aber auch nicht äußere Tatsachenforschung und naturwissenschaftliche Induktion sind die Sphäre gewesen, in der heute jenes Wissen um die geheimnisträchtigen Beziehungen von Besonderem und Allgemeinem, von Persönlichem und Überpersönlich-Objektivem wieder neu erfahren und ausgesprochen worden ist, sondern die eigentümliche psychische Innenwahrnehmung.« Friedrich Seifert, der auf diesen Umstand aufmerksam macht, fügt hinzu: »Wer die neuere Psychologie des Unbewußten nicht nur literarisch und von kritisch-intellektueller Beurteilung her, sondern aus lebendiger Erfahrung kennt, dem ist klar, daß von der reichen, wenn auch gewiß zum Teil noch ungeläuterten Empirie der Tiefenpsychologie und Psychotherapie der Gegenwart mehr echte Kraft ausgeht als von den meisten Problemstellungen der ›reinen‹ Philosophie.«
Fragen wir an dieser Stelle, inwiefern dieses Votum auf die Analytische Psychologie von Carl Gustav Jung zutrifft, dann wird zu bedenken sein: Jungs Werk gründet nicht primär auf einer Lehre, etwa auf dem Ergebnis der konstruierenden, analysierenden Ratio. Sein Werk ist vielmehr in der Tat aus originärer seelischer Erfahrung hervorgewachsen, ja in einer Reihe von Durchbruchserlebnissen mit eruptiver Gewalt ans Licht getreten. In seiner Autobiographie *Erinnerungen, Träume, Gedanken* wird dieser Prozeß in eindrücklicher Weise beschrieben — auch in seiner Ambivalenz, wenn man an die riskanten Grenzerfahrungen denkt, von denen der Autobiograph als Psychiater wußte, daß er die »Bausteine einer Psychose« aus eigenem Erleben kennenlernte. Deshalb konnte er seine autobiographischen Aufzeichnungen mit dem Satz

beginnen: »Mein Leben ist die Geschichte einer Selbstverwirklichung des Unbewußten.« Und von seinen ersten Imaginationen und Träumen, die er mit »feurig-flüssigem Basalt« vergleicht, aus denen sich »der Stein« auskristallisierte, den er zu bearbeiten hatte, heißt es später:

»Die Jahre, in denen ich den inneren Bildern nachging, waren die wichtigste Zeit meines Lebens, in der sich alles Wesentliche entschied. Damals begann es, und die späteren Einzelheiten sind nur Ergänzungen und Verdeutlichungen. Meine gesamte spätere Tätigkeit bestand darin, das auszuarbeiten, was in jenen Jahren aus dem Unbewußten aufgebrochen war und mich zunächst überflutete. Es war der Urstoff für ein Lebenswerk.«

Angesichts dieser Tatsache, der Jung ein übergroßes Gewicht beigemessen hat, wird das äußere — gleichwohl mit großer Intensität gelebte — Leben zu einer Art Begleitmusik. Was der aus einem Schweizer Pfarrhaus stammende Autobiograph zu berichten hat, ist wesentlich ein »Mythus«. »Im Grunde genommen sind mir nur die Ereignisse meines Lebens erzählenswert, bei denen die unvergängliche Welt in die vergängliche einbrach. Darum spreche ich hauptsächlich von den inneren Erlebnissen . . . Die Erinnerung an die äußeren Fakten meines Lebens ist mir zum größten Teil verblaßt oder entschwunden. Aber die Begegnungen mit der anderen Wirklichkeit, der Zusammenprall mit dem Unbewußten haben sich meinem Gedächtnis unverlierbar eingegraben. Da war immer Fülle und Reichtum, und alles andere trat dahinter zurück.«

So ging es Jung einzig und allein darum, die »Wirklichkeit der Seele« als das einzig Unmittelbare, menschlicher Einsicht und Erfahrung Vorgegebene zu erkunden und in den Dienst menschlicher Verfügbarkeit, der Erkenntnis als auch der Heilung, zu stellen. Und was seine ausgiebige Beschäftigung mit den genannten religions- und geistesgeschichtlichen Stoffen betrifft, so zielte Jung darauf hin, einen möglichst breit angelegten Schatz an Vergleichsmaterial zu erwerben, das er mit den heute von Gesunden und von psychisch Kranken hervorgebrachten Bildgehalten konfrontieren konnte. Deshalb seine ausgedehnte Suche nach »historischen Präfigurationen«.

Auf diese Weise verschaffte sich Jung nicht nur die Legitimation, von der Existenz eines kollektiven Unbewußten zu sprechen oder die Hypothese archetypischer Bilder und Prägungen aufzustellen. Er gelangte auf diesem Weg gleichzeitig zu einer Art Sprachlehre und zu einer Hermeneutik, also zu einer Verstehenslehre, die es ihm ermöglichte, die Sprache des Unbewußten zu entschlüsseln und den im Prozeß der Individuation befindlichen Menschen Führung und Geleit zu geben, also um im weiteren Sinn des Wortes therapeutisch zu wirken. Im Zusammenhang seiner Studien der individuellen und der kollektiven Wandlungsvorgänge sowie durch das Verständnis der alchimistischen Symbolik fand er den zentralen Begriff seiner Psychologie, den der *Individuation* und des Individuationsprozesses. Es wurde Jung klar, »daß das Unbewußte ein Prozeß ist, und daß die Beziehung des Ich zu den Inhalten des Unbewußten eine eigentliche Wandlung oder Entwicklung der Psyche auslöst. Im individuellen Fall ist der Prozeß an den Träumen und Phantasien abzulesen. In der Welt des Kollektiven hat er seinen Niederschlag vor allem in den verschiedenen Religionssystemen und in der Wandlung ihrer Symbole gefunden.«
Was Individuation ist, welche Stationen psychischer Reifung durchschritten werden können und worin Ziel und Sinn des Individuationsprozesses bestehen, hat Jung unter verschiedenen Aspekten wiederholt beschrieben, zum Beispiel als einen Weg zur Ganzwerdung der menschlichen Psyche. Im Grunde ist diesem zielgerichteten Dynamismus alles Lebendige, der Mensch im besonderen, unterworfen. Es ist der Drang zur Selbstverwirklichung, also eine eingeborene und damit naturhafte Tendenz. Zum anderen aber ist Individuation auch ein Prozeß, der mittels tiefenpsychologischer Erkenntnis im Sinn einer Bewußtseinsintensivierung und -erweiterung vorangetrieben werden kann. »Individuation bedeutet: zum Einzelwesen werden, und, insofern wir unter Individualität unsere innerste, letzte und unvergleichbare Einzigartigkeit verstehen, zum eigenen Selbst werden. Man könnte Individuation darum auch mit ›Verselbstung‹ oder als ›Selbstverwirklichung‹ übersetzen.« Jung legte in diesem Zusammenhang den größten

Wert darauf, daß Individuation nicht mit individualistischen Neigungen verwechselt wird. Er hat bisweilen darauf hingewiesen, daß keiner allein, etwa auf der Spitze des Mount Everest individuieren könne. Mitmensch und Menschheit mit all dem, was menschliches Leben erfüllt und belastet, gehören zur *conditio sine qua non* des Individuationsprozesses.
Denn: »Wird nämlich die innere Verfestigung des Individuums nicht bewußt hergestellt, so tritt sie spontan ein, und zwar in jener bereits bekannten Erscheinung, daß der Massenmensch sich gegen seinesgleichen in unvorstellbarem Maße verhärtet. Er wird zum seelenlosen Herdentier, nur noch regiert von Panik und Begierde. Die Seele aber, die nur aus der menschlichen Beziehung lebt, geht verloren . . . ohne anerkannte und akzeptierte Bezogenheit auf den Nebenmenschen gibt es überhaupt keine Synthese der Persönlichkeit. Die innere Verfestigung des Individuums stellt daher keineswegs die Verhärtung des Massenmenschen auf höherer Stufe dar, etwa in Form einer geistigen Abgeschlossenheit und Unzugänglichkeit, sondern begreift den Mitmenschen ein . . . Die Beziehung zum Selbst ist zugleich die Beziehung zum Mitmenschen, und keiner hat einen Zusammenhang mit diesem, er habe ihn denn zuvor mit sich selbst.«
So gesehen ist der Jungsche Beitrag im besonderen ein anthropologischer, ein Beitrag zu einem vertieften und um die Bezirke des Unbewußten erweiterten Menschenbild. Dieser Beitrag läßt sich unter zwei Gesichtspunkten näher bestimmen: einmal unter dem des Dynamischen und zum anderen unter dem Gesichtspunkt der Korrespondenz.
Worin liegt nun der dynamische Aspekt? Die Analytische Psychologie beschränkt sich weder darauf, bestimmte menschliche Seelenhaltungen zu beschreiben, etwa in Gestalt der erwähnten Jungschen Typenlehre mit ihren beiden gegensätzlichen Einstellungstypen und der doppelten Vierheit von Funktionstypen; noch sieht sie ihre Aufgabe allein darin, auf dem Weg von Analyse und Therapie psychisch gestört, leidende Menschen lediglich an die vorgegebenen Verhältnisse in Umwelt und Gesellschaft aufs neue anzupassen, indem sie die verlorene Funktionstüchtigkeit zurückzugeben versucht. Unter einem dynamischen Aspekt läßt sich das Jungsche Verfahren betrach-

ten, insofern es den Menschen eben nicht nur *interpretiert* oder an den jeweiligen Status quo anpaßt, sondern im Sinn einer Reifung als einzelnen in der Beziehung zu seiner Mitwelt *verändert*. Deshalb ist das große Thema C. G. Jungs das Thema der Wandlung.

Es ist gewiß kein Zufall, daß sich Jung angesichts dieser Thematik einst von Freud gelöst hat und von da an endgültig seinen individuellen Weg ging. Sein Programm legte er unter anderem nieder in dem Buch *Wandlungen und Symbole der Libido* (spätere Fassung: *Symbole der Wandlung)*. Es ist im Grunde dasselbe Thema, das in den Mysterienstätten des Altertums, in den geistig-geistlichen Schulungszentren des Ostens und des Westens Weg und Ziel menschlicher Reifung bezeichnet.

Der andere Gesichtspunkt, unter dem der Beitrag der Jungschen Psychologie betrachtet werden kann, ist der der Korrespondenz. Schon im Ansatz ist sein Werk auf Korrespondenz hin angelegt. Das drückt sich selbst in der therapeutischen Praxis aus, in der in der Regel die obligatorische Analytikercouch durch den Dialog zwischen Analytiker und Analysand, das heißt durch eine volle Wechselseitigkeit des Redens und Hörens ersetzt ist. Korrespondieren, ins Gespräch eintreten, dem Fragenden antworten, der Anrede standhalten, das heißt immer auch: sich selbst verändern lassen, vor allem, wenn Einsichten zu gewinnen sind, für die das Unbewußte entsprechende Erkenntnisaufgaben nahelegt, die der individuellen Bearbeitung bedürfen. Wer lediglich auf die Worte des Meisters schwören wollte, der hätte — im Falle Jungs — weder den dynamischen Aspekt noch das auf volle Korrespondenz angelegte Werk des Psychologen verstanden. So ist es nur natürlich, daß Jung aus der Gesprächsbereitschaft und aus dem Dialog mit Vertretern anderer Disziplinen heraus seine Analytische Psychologie entwickelt hat. Hierfür einige Beispiele:

Zusammen mit Richard Wilhelm, dem bekannten Sinologen, edierte und kommentierte Jung die altchinesische Einweihungsschrift *Das Geheimnis der Goldenen Blüte* (1929). In der Vorrede zu diesem Buch, die dem Gedächtnis Richard Wilhelms gewidmet ist, hebt Jung hervor, welches Ausmaß und welche Bedeutung die Zusammenarbeit mit ihm gehabt hat: »Wilhelms Lebenswerk ist mir darum von so hohem Wert, weil es mir so vieles erklärte und bestätigte, das ich versuchte, erstrebte, dachte und tat, um dem seelischen Leiden Europas zu begegnen. Es war mir ein gewaltiges Erlebnis, durch ihn in klarer Sprache zu hören, was mir aus den Wirrnissen des europäischen Unbewußten dunkel entgegendämmerte.«

Ähnlich bedeutsam schätzte Jung den geistigen Austausch mit dem Indologen Heinrich Zimmer ein. Lange bevor sich das Interesse an der asiatischen Spiritualität in der westlichen Welt in dem heutigen Maße ausgebreitet hat, entstanden die verschiedenen psychologischen Kommentare aus Jungs Feder, zum Beispiel der Kommentar zum *I Ging*, zum *Tibetischen Buch der Großen Befreiung*, zum *Tibetischen Totenbuch* sowie zahlreiche andere einschlägige Arbeiten, die zum großen Teil im elften Band der Gesammelten Werke vereinigt sind. Fragt man nach Sinn und Zweck dieser psychologischen Interpretationsversuche, dann liest man im Schlußwort zu *Das Geheimnis der Goldenen Blüte*: Es »ist der Versuch, die Brücke eines inneren, seelischen Verständnisses zwischen Ost und West zu schlagen ... Das abendländische Bewußtsein ist unter keinen Umständen das Bewußtsein schlechthin. Es ist vielmehr eine historisch bedingte und geographisch beschränkte Größe, welche nur einen Teil der Menschheit repräsentiert. Die Erweiterung unseres Bewußtseins soll nicht auf Kosten anderer Bewußtseinsarten gehen, sondern soll durch die Entwicklung jener Elemente unserer Psyche, die den Eigenschaften der fremden Psyche analog sind, zustande kommen, wie der Osten unserer Technik, Wissenschaft und Industrie auch nicht entraten kann. Die europäische Invasion im Osten war eine Gewalttat großen Stiles. Sie hat uns — noblesse oblige — die Verpflichtung hinterlassen, den Geist des Ostens zu begreifen. Das ist uns vielleicht nötiger als wir derzeit ahnen.«

Diese Sätze wurden — das sei eigens hervorgehoben — bereits 1929 niedergeschrieben und veröffentlicht. Wer jedoch aus ihnen und aus ähnlichen Beiträgen zur West-Ost-Problematik den Schluß ziehen wollte, Jung sei etwa ein Schrittmacher eines Yoga- oder Zen-Snobismus im Westen geworden, der übersieht den besonderen Beitrag des Tiefenpsychologen in diesem für die geistige Orientierung in der Gegenwart wichtigen Punkt.

Einerseits schrieb er: »Der Geist des Ostens ist wirklich ante portas!« Andererseits war er sich deutlich bewußt, daß ein aus Asien importierter »exotischer Aberglaube« samt den immer wieder zu beobachtenden »billigen Simplifikationen und Plattheiten«, eher eine »gefährliche Infektion« bewirken kann. Deshalb warnte er vor der bloßen Imitation indischer oder chinesischer Yogaübungen. »Die wachsende Bekanntschaft mit dem geistigen Osten darf uns nur symbolischer Ausdruck der Tatsache bedeuten, daß wir anfangen, mit dem noch Fremden in uns in Verbindung zu treten. Verleugnung unserer eigenen historischen Vorbedingungen wäre reine Torheit und wäre der beste Weg zu einer nochmaligen Entwurzelung. Nur indem wir feststehen auf eigener Erde, können wir den Geist des Ostens assimilieren.«
Im Zeichen der Korrespondenz und des geistigen Brückenschlags läßt sich das Jungsche Werk auch in anderer Hinsicht fruchtbar machen. Das zeigt die langjährige Zusammenarbeit mit dem Gräzisten und Kenner der antiken Mythologie Karl Kerényi sowie mit dem Ethnologen Paul Radin. Zusammen mit Kerényi brachte Jung das Werk *Einführung in das Wesen der Mythologie* (1941) heraus. So konnte deutlich gemacht werden, inwiefern der Mythos der Alten mit dem existentiell zu tun hat, was der heute lebende Mensch als eine psychologisch zu entschlüsselnde Anrede aus den Tiefen seines Unbewußten erfährt.
Große Bedeutung kann die Jungsche Psychologie für die Theologie, genauer: für das Feld der religiösen Erfahrung erlangen. Jung hat dem Phänomen des Religiösen eine ungewöhnlich starke Aufmerksamkeit geschenkt, und zwar nicht nur in den Werken und Aufsätzen, die ausdrücklich ein religiöses Thema umkreisen. Für nicht wenige seiner Leser wird eben dieser Umstand zu einem Hindernis. Mit Recht vermerkt der evangelische Theologe Hans Schär: »Der Theologe, der sich mit Jung beschäftigt, wird immer wieder staunen über die gewaltige und umfassende Kenntnis, die Jung besitzt, sowohl in bezug auf das Christentum wie auch auf die außerchristlichen Religionen. In dieser Hinsicht ist sein Wissen einzigartig, und sowohl unter Theologen wie bei anderen Leuten sind sehr wenige, die eine derartige Kenntnis über das religiöse

Leben in allen seinen Formen besitzen, wie man sie bei Jung findet ... Auch derjenige, der sich nicht mit allen Auffassungen Jungs einverstanden erklären kann, wird seine Legitimation für die Behandlung anerkennen müssen.«
Diese Legitimation liegt freilich viel weniger in einem theologischen oder religionsgeschichtlichen Wissen als vielmehr in religiöser *Erfahrung* begründet. Und das Bemerkenswerte daran ist, daß der Sohn eines reformierten Pfarrers einen ganz unkonfessionellen Weg zu Christus gefunden hat. In einem Augenblick, in dem die Entfremdung gegenüber der kirchlichen Institution und dem geistlichen Amt unübersehbar geworden ist und in dem das Verlangen nach spiritueller Orientierung, ja selbst der Ruf nach dem Guru im östlichen Sinn laut wird, kann ein psychologisch-spiritueller Entwicklungsweg Aufmerksamkeit beanspruchen: denn dieser von Jung aufgezeigte Weg einer inneren Erfahrung bindet den Menschen weder an eine Institution noch an eine in Abhängigkeit haltende Führerpersönlichkeit, auch und gerade nicht an den Analytiker. Das Ziel dieses Wegs ist vielmehr die Individuation als eine Weise der Selbst-Findung. Religion bleibt nicht länger Gegenstand eines — mißverstandenen — »Glaubens«, sondern wird selbst zu einer individuell erreichbaren Erfahrungstatsache. Auch eröffnet sich die Möglichkeit, mit Hilfe der Analytischen Psychologie einen neuen Zugang zur biblischen Überlieferung zu erhalten, ohne daß der von theologischer Seite seit langem gehegte Argwohn einer angeblichen »psychologistischen« Auflösung des Dogmas begründet wäre. So können Jungs schöpferische Leistungen auf dem Feld der modernen Tiefenpsychologie in ihrer Bedeutung für das allgemeine Kultur- und Geistesleben kaum hoch genug veranschlagt werden, gerade wenn man bedenkt, welche Anregungen und Impulse Vertreter anderer Wissenschaften und Erkenntnisgebiete empfangen haben und noch empfangen können. Das Gespräch und die weltweite Bemühung um eine synoptische, das heißt tiefenpsychologische und außerpsychologische Aspekte einbeziehende Betrachtungsweise ist in vollem Gang.

Thorwald Ewe

Alexander Fleming
(1881—1955)

Selman Abraham Waksman
(1888—1973)

Gerhard Domagk
(1895—1964)

Es ist gewiß nur menschlich-allzumenschlich, daß wir Unangenehmes, Erschreckendes, Bedrückendes in die untersten Bewußtseinsschichten verbannen. In diese Kategorie dessen, was man gern und möglichst rasch vergißt, gehört das düstere Triumvirat Kranksein — Leiden — Sterben. Nicht, daß es in unseren Tagen keine Krankheiten mehr gäbe — doch jagen uns Typhus, Scharlach, Diphtherie, Syphilis, Lungenentzündung, Hirnhautentzündung heute nicht mehr denselben namenlosen Schrecken ein wie noch unseren Großeltern und Eltern. Daß wir es uns leisten können, hier eher Gelassenheit an den Tag zu legen, verdanken wir der Chemotherapie — und an erster Stelle den Antibiotika.
Diese neue Klasse von Medikamenten hat es uns leichtgemacht, zu vergessen, daß noch vor wenigen Menschenaltern Epidemien solcher infektiösen Krankheiten Mitteleuropa heimsuchten; noch 1892 kostete eine Cholera-Epidemie Tausende von Hamburgern das Leben. Machen wir uns wieder bewußt, was es noch vor vierzig Jahren bedeutete, wenn der Arzt bei einem Kind Hirnhautentzündung diagnostizierte: das Todesurteil — oder bleibenden Schwachsinn. Man kannte zwar die bakteriellen Erreger der Krankheit, hatte jedoch kein Medikament in der Hand, sie zu bekämpfen. Eltern und Arzt waren dazu verdammt, dem Leiden

des Kindes hilflos zuzusehen, bis zum so oder so bitteren Ende. Heute dagegen ist eine rechtzeitig erkannte Hirnhautentzündung heilbar — mit dem Antibiotikum Penicillin.
An derartig einschneidende, lange herbeigesehnte Änderungen gewöhnt man sich rasch und hält sie bald für selbstverständlich. Doch die Entdeckung und der Einsatz der Antibiotika haben weit mehr bewirkt als »nur« die Verlängerung von Hunderttausenden von Menschenleben: Die Antibiotika haben das Bewußtsein des Menschen geändert, in einem Ausmaß wie keine medizinische Neuerung in der Geschichte der Menschheit zuvor.
Diese Behauptung mag auf den ersten Blick kühn erscheinen, doch sie ist wahr. Die Haltung des Menschen gegenüber dem Phänomen Infektionskrankheit konnte vor der Entdeckung der Antibiotika in nichts anderem bestehen als im Erduldenmüssen, in ohnmächtig-zornigem Hadern mit dem Schicksal oder im geduldig-fatalistischen Sich-ins-Unvermeidliche-Schicken — mit allen Schattierungen dazwischen. Die Einstellung des Menschen von heute ist nicht mehr die des passiven Dulders: Er ist aggressiv gegenüber seinen Krankheiten; er fordert vom Arzt Medikamente, um seine Leiden zu bekämpfen, und er erwartet unbedingte Heilung — mit einer Ausschließlichkeit, die dem Menschen um die Jahrhundertwende noch vermessen erschienen wäre. Und wenn kein Medikament so recht anschlagen will, dann erwartet der Patient unserer Tage als letzten, aber — so meint er — garantiert sicheren Ausweg den »medikamentösen Holzhammer«: Penicillin.
Daß Antibiotika zwar gegen eine ganze Reihe von früher gefürchteten Krankheiten helfen, aber eben doch nicht gegen alle, quittiert ein Großteil der Menschen unserer Tage mit Verständnislosigkeit. Man ist schon zu sehr an diese »Wundermittel« gewöhnt, von ihrer weitgefächerten Verwendbarkeit vielleicht sogar verwöhnt. Motto: Pillen, Pulver oder Spritzen besiegen jede Krankheit. Was Wunder, daß die Öffentlichkeit mit Ungeduld, ja fast schon mit Verärgerung reagiert, weil die Pharmakologen »immer noch kein Heilmittel gegen Krebs« gefunden haben. Dabei vergessen diese Kritiker freilich, daß die Natur der Krebskrankheiten noch weitgehend unbekannt ist; und ein Medikament kann erst dann mit

Aussicht auf Erfolg konzipiert werden, wenn geklärt ist, an welchem physiologischen Zahnrad es einhaken soll.
Diese Kluft zwischen der Erwartungshaltung der Öffentlichkeit und den Ergebnissen der Krebsforscher wurde sicherlich durch die Erfolge der Antibiotika auf dem benachbarten medizinischen Sektor der Infektionskrankheiten vertieft — Erfolge von »Wunderdrogen«, bei deren Entdeckung gleichermaßen Zufall und Tüftelei Pate gestanden haben.
Einer dieser Tüftler war der Bakteriologe Paul Ehrlich; er gilt zu Recht als »Vater der Chemotherapie«. Ehrlich, am 14. März 1854 in Strehlen geborener Schlesier jüdischer Abstammung, war der erste, der den langgehegten, aber nur verschwommen formulierten Wunsch der Mediziner nach Chemotherapeutika in ein klares Konzept ummünzte. Zeitlebens hatten Farbstoffe und Färbetechniken für Bakterien den studierten Biologen, Chemiker und Mediziner Ehrlich interessiert — ein Interesse, das keineswegs erlahmt war, als er 1899 Leiter des eigens für ihn eingerichteten Instituts für experimentelle Therapie in Frankfurt am Main wurde. Paul Ehrlichs Gedanken kreisten vor allem um einen Punkt: Er wollte die »Silberne Kugel« gegen krankheitserregende Bakterien finden. In der romantischen Oper *Der Freischütz* von Carl Maria von Weber ist diese »Silberne Kugel« ein verzaubertes Geschoß, das mit unfehlbarer Sicherheit den trifft — und nur den —, auf welchen der Schütze das Gewehr anlegt. Diese »Silberne Kugel« der Medizin, die Ehrlich vorschwebte, meinte er unter den Bakterien-Farbstoffen finden zu können: Bestimmte Farbstoffe färbten selektiv nur Bakterien an — die Zellen des Wirtsorganismus reagierten nicht mit diesen Farbstoffen. Bei dieser Färbeprozedur gingen die Bakterien in der Regel zugrunde, meist leider auch die Wirtszellen. Paul Ehrlichs »idée fixe«: Einen Farbstoff zu finden, der in einem von Krankheitserregern befallenen Organismus ausschließlich und treffsicher — so treffsicher wie die legendäre »Silberne Kugel« — die Bakterien vernichtete, die Zellen des befallenen Organismus jedoch unbehelligt ließ.
1904 war es tatsächlich soweit: Ehrlich und sein japanischer Assistent Kiyoshi Shiga konnten einen ersten Erfolg verzeichnen. Der

Farbstoff »Trypanrot« aus der Gruppe der Azo-Farbstoffe war eine solche »Silberne Kugel«, die selektiv nur Trypanosomen, die Erreger der Schlafkrankheit, zerstörte. Doch für die breit angelegte therapeutische Verwendung war Trypanrot — so schien es Ehrlich — noch nicht perfekt genug. Er suchte weiter — und hier beginnt das eigentliche, nicht hoch genug einzuschätzende Verdienst Paul Ehrlichs: Er verfiel nicht in planloses, punktuelles Herumprobieren in anderen Farbstoffgruppen, sondern begann systematisch, durch schrittweises Ändern einer Molekülstruktur ein verbessertes Chemotherapeutikum zu suchen.

Hier kam Ehrlich seine chemische Ausbildung zugute. Er hielt die Stickstoffatome im Trypanrot-Molekül für wesentlich für die bakterizide Wirkung und fing zusammen mit seiner Arbeitsgruppe an, ähnliche Verbindungen herzustellen, die einen nahen chemischen Verwandten des Stickstoffs enthielten: Arsen. Eine organische Arsenverbindung nach der anderen wurde synthetisiert und ihre physiologische Wirkung in Tierversuchen getestet — eine durchaus moderne Arbeitsweise, mit der Ehrlich seinen Zeitgenossen meilenweit voraus war. Trotzdem wollte sich der Lohn der Mühen, ein verbessertes Chemotherapeutikum gegen die Erreger der Schlafkrankheit, nicht einstellen. Und mittlerweile — man schrieb das Jahr 1909 — hatte Ehrlichs Arbeitsgruppe dank ihres fast fabrikmäßigen »Ausstoßes« bereits über 900 Arsenverbindungen synthetisiert und im Tierversuch erprobt — vergeblich.

Doch dann hatte der Zufall die Hand im Spiel und bescherte dem ehrgeizigen Bakteriologen ein Ergebnis, das seinen Erstling Trypanrot an Bedeutung weit in den Schatten stellte. Sein Assistent Sahatshiro Hata, Japaner wie Ehrlichs Mitarbeiter Shiga, untersuchte die Wirkung von längst als Fehlschlag verbuchten, in den Jahren zuvor synthetisierten Arsenverbindungen auf Spirochäten, die Erreger der Syphilis. Die 1907 hergestellte Verbindung Nr. 606 — so fand Hata — tötete unfehlbar die Spirochäten und ließ die Zellen des befallenen Organismus unbehelligt. Paul Ehrlich nannte den Wirkstoff »Salvarsan« — das erste, durch naturwissenschaftliche Methodik gefundene Chemotherapeutikum von weltweiter Bedeutung. 1910 veröffentlichten Ehrlich und Hata ihre

Ergebnisse; von da an hatten die Ärzte ein wirksames Medikament zur Bekämpfung der Syphilis in Händen.
Auch ärztliche Überdosierungen der Arsenverbindung »Salvarsan«, die zu schweren Vergiftungen führten und Paul Ehrlich heftige, aber unberechtigte Kritik an seinem Syphilis-Chemotherapeutikum bescherten, änderten nichts daran: Trypanrot — in geringerem Maße — und Salvarsan waren »Silberne Kugeln«, von denen Ehrlich zeitlebens geträumt hatte. Das Zeitalter der naturwissenschaftlich geplanten Suche und Synthese von chemischen Wirkstoffen gegen Krankheiten hatte begonnen.
Salvarsan wurde bald überall auf der Welt im Kampf gegen die Syphilis eingesetzt; selbstverständlich auch in England, wo unter anderem ein schottischer Arzt und Bakteriologe aktiv die Einführung dieses Medikaments unterstützte. Sein Name: Alexander Fleming.
Fleming, am 6. August 1881 in Lochfield/Schottland geboren, wuchs in recht ärmlichen Verhältnissen auf und hungerte sich mehr oder weniger durch sein Medizinstudium an den Universitäten von Kilmarnock und schließlich von London. Sein besonderes Interesse galt von Anfang an der Bakteriologie; Fleming verfolgte aufmerksam Ehrlichs Forschungsarbeiten in Frankfurt und war fasziniert von den ersten Gehversuchen der Chemotherapie. Die sich hier abzeichnende Möglichkeit, Krankheiten auf chemischem Weg entgegenzutreten, beschäftigte seine Gedanken alle seine beruflichen Jahre hindurch. Ohne diesen ständig vorhandenen geistigen »background« wäre Alexander Fleming wohl kaum die epochemachende Entdeckung gelungen, die ihn später weltberühmt machen sollte. Fleming arbeitete im Spätsommer 1928 an der Medical School des St. Mary Hospital in London als Ordinarius für Bakteriologie. In einem kleinen Labor züchtete und untersuchte er Staphylokokkenkulturen; Staphylokokken sind traubenförmig angeordnete, kugelförmige Bakterien, die Wunden infizieren und zum Eitern bringen. Fleming legte die Kulturen in sogenannten Petri-Schalen an, leicht gewölbten, flachen Glasschalen, die eine dünne Schicht aus gelatinöser Nährlösung tragen; auf und in dieser Nährlösung wachsen und vermehren sich die Erreger, mit denen man die Nährlösung geimpft hat.

In der Luft schwebt ständig, für das menschliche Auge unsichtbar, eine Unmenge von Keimen: Viren, Bakterien, Pilzsporen. Daher deckt der Bakteriologe seine Petri-Schalen mit Glasdeckeln ab, um zu verhindern, daß sich dieser mikrobielle Regen in die angelegten Kulturen senkt und sie verunreinigt. Und genau dies — das Abdecken der Kulturen — scheint Alexander Fleming nachlässig gehandhabt zu haben; nicht gerade ein Ruhmesblatt für einen Ordinarius für Bakteriologie. Das sollte, trotz oder gerade wegen der späteren Glorifizierung Flemings, nicht verschwiegen werden.
Fleming war nach einem mehrwöchigen Urlaub in sein Labor zurückgekehrt und räumte gerade ein wenig auf, als ihm eine im Brutschrank vergessene Petri-Schale in die Hände fiel. Offenbar hatte sich — aus dem oben erwähnten Grund — ein unwillkommener Fremdling in die Staphylokokkenkultur eingenistet: Die Kultur war an mehreren Stellen verschimmelt. Fleming wollte die verunreinigte Kultur bereits den Weg alles Irdischen gehen lassen, als ihm etwas auffiel: Rund um die Schimmelpilzflecken war jeweils eine Staphylokokken-freie Zone, dort war die Nährlösung sauber.
Dieser Moment, in dem Alexander Fleming in seinem Labor die Petri-Schale mit der verdorbenen Staphylokokkenkultur betrachtete, war wohl so etwas wie ein Scheideweg für die Chemotherapie. Hätte Fleming achselzuckend die Petri-Schale weggeworfen, hätte sich die Entdeckung des ersten Antibiotikums zumindest um unbestimmte Zeit verzögert — vielleicht wäre sie auch nie gemacht worden. Dies ist das unbestreitbare Verdienst Flemings, in diesem Augenblick gezögert und dann die Petri-Schale doch nicht auf den Müll geworfen zu haben. Ohne Zweifel ein historischer Augenblick. Klischees haben den Nachteil, die Realität unangemessen stark zu vergröbern und zu verkehrten Schlüssen zu verleiten. Doch ein Vergleich der Persönlichkeiten von Paul Ehrlich und von Alexander Fleming verführt dazu, beide mit einem klischierenden Etikett zu versehen: Ehrlich — der akribisch genaue Fleißarbeiter, der Hunderte von Verbindungen synthetisiert und im Tierversuch prüft; Fleming — der »geniale Schlamper«, der ein Präparat im Brutschrank vergammeln läßt und nach einem Blick darauf eine Idee hat, die die Medizin revolutioniert.

Ob diese Klischees berechtigt sein mögen oder nicht — jedenfalls ließ Fleming der Gedanke nicht mehr los, die Schimmelpilze könnten einen bakteriziden Stoff abgesondert haben. Er bestimmte den Pilzstamm; es handelte sich um *Penicillium notatum*, einen Pinselschimmel, mit dem jeder Hausfrau nur zu bekannten Brotschimmel eng verwandt. Fleming züchtete daraufhin größere Mengen von *Penicillium notatum* und versuchte, den ihm unbekannten bakteriziden Wirkstoff aus der Pilzmasse zu extrahieren. Seine Extrakte töteten tatsächlich eine ganze Reihe unterschiedlicher Bakterienarten ab — andere Mikroben zeigten keine Wirkung. Blieb die Frage nach der Verträglichkeit des »Penicillins« — so hatte Fleming den Wirkstoff getauft, ohne seine Zusammensetzung zu kennen — im von Krankheitserregern befallenen Organismus.
Und hier scheint ein weiteres Mal die Nachlässigkeit in Flemings Arbeitsweise ausschlaggebend gewesen zu sein — anders läßt sich die Inkonsequenz kaum deuten, die der Entdecker des Penicillins nun an den Tag legte; nur, daß dieses Mal die Chemotherapie davon Schaden erlitt: Fleming injizierte seinen Pilzextrakt lediglich in gesunde Mäuse und wies dadurch nach, daß der Extrakt den Tieren nicht schadete. Eine Injektion mit physiologischer Kochsalzlösung hätte nichts anderes bewirkt — das war kein Nachweis, daß Penicillin Krankheitserreger vernichten konnte. Dazu hätte Fleming kranken Tieren seinen Extrakt injizieren müssen. Dann wäre anhand der Resultate zweierlei offensichtlich gewesen: daß Penicillin den Tieren nicht schadet *und* daß der Wirkstoff Krankheitserreger zerstört.
Warum Alexander Fleming diesen so selbstverständlichen Schritt nicht tat, sondern seinen Penicillin-Extrakt nur gesunden Mäusen einspritzte, wird wohl nie geklärt werden können. Mit Nachlässigkeit allein kann ein solcher Lapsus nicht begründet werden. Ernst Boris Chain, der zusammen mit Alexander Fleming und Howard Walter Florey 1945 für die Entwicklung des Penicillins den Nobelpreis für Medizin erhielt, trägt Fleming dieses Versäumnis noch heute nach. Völlig unnötigerweise — so Chain 1978 in einem Interview mit dem Südwestfunk/Baden-Baden — hat die Menschheit zehn Jahre lang nach Flemings Entdeckung auf das Penicillin

warten müssen. In der Tat verging ein Jahrzehnt zwischen Flemings halbherzigen Versuchen, die Wirksamkeit seiner *Penicillium-notatum*-Extrakte nachzuweisen, und der — unbedingt erforderlichen — Isolierung, Reinigung und Stabilisierung des Penicillins durch Florey und Chain in den Jahren 1939 bis 1941.
Daran hatte es nämlich bei Alexander Flemings Pilz-Extrakten gehapert: Diese Extrakte stellten Gemische dar, die neben dem pharmakologisch wirksamen Penicillin noch Dutzende — wenn nicht sogar Hunderte — von anderen Stoffen enthielten. Kein Mediziner oder Pharmakologe beschäftigte sich bereitwillig mit Flemings abstrusen Brühen, die obendrein im Tierexperiment nur an gesunden Mäusen getestet waren. Und um sozusagen das Maß der Unglaubwürdigkeit vollzumachen: Fleming hatte nicht die geringste Ahnung, was für eine chemische Verbindung sein Penicillin war.
Hier fehlte Fleming ganz offensichtlich die solide chemische Ausbildung eines Paul Ehrlich — er war außerstande, den eigentlichen Wirkstoff aus seinen Extrakten zu isolieren und ihn chemisch zu identifizieren. Penicillin war überdies eine »unbequeme« Verbindung: Es zerfiel leicht in unwirksame Bestandteile, war empfindlich und unbeständig.
Alexander Fleming verlor — so muß es heute scheinen — allmählich die Lust, an seiner Wunderdroge weiterzuarbeiten und einen Chemiker zu suchen, der das Penicillin isoliert und stabilisiert hätte. Kaum zu glauben: An nichts weiter als an Routinearbeiten gescheitert, verschwand das erste Antibiotikum der Welt in der Schublade — für einen zehnjährigen Dornröschenschlaf. Bis Florey und Chain die schlafende Wunderdroge weckten.
Sir Ernst Chain, der einzige der drei Penicillin-Nobelpreisträger, der heute noch lebt, bezweifelt die bisher allerorts lesbare Version, Fleming habe nur deswegen resigniert, weil er keinen Chemiker zur Mitarbeit habe bewegen können. Chain hält einen weiteren Faktor für ausschlaggebend für Flemings Aufgeben. Dieser Faktor sei Flemings Chef gewesen, der Direktor des Inoculation Department, Sir Almroth Wright.
Wright, von Haus aus Immunologe, habe entschieden die Ansicht

vertreten, es könne eine antibakterielle Therapie ausschließlich auf immunologischer Grundlage geben — also durch Immunstoffe, die bakterielle Invasoren an sich binden und so unschädlich machen können. Dieses Vorurteil — so Sir Ernst Chain — habe Wright blind gemacht für alle anderen Denkanstöße; die Geschichte der Penicillin-Entdeckung sei somit ein gutes Beispiel dafür, wie Voreingenommenheit in der Wissenschaft den Fortschritt hemmen könne.

Zudem sei Alexander Fleming nicht der Mann gewesen, der seinem Vorgesetzten zu widersprechen gewagt hätte. Tatsächlich findet sich in keiner zugänglichen Quelle irgendein Hinweis darauf, daß Fleming mit Wright um die Durchsetzung seiner Idee gerungen hätte. So bleibt nach alledem ein Schatten über beiden zurück; über Alexander Fleming ob seiner Unentschlossenheit, über Almroth Wright seiner Voreingenommenheit wegen. Letzterem hat dies schon zu Lebzeiten den Spitznamen »Almost Right« eingetragen — er hatte mit seinen Ansichten »fast recht« behalten, aber eben nur fast.

Heute heißt das Inoculation Department »Wright-Fleming-Institute«, und beschäftigt sich mit — Immunforschung.

1929 publizierte Alexander Fleming seinen Fund und ließ ihn, aus welchen Gründen auch immer, wieder in der Versenkung verschwinden; im gleichen Jahr arbeitete ein deutscher Biochemiker in den Laboratorien der I. G. Farben in Wuppertal-Elberfeld an der Fortführung der Ehrlichschen Idee, einen Farbstoff zu finden, der sich fest an Bakterien koppelte und sie dadurch vernichtete. Dieser Biochemiker — sein Name war Gerhard Domagk — sollte Erfolg haben; er fand die bakterizide Verbindungsgruppe der Sulfonamide und konnte so die Zeitspanne bis zum endgültigen Eintritt der Penicillin-Ära ein wenig überbrücken.

Gerhard Domagk, geboren am 30. Oktober 1895 in Lagow/Brandenburg, geriert trotz seines Medizinstudiums heute in der Literatur als Biochemiker. Zu Recht, denn Domagk beschäftigte sich zeitlebens mit der Wirkung chemischer Verbindungen auf den — kranken — menschlichen Organismus; man könnte ihn also auch einen »Chemotherapeuten« im eigentlichen Sinn nennen, wenn

diese Bezeichnung nicht ungebräuchlich wäre. Domagk probierte bei den I. G. Farben planmäßig sämtliche neuentwickelten Farbstoffe daraufhin aus, ob sie bakterientötende Wirkung zeigten. Besonders interessierten ihn die damals gerade erst synthetisierten Farbstoffe aus der chemischen Gruppe der Sulfonamide. Er untersuchte sie mit der Geduld und der Akribie eines Paul Ehrlich in schier endlosen Testreihen und hatte schließlich 1932 Erfolg: Der orangerote Sulfonamidfarbstoff mit dem Handelsnamen »Prontosil« tötete Streptokokken in mit diesen Kugelbakterien infizierten Mäusen, ohne gleichzeitig den Tieren Schaden zuzufügen.
Ob Prontosil auch von Menschen unbeschadet eingenommen werden konnte, mußte Gerhard Domagk unmittelbar nach seiner Entdeckung in seiner nächsten Umgebung erproben — unter Umständen, die ihm gewiß alles andere als willkommen waren. Domagks Tochter Hildegard stach sich versehentlich mit einer Nadel, die Krankheitskeime trug, und holte sich auf diese Weise eine Streptokokkeninfektion. Alle gängigen medikamentösen Behandlungsversuche blieben erfolglos, und Hildegard Domagks Zustand verschlimmerte sich in bedrohlicher Weise. Da entschloß sich der Vater, der keinen anderen Ausweg mehr sah, Hildegard hohe Dosen von Prontosil zu injizieren. Das Chemotherapeutikum schlug an — die Kleine wurde rasch gesund. 1935 war Prontosil offiziell eingeführt. Das Medikament bewährte sich in der zweiten Hälfte der dreißiger Jahre ausgezeichnet und bekam bald eine ganze Reihe von Nachfolgern aus der Sulfonamidgruppe.
Einen wichtigen Beitrag zur Sulfonamidforschung leistete der am 23. März 1907 in Neuchâtel/Schweiz geborene Pharmakologe Daniel Bovet. Bovet hatte in Genf studiert und arbeitete seit Beginn der dreißiger Jahre am renommierten Institut Pasteur in Paris. 1936 wurde er zum Direktor des Instituts ernannt — nicht zuletzt seiner bedeutsamen Entdeckung auf dem Gebiet der Sulfonamide wegen. Daniel Bovet war einem zunächst unverständlichen Phänomen nachgegangen, das sich bei der Überprüfung der bakteriziden Wirkung von Prontosil gezeigt hatte: Prontosil entfaltete seinen bakterienfeindlichen Effekt nur im betreffenden, von Krankheitserregern befallenen Organismus — nicht aber in einer

In-vitro-Kultur eben derselben pathogenen Keime. Auf im Labor in Petri-Schalen gezüchtete Streptokokken angewandt, war Prontosil vollkommen wirkungslos.

Irgend etwas mußte offenbar im lebenden Organismus mit den Prontosil-Molekülen passieren, was sie erst befähigte, dort mit den Streptokokken in so gründlicher Weise fertig zu werden.

Bovet vermutete, hinter dieser seltsamen Metamorphose des Prontosil im Organismus könne sich eine Spaltung der Farbstoffmoleküle durch körpereigene Eiweißstoffe — sogenannte Enzyme — verbergen. Diese Enzyme sorgen unter anderem dafür, daß das Räderwerk des Stoffwechsels läuft; was, wenn Prontosil in gleicher Weise wie irgendein Nährstoff »verstoffwechselt«, also in andere, körpergerechtere Stoffe umgewandelt wurde?

Daniel Bovet ging zusammen mit seiner Arbeitsgruppe diesem Gedanken nach und untersuchte Spaltprodukte des Prontosil-Moleküls auf eventuelle bakterizide Wirkung. 1936, also bereits ein Jahr nach der offiziellen Einführung des Prontosil in die Pharmakologie, war Bovets Bemühen von Erfolg gekrönt: Das Prontosil-Spaltprodukt Sulfanilamid tötete sowohl im Versuchstierorganismus als auch im Reagenzglas die gefürchteten Streptokokken. Das eigentlich wirksame Agens Sulfanilamid war gefunden — das Sulfonamid Prontosil war lediglich die Vorstufe dazu.

Diese wertvolle Erkenntnis ebnete den Weg zu einer Vielzahl neuer Sulfonamid-Medikamente. Gerhard Domagk, der Paul Ehrlichs Idee des bakterienfärbenden und damit -vernichtenden Stoffs konsequent weitergeführt hatte, erhielt 1939 den Nobelpreis für Medizin und Physiologie.

Doch das Jahr 1939 brachte mehr für die Chemotherapie als nur Domagks Ehrung. Jenseits des Atlantik konnte der Mikrobiologe René Dubos, geboren am 21. Februar 1901 in Saint-Brice/Frankreich und seit 1938 US-Staatsbürger, die Entdeckung eines neuen Chemotherapeutikums vermelden. Der Stoff hieß »Tyrothricin« und war, im ganzen gesehen, mangels ausreichender Wirkung für die Mediziner nicht besonders interessant. Aber etwas anderes machte »Tyrothricin« zum befreienden Schuß, der endlich die Penicillin-Lawine ins Rollen brachte: Dubos hatte seinen Wirk-

stoff aus einem Mikroorganismus isoliert, aus *Bacillus brevis.* Ein bakterizider Wirkstoff für die Humanmedizin, der nicht aus einem Laboratorium stammte, sondern aus einem Mikroorganismus — das ließ an der Oxforder Universität einen Biochemiker und einen Mediziner aufhorchen: Ernst Boris Chain und Howard Florey.
Chain wurde am 19. Juni 1906 in Berlin geboren. Nach seinem Chemiestudium an der dortigen Friedrich-Wilhelm-Universität trieb ihn — er ist jüdischer Abstammung — die rassistische Hetze der Nationalsozialisten aus dem Land. Ernst Chain emigrierte nach Großbritannien und stieß 1935 zur Arbeitsgruppe um Howard Florey an der Universität Oxford. Howard Walter Florey, geboren am 24. September 1898 in Adelaide, war Australier und — wie Chain — Emigrant; freilich nur aufgrund eines Rhodes-Stipendiums, das ihn 1922 nach seinem in Adelaide absolvierten Medizinstudium nach Oxford gelockt hatte. Seit 1935 lehrte Florey dort Pathologie und befaßte sich mit dem Enzym Lysozym, letzteres zusammen mit seinem neuen Mitarbeiter Ernst Chain.
Lysozym war 1922 von Alexander Fleming entdeckt worden — es gehört zu einer von der Natur häufig verwendeten Enzymgruppe, die sowohl in Bakterien als beispielsweise auch in menschlichen Schleimhautsekreten vorkommt und die Zellwände »feindlicher«, mikrobieller Eindringlinge auflöst. Diese Eigenschaft hatte Lysozym für Fleming als potentielles natürliches Chemotherapeutikum interessant gemacht. Nachdem er jedoch eine Weile mit dem Enzym experimentiert hatte, ohne so recht vorwärtszukommen, hatte Alexander Fleming das Lysozym ad acta gelegt. Dubos' Entdeckung eines natürlichen, aus einem Mikroorganismus isolierten Chemotherapeutikums hatte Howard Florey 1939 endgültig überzeugt, daß auf diesem Sektor der mikrobiellen Chemotherapeutika Aussicht auf neue Arzneimittelwirkstoffe bestand. Er griff Flemings Arbeiten über Lysozym wieder auf und versuchte, gemeinsam mit Chain, aus diesem Enzym etwas medizinisch Verwertbares zu machen. Der Bedarf für ein gutes Chemotherapeutikum war ungeheuer groß: Der Zweite Weltkrieg hatte begonnen.
Ernst Chain blätterte in Flemings Arbeiten und stieß dabei kopfschüttelnd auf eine Mitteilung über ein obskures, angeblich bakte-

rizides Substanzgemisch, das der schottische Bakteriologe am St. Mary Hospital vor zehn Jahren aus Schimmelpilzen extrahiert haben wollte. Der Name des von Fleming nie isolierten Stoffes: Penicillin.

Chain berichtete Howard Florey von seinem seltsamen Literaturfund und meinte, dahinter könne mehr stecken, als Fleming daraus gemacht hatte. Florey stimmte zu, und Chain machte sich daran, aus Extrakten aus *Penicillium-notatum*-Kulturen den von Fleming Penicillin getauften Wirkstoff zu isolieren.

Das Gespann Florey/Chain war erfolgreich. Mit jedem Trennungs- und Anreicherungsschritt wurden die Penicillin-Präparate reiner. 1941 wurde der erste Patient mit einem Penicillin-Präparat geheilt. Die britische pharmazeutische Industrie begann auf Drängen staatlicher Stellen hin — Zehntausende verwundeter Soldaten starben in den Lazaretten an Infektionskrankheiten — das Wundermittel Penicillin zu produzieren.

Bei allen Anstrengungen blieb das Resultat dieser Bemühungen doch unbefriedigend. Millionen Liter Kulturflüssigkeit als Nährmedium für den Schimmelpilz waren erforderlich, um nur ein einziges Kilogramm reines Penicillin herzustellen. Howard Florey reiste noch 1941 in die Vereinigten Staaten, um dort kapitalkräftige pharmazeutische Firmen für die Penicillin-Produktion zu gewinnen. Das gelang ihm auch, und schon bald sah Florey sein Zutrauen in die Findigkeit und in die technologischen Fähigkeiten der Amerikaner bestätigt: Mais-Einweichwasser, ein Abfallprodukt der Maismüllerei, erwies sich als vorzügliches Kulturmedium für *Penicillium notatum*; die Ausbeute stieg auf ein Mehrfaches an.

Aber damit nicht genug. Die US-Pharma-Konzerne ließen ein in der Geschichte der Pharmakologie einmaliges Unternehmen vom Stapel: die weltweite Suche nach noch produktiveren Schimmelpilzstämmen, als es Flemings *Penicillium notatum* offenbar sein konnte. Flugzeugbesatzungen schafften aus allen den Alliierten zugänglichen Teilen der Erde — es war Krieg — faulendes Gemüse, modrige Erde und verschimmelten Müll aller Art in die Laboratorien der pharmazeutischen Industrie. 1942 fand eine eigens zum Schimmelsammeln abgestellte Beschäftigte des Northern Regional Research Laboratory in Peoria/Illinois unter einem Verkaufsstand auf dem Markt von Peoria eine in Fäulnis übergegangene Melone. Sie trug einen Penicillium-Stamm, der sich nach den ersten Laboruntersuchungen als wahres Arbeitspferd entpuppte: Er produzierte tausendmal mehr Penicillin als Flemings Schimmelpilz.

Zusätzliche technologische Fortschritte im Kulturverfahren bescherten eine weitere Steigerung der Penicillin-Ausbeute, so daß man sich allmählich der Bedarfsdeckung näherte. Und Bedarf — dieser Begriff mutet hier fast makaber an — bestand genug; 1943 wurde Penicillin erstmals in großem Maßstab bei verwundeten alliierten Soldaten in Sizilien und in Nordafrika eingesetzt.

Parallel zu den verfahrenstechnischen Bemühungen, möglichst viel Penicillin herzustellen, liefen Versuche, die chemische Struktur des Penicillin-Moleküls aufzuklären. Robert Woodward, dem erst 28jährigen amerikanischen »Wunderknaben« auf dem Gebiet der organischen Chemie, gelang 1945 das Kunststück; Röntgenbeugungsbilder kristallinen Penicillins sowie ein die Bilder auswertender Computer — damals ein absolutes Novum in der Chemie — machten die Strukturaufklärung möglich.

Mit Hilfe der nun bekannten Strukturformel wollten die Penicillin-Forscher endlich vom mikrobiellen Hilfsarbeiter Schimmelpilz loskommen, der trotz aller Verbesserungen immer noch umständlich in Zehntausende Liter fassenden Fermentern gezüchtet werden mußte. Den Chemikern schwebte die Totalsynthese des Penicillins im Laboratorium vor, der Zusammenbau im Reagenzglas aus einfachen chemischen Grundstoffen. Doch alle Versuche in dieser Richtung schlugen fehl — bis zum heutigen Tag. Ein wirtschaftlicheres Verfahren zur Penicillin-Gewinnung als die Isolierung aus Schimmelpilzen existiert vorerst nicht. Die biochemischen Tricks im Stoffwechsel lebender Organismen lassen sich auch heute vom Chemiker noch nicht einmal andeutungsweise nachvollziehen. 1945, in dem Jahr, als Alexander Fleming, Howard Florey und Ernst Chain den Nobelpreis für Medizin und Physiologie erhielten, war dies freilich noch weniger möglich.

Unbeschadet dessen genießt die Menschheit seit 1941 die Segnungen, die ihr aus dem Chemotherapeutikum Penicillin erwachsen sind. Beim Penicillin allein ist es nicht geblieben. Penicillin war lediglich das erste Antibiotikum, dem noch viele weitere folgen sollten. Eines der in der Nachkriegszeit wichtigsten, das Streptomycin, wurde vom Schöpfer des Namens »Antibiotika« entdeckt: von Selman Abraham Waksman.
Selman Waksman wurde am 22. Juli 1888 in Priluki/Rußland geboren. 1910 wanderte er in die Vereinigten Staaten aus und wurde sechs Jahre später US-Staatsbürger. Nach dem Studium der Mikrobiologie beschäftigte sich Waksman mit mikrobiologischen Forschungsarbeiten an der Rutgers University in New Jersey — vor allem mit Mikroorganismen, die in Erde leben. Sein Schüler René Dubos, der auf demselben Arbeitsgebiet tätig war, isolierte 1939 aus dem unter anderem in Erde lebenden *Bacillus brevis* einen bakteriziden Stoff. Dies veranlaßte Waksman, sich ebenfalls auf die Suche nach einem solchen »Antibiotikum« (= gegen [mikrobielles] Leben) — so nannte er Substanzen wie Penicillin oder wie Dubos' Tyrothricin — zu machen. Es sollte allerdings ein ganz bestimmtes Antibiotikum sein: eines, das gram-negative Bakterien tötete.
Gram-negativ heißen solche Bakterien, die sich mit der Färbemethode des dänischen Bakteriologen Hans Christian Gram nicht anfärben lassen; gram-positive Bakterien gehen eine Verbindung mit Grams Farbstoffgemisch ein. Tyrothricin und Penicillin wirken nur gegen Krankheiten, die von gram-positiven Bakterien hervorgerufen werden — Waksman suchte gezielt nach einem Antibiotikum gegen gram-negative Mikroben.
Vier Jahre lang nahm Selman Waksman Bodenproben und untersuchte sie systematisch auf Mikroorganismen, die die gewünschte bakterizide Substanz ausschieden. Parallel dazu sichtete er seine »Bestände« an Kulturen, die er im Verlauf seiner zwanzigjährigen Beschäftigung mit Bodenmikroben angelegt hatte. Aus einem »Veteranen« seiner Sammlung, mit dem er ein Vierteljahrhundert vorher gearbeitet hatte — einer Kultur des Strahlenpilzes *Streptomyces griseus* —, gewann er schließlich 1943 ein Antibiotikum

gegen gram-negative Keime. Waksman nannte den Stoff »Streptomycin«. 1944 wurden die Tierversuche erfolgreich abgewickelt, und ein Jahr darauf genas der erste Patient nach einer Behandlung mit dem neuen Antibiotikum. Streptomycin kam in den folgenden Jahren vor allem gegen die Tuberkulose zum Einsatz — Tuberkelbazillen sind gram-negativ. 1952 erhielt Selman Waksman den Nobelpreis für Medizin.

Nach 1945 ist kaum ein Monat vergangen, in dem nicht ein neues Antibiotikum in den Laboratorien der pharmazeutischen Industrie entdeckt wurde. Mittlerweile sind es sicherlich einige tausend — doch nur zwischen fünfzig und hundert davon eignen sich für die Behandlung kranker Menschen, die anderen sind viel zu toxisch. Außer Penicillin sind alle Antibiotika grundsätzlich für den menschlichen Organismus giftig; nur nimmt man bei der erwähnten Handvoll in der Humanmedizin verwendeter Antibiotika die toxischen Nebenwirkungen in Kauf, weil die damit bekämpften Krankheiten für den Patienten das größere Risiko darstellen.

Trotz ihrer Nebenwirkungen haben Chloramphenicol, Kanamycin, Gentamycin, Terramycin, Bacitracin und andere bei der Bekämpfung von Infektionskrankheiten die medizinische Welt erobert. Doch über die Festtribüne, auf der man die Antibiotika bejubeln möchte, fällt ein Schatten. Der Schatten trägt den Namen Resistenz.

Auch nach knapp vierzig Jahren Antibiotikatherapie sind die Infektionskrankheiten noch längst nicht ausgerottet. Der Mensch brüstet sich gerne seiner Anpassungsfähigkeit in extremen Situationen — doch er ist nicht der einzige Überlebenskünstler der belebten Welt. Die Fähigkeit von Mikroben, sich — besser gesagt: ihre Art — einer feindlichen Umwelt anzupassen, ist bedeutend ausgeprägter.

Unter den vielen Milliarden Individuen einer Bakterienpopulation befinden sich immer einige Mutanten — Einzelwesen, die in Aufbau und Eigenschaften um Nuancen von der großen Masse ihrer Spezies abweichen. Das Antibiotikum, das diese Bakterien erfolgreich bekämpfen soll, ist auf besagte große Masse zugeschnitten. Auch wenn das Antibiotikum unter dieser Bakterienpopulation ein Massaker anrichtet: viele Mutanten überleben. Wenn sie imstande sind, sich fortzupflanzen — häufig sind Mutanten steril —, werden sie zu den Gründern einer neuen Spezies, der das zuvor wirksame Antibiotikum nichts anhaben kann. Diese neue Spezies ist resistent.

Auf dem durch das Antibiotikum »gerodeten« Siedlungsraum finden die Mutanten genügend Platz, um sich auszubreiten. So paradox es klingt: Wir züchten resistente Stämme von Krankheitserregern heran, indem wir Antibiotika verwenden.

Vor allem bei zu leichtfertigem Gebrauch — und wir sind mit der »Silberkugel«, der »Magna therapia sterilizans«, vom ersten Moment an allzu leichtfertig umgegangen. Bereits bei minimalen Infekten griff man zum »medikamentösen Holzhammer« Antibiotikum. Die »Silberkugel«, von der Ehrlich, Fleming, Florey, Chain, Domagk und Waksman träumten, war — und ist — in Gefahr, zu einem Spottpreis verramscht zu werden. Antibiotika im Viehfutter, in Lebensmitteln, »demnächst wohl auch im Lippenstift«, wie Fleming einmal resigniert meinte.

Die Bakterien sind dabei, ihren Todfeind Antibiotikum durch ständige Mutation und Selektion ins Leere laufen zu lassen. Die pharmazeutische Industrie versucht, durch Neuentwicklungen auch resistent gewordene Stämme wieder bekämpfbar zu machen. Die Antibiotika haben die Infektionskrankheiten nicht ausgerottet, aber sie haben uns zusätzliche Lebensjahre gewonnen. Durch vorsichtigen Umgang mit den »Silberkugeln« sollten wir uns diese Vergünstigung erhalten — sonst war die Arbeit der großen Chemotherapeuten unseres Jahrhunderts umsonst. Dann wird es uns gehen wie einem Autofahrer, der mitten in einer rasenden Talfahrt plötzlich entsetzt feststellt, daß die Bremsen nicht mehr funktionieren. Die Seuchen schlafen nur — sie sind nicht tot.

Dietrich Schmähl

Charles Brenton Huggins
(*1901)

Waro Nakahara
(1896—1976)

Alexander Haddow
(1907—1976)

Karl Heinrich Bauer
(1890—1978)

Die Würdigung einer Persönlichkeit unseres Jahrhunderts mit eminenten Verdiensten für die Krebsforschung fällt schwer. Krebsforschung ist nämlich ein multi- und interdisziplinäres Unternehmen, in das sehr viele medizinische und naturwissenschaftliche Disziplinen einspielen. Jede dieser Arbeitsrichtungen hat in der Vergangenheit erhebliche Beiträge zum Verständnis der Krebskrankheit erbracht, so daß es unmöglich erscheint, nur eine Persönlichkeit zu würdigen. Ich habe mich daher entschlossen, vier Männer vorzustellen, die — jeder auf seine Weise — herausragende Verdienste in der Krebsforschung erworben haben. Dies erscheint mir auch deswegen gerechtfertigt, weil Krebs keine Krankheitsentität darstellt, wie etwa die Blinddarmentzündung oder der Knochenbruch. Krebs ist nämlich nur der Sammelbegriff für eine Vielzahl von Erkrankungen; wir kennen bis heute mindestens siebzig unterschiedliche Krebsformen, die sich hinsichtlich der Ätiologie, des Krankheitsbildes oder der Prognose völlig unterschiedlich verhalten können. Auch aufgrund dieser zuletzt erwähnten Tatsachen erscheint mir die Schilderung nur eines einzigen Lebenswerkes nicht angebracht, weil dadurch der Gesamt-

rahmen der Krebsforschung nicht abgedeckt worden wäre. Krebsforschung ist zudem kein nationales, sondern ein internationales Unterfangen, weil ein einziges Land die ihr innewohnenden Probleme gar nicht bewältigen könnte. Infolgedessen ist und war schon immer der Kontakt gerade unter den Krebsforschern verschiedener Länder vorbildlich. Es gab hier weder rassische noch politische Grenzen. Um dieser Tatsache Rechnung zu tragen, will ich in meinem Beitrag Persönlichkeiten verschiedener Nationalitäten schildern und dabei herauszufinden versuchen, wo trotz unterschiedlicher Ansatzpunkte für das Arbeitsgebiet sich gemeinsame und verbindende Linien ergeben.
Ich beginne meine Schilderung mit Charles Brenton Huggins, der am 22. September 1901 als Sohn schottischer Vorfahren in Halifax, Kanada, geboren wurde, heute in Chicago lebt und noch immer dort aktiv arbeitet. Huggins ist ein tief religiöser Mann, der immer wieder herausgestellt hat, daß zu einem Forscher in ganz besonderem Maße eine charakterliche Unfehlbarkeit und Untadeligkeit gehören. So überschrieb er im November 1977 einen Artikel mit der bemerkenswerten These *The Cultivation of Excellence*, was wir in etwa mit »Ausbildung und Pflege der Erhabenheit« übersetzen könnten. Sein Lebenswerk sieht er gern überschrieben mit dem amerikanischen Slogan »discovery is our business«. Er sagt, daß zur Forschung eine spartanische Selbstdisziplin gehört, und daß die drei »H«, nämlich »head, heart and hand« von besonderer Bedeutung für den Forscher seien. Die Technik ist zwar ein nützliches, letztlich aber nur ein auxiliares Instrumentarium; das wesentliche ist die Idee. Mit der Idee zu arbeiten, ist die Hauptaufgabe des Forschers. Man kann das amerikanisch wie folgt ausdrücken: »Activity arouses idea which, in turn, begets technique. With blood on my hands, I can discover. Seated at my desk, I have no chance. Progress in science is progress in methods.« Ein Forscher dürfe niemals aufhören, über die Probleme seines Forschungsgebiets intensiv nachzudenken. So schreibt er einmal in einem Artikel über medizinische Untersuchungen 1969: »When Newton was asked how he made his discoveries, he said: By always thinking into them.« Er sieht eine der wesentlichsten Fä-

higkeiten des Forschers, die ihn über seine Mitmenschen hinaushebt, darin, daß der Forscher in der Lage sein muß, Phantasie in Entdeckungen hineinzutragen und in diese zu übersetzen. Charles Huggins verdanken wir die moderne Hormontherapie des Prostatacarcinoms (Vorsteherdrüsenkrebs). Er hat dadurch unendlich vielen Menschen nicht nur eine Linderung ihres Leidens verschafft, sondern darüber hinaus den Patienten in aller Regel viele lebenswerte Jahre geschenkt. Er erhielt 1966 den Nobelpreis.

Huggins gehörte seit 1926 dem Lehrkörper der Universität Michigan an; 1927 ging er an die chirurgische Universitätsklinik Chicago, 1931 war er einige Monate in Deutschland und arbeitete in den Laboratorien Otto Warburgs. Seit 1936 war Huggins als Ordinarius für Chirurgie und Direktor der urologischen Abteilung in Chicago klinisch tätig. Heute arbeitet er nur noch wissenschaftlich. Er leitet das Ben May Laboratorium for Cancer Research seiner Wahlheimatstadt.

Das wissenschaftlich Bemerkenswerte an Huggins ist, daß ihn viele medizinische Probleme interessiert haben: Knochenphysiologie, Blutenzyme, Kalkstoffwechsel und vor allem Sexualhormone und ihre Bedeutung für das Krebswachstum sogenannter hormonabhängiger Tumoren, vor allem des Prostata- und Mammacarcinoms. Sein historisches Verdienst liegt in der Erforschung der endokrinologischen Verhältnisse beim Wachstum des Prostatakrebses. In Versuchen an Hunden (1939—1941) hatten Huggins und seine Mitarbeiter festgestellt, daß die Prostatasekretion bald nach der Kastration oder nach Gabe von Östrogenen erlischt, durch Testosteron (das männliche Sexualhormon) aber wieder in Gang zu setzen ist. Diese von ihm gefundenen Verhältnisse brachte er nun in Beziehung zum Wachstum von Prostatacarcinomen. Prostatatumoren bei Hunden konnten von Huggins durch Kastration und Östrogenbehandlung zum Rückgang gebracht werden. Nach diesen gründlichen experimentellen Studien führte er diese Behandlungsart auch beim Menschen mit den hinreichend bekannten Erfolgen ein. Als erkannt wurde, daß nach der Kastration männliche Sexualhormone nun von den Nebennieren in verstärktem Maße gebildet werden, führte Huggins als erster

1945 eine doppelseitige Nebennierenentfernung zur Behandlung des fortgeschrittenen Prostatacarcinoms durch. Obwohl die Ergebnisse dieser Operation auf das Wachstum des Prostatakrebses und der Metastasen eindeutig günstig waren, starben anfänglich die Patienten an Nebenniereninsuffizienz, bis man gelernt hatte, eine hinreichende Substitutionstherapie zu entwickeln. Es war logisch und konsequent, aber sehr gewagt, bei desolaten Fällen auch die Hypophysenausschaltung — als Steuerungszentrum aller endokrinologischen Aktivitäten — zu empfehlen, wie es Huggins getan hat.

Durch die Einführung der Hugginsschen Therapie des Prostatacarcinoms in aller Welt konnten zahllose Patienten am Leben erhalten werden und noch ein lebenswertes Dasein über viele Jahre führen. Neben diesen wesentlichen Verdiensten hat sich Huggins aber auch um die Behandlung des Brustkrebses verdient gemacht. Hier war er es wiederum als erster, der die Indikation zur Nebennieren- und Hypophysenentfernung festlegte. In neuerer Zeit hat er in Experimenten an Ratten ein Mammacarcinom entwickelt, das die Besonderheiten des menschlichen Brustkrebses weitgehend nachahmt und daher als Modell für therapeutische Studien dienen kann, die über kurz oder lang zu Fortschritten führen werden.

Wenn man Huggins heute nach der Zukunft der Krebsforschung fragt, so ist er optimistisch. Er glaubt, daß ein wesentlicher Teil der menschlichen Tumoren durch das Endokrinium in ihrem Wachstum gesteuert wird, und verlangt daher — seiner eigenen Arbeitsrichtung gemäß —, die Endokrinologie in der Krebsforschung besonders zu intensivieren.

Der Grund, warum ich Charles Huggins als herausragende Persönlichkeit unseres Jahrhunderts für die Krebsforschung und -behandlung beschrieben habe, ist, um zu demonstrieren, daß ein Mann, der von seiner Ausbildung her Kliniker war, es vorbildlich verstanden hat, naturwissenschaftliche Experimente an Tieren unmittelbar in die klinische Praxis umzusetzen. Er erfüllte damit schon vor Jahrzehnten eine Forderung, die heute mit Recht mehr und mehr an wissenschaftlich arbeitende Untersucher gestellt wird. Bemerkenswert ist ferner, daß Huggins sich ganz konzentriert nur denje-

nigen Tumoren zugewendet hat, von denen er annahm, daß sie über das Endokrinium gesteuert werden. Er hat also mit großer Zielstrebigkeit nur eine Aufgabe vor Augen gehabt, die er dann — soweit dies in seinen Kräften stand — von allen Seiten her anpackte und auch weitgehend löste.
Huggins, der in seinem Wesen von äußerster Bescheidenheit ist, verabscheut jeden Publicityrummel. Er hat eine eigenartige Ausstrahlung auf seine Umgebung und versteht es, seine Mitarbeiter für die Probleme zu begeistern. Neben tiefer Religiosität ist er ein Musikliebhaber par excellence. Er sagte mir einmal, daß er die Fugen von Bach gerne als Vorbild für medizinische wissenschaftliche Tätigkeit sehen würde, weil sich hier eine Gedankenklarheit verbunden mit der sauberen Durchführung des Gedankens zur Vollendung entwickelt hat.

Ich erwähnte eingangs, daß das Krebsproblem viele Disziplinen anspricht und von den verschiedensten Standpunkten angegangen werden kann und angegangen werden muß. Neben klinischen Gesichtspunkten, wie sie bei Huggins hauptsächlich zum Tragen kamen, bleibt der naturwissenschaftliche Aspekt der Krebskrankheit ein wesentlicher Ansatzpunkt für die Forschung. Als einen Repräsentanten dieser Arbeitsrichtung möchte ich den Japaner Waro Nakahara und dessen Lebenswerk darstellen.
Neben der so bedeutsamen klinischen Krebsforschung hat sich in unserem Jahrhundert die experimentelle Krebsforschung zu einer mächtigen Arbeitsrichtung ausgeweitet. Sie wird sowohl in zahlreichen Tierexperimenten als auch im komplizierten biochemischen oder physikochemischen Untersuchungen vorangetrieben. Ziel aller dieser Untersuchungen ist letztlich, herauszufinden, was der Krebs für Ursachen haben und wie er am erfolgreichsten behandelt werden könnte. Daneben kommt der Prävention eine besonders hohe Bedeutung zu. Die Grundlagen dafür werden ebenfalls meist experimentell erarbeitet.
Die Ursachen eines Carcinoms können stofflicher Natur sein, zum Beispiel chemische Substanzen, aber auch energiereiche Strahlen, wie etwa Röntgenstrahlen oder Ultraviolett-Licht. Schließlich

werden auch Viren als Krebsursache diskutiert. Durch Tierversuche will man nun herausfinden, ob bestimmte chemische Verbindungen oder auch die anderen erwähnten Quellen von Relevanz für die Krebsentstehung beim Menschen sein können. Es versteht sich von selbst, daß für derartige Untersuchungen unendlich viele, mit großer Sorgfalt und Geduld durchgeführte Versuche nötig sind. Eine Vielzahl von Substanzen, die für die Krebsentstehung beim Menschen verantwortlich sind, hat man auf diese Weise gefunden. Neben dieser Ursachenforschung des Krebses dienen Tierversuche dazu, beim Tier induzierte maligne Geschwülste durch geeignete Therapieverfahren zu behandeln. Hierzu kommen sowohl chirurgische, strahlentherapeutische oder chemotherapeutische Verfahren in Betracht. Ziel aller dieser Untersuchungen ist es letztlich, beim Tier solche Situationen zu simulieren, die auch für den Menschen von Bedeutung sind. Durch entsprechend angelegte Experimente sollen dann die Verhältnisse des Menschen so gut als möglich simuliert werden, um herauszufinden, was man entweder für die Prävention des Krebses oder für seine Behandlung an neuen Erkenntnissen für den Menschen gewinnen kann.
Mit derartigen Untersuchungen hat sich in der Vergangenheit und beschäftigt sich heute eine Vielzahl von Wissenschaftlern in aller Welt. Nakahara ist ein Repräsentant dieser Arbeitsrichtungen. Sein wissenschaftlicher Lebensweg ist typisch für viele Forscher dieses Fachgebiets. Nach Abschluß seines Medizinstudiums in Japan ging er 1918 an die Cornell-Universität in Amerika. Er kam dort mit amerikanischen Untersuchern, speziell Dr. James B. Murphy, in Kontakt, der seinen weiteren Lebensweg insoweit bestimmte, als er ihn für die Krebsforschung begeistern konnte. Es war also das Engagement des Lehrers, das sich auf den Schüler übertrug.
Zu der damaligen Zeit wurde schon — wie heute auch noch immer — gedacht, daß den Lymphozyten eine besondere Bedeutung bei der »Krebsabwehr« zukäme. Die ersten Untersuchungen Nakaharas beschäftigten sich mit diesem Phänomen, ohne indessen zu einem endgültigen Ergebnis und Schluß zu kommen. Bis heute ist die Rolle der Lymphozyten für die Krebsentstehung oder das Krebswachstum umstritten. Von manchen Untersuchern wird enthusiastisch angenom-

men, daß die Tumorimmunologie, zu der letzten Endes die Lymphozyten in ihrer Bedeutung für die Krebsabwehr gehören würden, eines Tages das Krebsproblem lösen könnte. Nakahara sagte mir wenige Jahre vor seinem Tod, daß er inzwischen dieser Ansicht mit einem erheblichen Maß an Skepsis gegenüberstehen würde, eine Auffassung, die ich im übrigen teile. Immerhin begann Nakaharas wissenschaftlicher Lebensweg vor nunmehr sechzig Jahren mit Arbeiten auf diesem speziellen Gebiet der »Tumorimmunologie«, wie wir heute sagen würden. In ähnlichem Zusammenhang sind spätere Untersuchungen (1948—1958) zu sehen, in denen er ein sogenanntes »Toxohormon« postulierte. Dies sollte eine vom Tumor gebildete Substanz darstellen, die die Leberkatalase-Aktivität senkte und somit toxische, vom Tumor kommende Wirkungen auf den Gesamtorganismus ausübte. Auf diese Weise wurde versucht, die »Tumorkachexie« zu erklären. Es folgten dann zahlreiche Untersuchungen mit sogenannten »Impftumoren«; das sind Geschwülste, die man vor allem bei Ratten und Mäusen mit einer Impftechnik auf Tiere des gleichen Stammes zu übertragen vermag und die dann im Empfängertier zum Wachstum kommen. Derartige Impftumoren eignen sich für therapeutische Studien.
Wesentlich für Nakaharas Arbeiten von 1918—1925 war, daß er dort mit einer Vielzahl prominenter Forscher der damaligen Zeit in Kontakt kam. Um nur einige Namen zu nennen: Jacques Loeb, Alexis Carrel oder dem späteren Nobelpreisträger Peyton Rous. Es wurde intensivst gearbeitet nach dem typisch amerikanischen Muster »output = achievement«. Nakahara schreibt über diese Zeit in einer Arbeit *A Pilgrim's Progress in Cancer Research* 1974: »The sustained highpressure research activity generated from the Director of the institute, Simon Flexner, was to push and pursue without providing me to rest.« Nakahara mag von seiner Wesensart diese amerikanische Einstellung nie recht verstanden haben, zumal er sie später in seinem eigenen Institut nicht praktizierte.
1925 kehrte Nakahara nach Japan zurück und arbeitete zunächst am Institute for Infection Diseases in Tokio. Er beschäftigte sich zu dieser Zeit sehr intensiv mit der Virustheorie der Krebsentstehung und führte zahlreiche Experimente auf diesem Gebiet durch. Diese Fragestellung war damals außerordentlich aktuell, weil

durch eine Reihe von Untersuchungen am Tier berichtet worden war, daß Viren als Krebsursache für den Menschen in Frage kommen könnten. Wir wissen heute, daß dies wohl nur ausnahmsweise der Fall sein kann. Weitere Untersuchungen beschäftigten sich mit der Frage, ob die Diät in irgendeiner Weise sowohl mit dem Krebswachstum als auch mit der Krebsentstehung zusammenhängen könnte. Schon damals war dabei an die Rolle des Vitamin A gedacht worden, aber überzeugende Befunde für die Bedeutung des Vitamin A für die Krebsentstehung oder das Krebswachstum konnten nicht erbracht werden. Es ist bemerkenswert, daß heute das Vitamin A in dem eben skizzierten Zusammenhang wieder eine Renaissance erlebt. Bei seinen Untersuchungen über den Einfluß der Diät fand Nakahara heraus, daß man die Krebsentstehung in der Leber bei Ratten durch bestimmte Azofarbstoffe unterbinden kann, wenn man den Tieren gleichzeitig große Mengen normaler Leber füttert. Die Erklärung dieses Phänomens blieb lange Zeit unklar, bis man herausfand, daß das Vitamin Lactoflavin (Riboflavin) für diese spezielle Art der Krebsentstehung eine Hemmwirkung ausübte. Nakahara war der erste, dem dieser Nachweis gelang. In diese Zeit (15. April 1945) fiel auch die Zerstörung des japanischen Krebsforschungsinstitutes durch amerikanische Bomben, das er danach mit großer Energie wieder aufbaute.
Wesentliche Beiträge hat Nakahara auf dem Gebiet der chemischen Carcinogenese erbracht. Er war der Entdecker des potenten Carcinogens 4-Nitrochinolin-I-oxyd. Er war ferner einer der ersten, der gemeinsam mit Hermann Druckrey die Bedeutung der Summationstheorie bei der Carcinogenese erkannte und ferner das Problem syncarcinogener chemischer Wirkungen erstmalig im Experiment nachwies. Diese beiden Untersuchungen gehören letztlich in das Gebiet der Toxikologie. Sie konnten zeigen, daß im Gegensatz zu den sonst bekannten toxikologischen Wirkungsmechanismen bei Einwirkung chemischer Substanzen nicht die Konzentration des Giftes am Wirkungsort der alleinige Meßwert der Wirkung ist, sondern daß auch kleine und kleinste Dosen deswegen für die Umwandlung einer normalen Zelle zur Krebszelle von Bedeutung sind, weil sie an den Erbstrukturen der Zelle

angreifen und somit irreversible Veränderungen am Genom setzen, die bei der Mitose auch auf die Tochterzellen übertragen werden. Es ist daher nicht die Höhe der Einzeldosis einer krebserzeugenden Substanz für die Wirkung von Bedeutung, sondern die Summe aller Einzeldosen, die Gesamtdosis. Das spiegelt sich auch im Erkennen syncarcinogener Wirkungen insoweit wider, als sich auch die Wirkungen verschiedener, chemisch unterschiedlich gebauter Substanzen addieren können, wenn sie in kleinen und kleinsten Dosen auf das lebende Individuum einwirken. Diese Untersuchungen und Erkenntnisse haben epochale Bedeutung gewonnen. In seinen letzten Lebensjahren hat sich Nakahara schließlich mit der Entwicklung autochthoner Tumormodelle bei Tieren für chemotherapeutische Studien beschäftigt. Diese Untersuchungen konnte er letztlich nur noch beginnen, weil der Tod ihn mitten aus seiner Arbeit riß. Er starb an einem Herzinfarkt.
Was ist nun das Besondere an dem Lebensweg von Nakahara und seinen Ergebnissen für die Krebsforschung? Mir scheint dies vor allem in der Tatsache zu liegen, daß ein theoretisch-experimenteller Forscher sich im Laufe seines Lebens gezwungen sah, in einer Vielzahl zum Teil ganz unterschiedlicher naturwissenschaftlicher und medizinischer Disziplinen zu arbeiten, um sich je nach der Aktualität von Entdeckungen aus seinem Umfeld mit der eigenen Arbeitsrichtung anzupassen. Es gehört dazu ein ungemein wandlungsfähiger und naturwissenschaftlich-medizinisch gebildeter Geist, der diese Anpassung vollziehen kann. Um dazu in der Lage zu sein, muß man sich den Gesamtüberblick über alle Probleme der Krebsforschung bewahrt haben. Würde man auf diesem Gebiet mit Einäugigkeit oder Scheuklappen durch das wissenschaftliche Leben gehen, dann wäre eine solche Wandlungsfähigkeit gar nicht mehr möglich. Nakahara hat es wie ich immer außerordentlich bedauert, daß die heutige Ausbildung des wissenschaftlichen Nachwuchses in der Krebsforschung mehr und mehr dahin geht, eine Vielzahl von Spezialisten zu schaffen, die von Einzelheiten und Teilgebieten immer mehr wissen, aber nicht mehr in der Lage sind, das Ganze im Auge zu behalten.
Nakahara war ein ungemein gebildeter Mann. Neben einem per-

fekten Englisch sprach er fließend deutsch und französisch. Er führte sein Institut in patriarchalischer Weise im besten Sinne des Wortes. Er besaß eine ungewöhnlich große Sammlung von Schmetterlingen, die heute im National Museum of Science in Tokio zu besichtigen ist. Auf seinem Schreibtisch standen Goethes *Faust* ebenso wie die chinesischen Gedichte von Li Po. Er selbst hat sich auch dichterisch sowie kompositorisch beschäftigt. Was ich über Huggins geschrieben habe, trifft auch hier zu, daß die übersprudelnde, aber doch kontrollierte Phantasie und Anpassungsfähigkeit an die wissenschaftlichen Gegebenheiten und Entwicklungen die Tätigkeit des Forschers, sein Wirken und die Qualität seiner Arbeit bestimmen.

Ebenso wie die japanische Krebsforschung verfügt auch die englische über eine bis ins letzte Jahrhundert hineinreichende Tradition. In Japan war es Professor Yamagiwa (1863—1930), der die japanische Krebsforschung im eigentlichen Sinne begründet hat, und in England Sir Ernest Kennaway. Er war der Entdecker der krebserzeugenden Inhaltsstoffe im Kohleteer. Sein Nachfolger als Direktor des weltbekannten Chester Beatty Research Institute of Cancer war Sir Alexander Haddow. Wie Nakahara gehörte auch Haddow zu den theoretischen Medizinern, der aber durch seine gedanklichen und praktischen Verbindungen der experimentellen Forschung mit klinischen Gegebenheiten richtungweisend für die Krebschemotherapie geworden ist.
Haddow wurde, aus einer alten Bergarbeiterfamilie stammend, am 18. Januar 1907 in Leven/Schottland geboren, in unmittelbarer Nähe der Küste des Firth of Forth. In seiner Kindheit durchlebte er zwei schwere Erkrankungen, nämlich einen lebensgefährlichen Scharlach und eine perforierte Appendizitis. In beiden Fällen wurde er von dem damals berühmten Doktor Alexander Scott behandelt, dessen Erscheinungsbild und ärztliches Wirken bei dem jungen Haddow den Entschluß reifen ließen, Medizin zu studieren. Da Dr. Scott einer der ersten war, der das gehäufte Auftreten von Krebs bei Arbeitern, die häufig in Kontakt mit Schieferölen gekommen waren, beschrieben hat, mag es sein, daß in Gesprächen

zwischen dem alten Landarzt und dem jungen Patienten bereits das Interesse für Krebsforschung geweckt wurde.
Haddow studierte Medizin in Edinburgh, wurde dort selbst Dozent und begann seine Ausbildung in der Hygiene und Bakteriologie. Aus jener Zeit (1930—1936) stammen Gedanken über Zusammenhänge zwischen Bakteriologie und Onkologie dahingehend, daß die Zellteilung (die Mitose) sowohl bei Bakterien wie auch bei Krebszellen auf ähnlichen Prinzipien beruht und daß möglicherweise auch Therapieverfahren, die für bakteriologische Erkrankungen Gültigkeit haben, bei Krebskranken angewendet werden könnten. Schließlich kam er in jener Zeit mit Impftumoren in Kontakt, die durch Viren (Rous-Sarkom) zu induzieren waren, so daß mögliche Zusammenhänge zwischen Viren und Krebsentstehung diskutiert wurden.
1936 ging Haddow nach London und kam in Kontakt mit dem damaligen Papst der Krebsforschung in England, Sir Ernest Kennaway. Dieser hatte um sich herum eine Gruppe ausgezeichneter Naturwissenschaftler und Ärzte der verschiedensten Arbeitsrichtungen versammelt. Er demonstrierte auf diese Weise bereits damals den multidisziplinären Charakter der Krebsforschung. Nach der Übernahme des Direktorates durch Haddow hat dieser es verstanden, diese Arbeitsgruppe noch weiter auszubauen und mit brillanten Wissenschaftlern (wie etwa Ernest Boyland oder Franz Bergel) zu besetzen. Auf diese Weise gelang es Haddow, ein modernes Krebsforschungsinstitut im besten Sinne aufzubauen, das sehr bald weltweite Reputation erlangte. Er führte dieses Institut mit lockerer Hand, ohne indessen die Zügel aus der Hand zu geben. Auf diese Weise kam ein liberal-patriarchalisches Arbeitsverhältnis zustande, das sich ungemein befruchtend auf alle in diesem Institut Mitarbeitenden auswirkte. Der wissenschaftliche Aufbau und die Arbeitsweise im von Haddow geleiteten Institut kann bis heute als vorbildlich angesehen werden.
Während der eingangs geschilderte Charles Huggins der erste war, der die Hormontherapie einiger Krebse wissenschaftlich begründete, war es Haddow, dem wir (zusammen mit Sydney Farber) die Entwicklung der klinischen Krebschemotherapie verdanken. Die

Grundlagen dafür wurden in experimentellen Arbeiten speziell mit dem Walker-Carcinom der Ratte (einem Impftumor) gewonnen. Dabei machte er zunächst die Entdeckung, daß krebserzeugende Kohlenwasserstoffe nicht nur krebserzeugend, sondern auch krebshemmend wirken können, wenn sie in der nötigen Dosis verabreicht werden. Diese scheinbar widersprüchlichen Befunde waren lange Zeit nicht akzeptiert, bis sie später in verschiedenen Laboratorien der Welt bestätigt werden konnten. Bei der Suche nach krebshemmenden Agentien wurde von Haddow und seinen Mitarbeitern besonders die Gruppe der alkylierenden Verbindungen untersucht. Er entdeckte dabei das noch heute bei der Behandlung von chronischen myeloischen Leukämien mit großem Erfolg angewandte Myleran sowie eine Reihe anderer Verbindungen, die sich vom Stickstoff-Lost ableiten. Wesentlich für diese Arbeitsrichtung und Ergebnisse war die enge Kooperation zwischen der Arbeit im Laboratorium und den Klinikern, die die im Labor entwickelten Substanzen am Patienten anwendeten. Die im eigenen Institut tätigen Biochemiker und Biophysiker bemühten sich mit großem Erfolg, den zellulären Wirkungsmechanismus dieser Krebschemotherapeutika aufzuklären, Arbeiten, die heute noch exemplarisch sind und weltweit Anerkennung genießen.
Neben der Beschäftigung mit der Chemotherapie des Krebses widmete sich Haddow aber auch intensiv der Krebsentstehung durch chemische Substanzen, zum Beispiel durch Kohlenwasserstoffe oder auch durch manche Medikamente. Im Fall des Eisendextrankomplexes gelang es ihm, durch Veränderung der Trägermoleküle die carcinogene Wirkung aufzuheben.
Haddow hat sich zwar grundlegend mit der Frage der Krebsbehandlung und Krebsentstehung auseinandergesetzt, darüber hinaus aber auch andere wissenschaftliche Interessen gehabt, die eigentlich immer aus genauen, mit eigenen Augen gemachten Beobachtungen resultierten, wie er überhaupt meinte, daß der tätige Wissenschaftler nicht an den Schreibtisch, sondern ins Labor gehört. So entdeckte er zum Beispiel, daß das Pigment mancher Schmetterlinge, das Xanthopterin, wenn man es an die Ratte applizierte, zu einer vorübergehenden Vergrößerung der Niere

führte, die dadurch ausgelöst wird, daß die Zellteilungsaktivitäten in den Tubulusepithelien stimuliert werden. Diese Beobachtungen hatten zur Krebsforschung insoweit eine Beziehung, als nunmehr auch Substanzen gefunden wurden, die die Zellteilung nicht hemmen, sondern sie im Gegenteil stimulieren. Der Schluß liegt nahe, daß man auf diese Weise naturgemäß bessere Einblicke in den Gesamtaufbau der Zellteilung gewinnen konnte.
Wissenschaftlich stellt sich uns Sir Haddow also als Vater der experimentellen und klinischen Krebschemotherapie dar. In seinem persönlichen Leben war er ein Gentleman bester Schule und — wie in seiner Institutsführung — liberal-konservativ. Einer seiner besten Freunde charakterisierte ihn mit dem Satz: »The basic ethic material in Alexander Haddow was that of solid Scottish stock, maybe mixed with Scandinavian or Germanic qualities.« Haddow war ein Freund aller Freuden des Lebens, bis hin zum guten Essen, guten Wein und guten Whisky. Er war Hobbymaler und ein begabter Pianist. Um so tragischer ist es, daß dieser lebensfreudige Mann in seinen besten Jahren an einem schweren Diabetes erkrankte, der schließlich dazu führte, daß ihm wenige Jahre vor seinem Tod ein Bein amputiert werden mußte und er völlig erblindete. Trotz dieser schweren körperlichen Bürde hat er sich bis zu seinem Lebensende 1976 mit Fragen der Krebsforschung beschäftigt und seine Gedanken über das Diktaphon zu Papier gebracht. Für mich, der ich das Glück hatte, 1954 in dem von ihm geleiteten Institut zu arbeiten, war er in menschlicher und fachlicher Hinsicht immer ein Vorbild.

Ich habe die Schilderung bedeutender Persönlichkeiten der Krebsforschung unseres Jahrhunderts mit dem Kliniker Charles Brenton Huggins begonnen und möchte bewußt wiederum mit einem Kliniker schließen. Die besondere Betonung des Klinikers erklärt sich daraus, daß Krebsforschung letzten Endes ein medizinisches Anliegen ist. Der krebskranke Mensch sollte immer im Mittelpunkt der Forschungen stehen, wenngleich es natürlich selbstverständlich ist, daß eine Fülle scheinbar fernliegender experimenteller Methoden dazu angewendet werden muß. Aber auch der experimentell arbeitende Forscher sollte sich stets vor Augen halten, daß seine Untersuchungen nicht als Selbstzweck zu sehen sind, sondern daß der Patient zumindest bei denjenigen Untersuchern im Mittelpunkt des Interesses zu stehen hat, die von ihrer Ausbildung her Ärzte sind. Krebsforschung sollte also weitgehend angewandte Forschung sein.

Karl Heinrich Bauer wurde am 26. 9. 1890 in Schwärzdorf in Franken geboren. Ähnlich wie bei Nakahara und Haddow wurden auch bei Bauer seine medizinischen Lehrer bestimmend für sein späteres Interesse an der Krebsforschung. Darüber hinaus mag der tägliche Umgang mit Krebspatienten (in einer großen chirurgischen Klinik sind je nach Standort 30—60% der Patienten Krebskranke) das Interesse von Bauer an der Krebsforschung geweckt haben.

Bauer studierte Medizin in Heidelberg, München und Würzburg. Im Ersten Weltkrieg war er Truppenarzt in Frankreich. Nach dem Krieg trat er bei dem berühmten Pathologen Ludwig Aschoff in Freiburg als Assistent ein. Dort führte er seine ersten wissenschaftlichen Untersuchungen durch. Danach ging er als Assistent zu Rudolf Stich nach Göttingen und begann seine Ausbildung in der Chirurgie. Hier suchte und fand er Kontakt zu den hervorragendsten Naturwissenschaftlern seiner Zeit, nämlich David Hilbert, Max Born, Adolf Windaus und Alfred Kühn. Seine Lehrtätigkeit als Dozent für Chirurgie begann er 1923 mit dem Thema *Erbkonstitutionelle Systemerkrankungen und Mesenchym*. Das war für einen Chirurgen zu der damaligen Zeit sicher ungewöhnlich. Besonders durch den Kontakt mit Alfred Kühn bekam er eine glänzende Einführung in die seinerzeit moderne Genetik, die ihn 1928 veranlaßte, die *Mutationstheorie für die Geschwulstentstehung* zu formulieren. Diese Mutationstheorie ist bis heute aktuell geblieben und gewinnt gerade in neuerer Zeit zunehmend an Bedeutung, weil die Änderung der Normalzelle zur Krebszelle wohl immer noch am besten als ein mutatives Ereignis gedeutet werden kann. Die praktische Bedeutung der seinerzeitigen Erkenntnis liegt unter anderem auch darin, daß man chemische carcinogene Substanzen zumindest teilweise dadurch charakterisieren kann, daß sie bei den verschiedensten Testsystemen zu Mutationen führen können. Bauer hat später in seinem großen umfassenden Werk *Das Krebsproblem*, das 1949 in der ersten und 1963 in der zweiten Auflage erschien, seine wissenschaftlichen Erkenntnisse im Zusammenhang mit klinischen Fragestellungen exzellent zu diskutieren vermocht. *Das Krebsproblem* ist übrigens das erste umfassende Werk seiner Art in der Welt-Krebsliteratur, das — von einem Kliniker geschrieben — versuchte, die Ergebnisse der experimentellen Arbeiten in aller Welt mit den klinischen Realitäten gemeinsam darzustellen. Diese enorme geistige Leistung ist vorbildlich für die praktische Tätigkeit sowohl des klinischen wie auch des experimentellen Forschers dahingehend, daß die eine Arbeitsrichtung niemals die andere aus den Augen verlieren sollte. Demgemäß hat Bauer die Krebsforschung als die beiden Seiten einer Medaille oder eines Geldstücks bezeichnet, bei der auf der einen Seite der Kliniker zu stehen hat, auf der anderen Seite aber der Experimentator. Nur im Zusammenspiel beider Arbeitsrichtungen ist ein Fortschritt zu erwarten.

Bauers große chirurgische Laufbahn begann 1932 mit der Berufung auf den Lehrstuhl nach Breslau. 1942 übernahm er das Ordinariat seines Faches in Heidelberg, das er bis zu seiner Emeritierung innehatte. Eine so dynamische Persönlichkeit wie Bauer konnte nach der Emeritierung nicht ohne aktive Leistung bleiben. Als ein nimmermüder Motor hat er sich in den letzten zwei Jahrzehnten um die Gründung und Weiterentwicklung des Deutschen Krebsforschungszentrums in Heidelberg bemüht und dieses Ziel trotz mancher Schwierigkeiten auch erreicht. Bauer hat demnach für die Krebsforschung nicht nur eminente experimentelle und klinische Arbeiten beigetragen, sondern er hat darüber hinaus als Organisator eines der größten Forschungszentren Europas und der Welt sich bleibende Verdienste erworben.

Es wäre an diesem Platz sicher verfehlt, wollte man die Leistungen eines Chirurgen wie Bauer zu detailliert würdigen, denn dieses würde die Kenntnis des Lesers über chirurgische Techniken voraussetzen, was sicher nicht der Fall ist. Es sei aber trotzdem erwähnt, daß Bauer neue Operationsverfahren zur Behandlung des

Rectumcarcinoms mit großem Erfolg in die chirurgische Technik eingeführt hat oder auch die Hypophysenausschaltung mittels der Implantation radioaktiver Goldkügelchen, also einer unblutigen Methode. Diese Methode kam und kommt auch heute noch zur Anwendung bei der Behandlung des inoperablen, weit fortgeschrittenen Brustkrebses.

Bauer hat schließlich, was für einen Chirurgen ebenfalls ungewöhnlich ist, die Bedeutung exogener chemischer Noxen für die Krebsentstehung beim Menschen in seiner vollen Bedeutung und Breite erkannt und nachdrücklich zur Krebsprävention durch Ausschaltung dieser Noxen aufgerufen. Er war es, der 1943 voraussagte, daß der radioaktive Strahler Thorotrast, den man seinerzeit zur Diagnostik in der Medizin verwandte, verboten werden müßte, weil durch die radioaktive Strahlung die Gefahr bestünde, daß die so behandelten Patienten später an einem Strahlenkrebs erkranken würden. Diese seinerzeitige Voraussage von Bauer hat sich leider in den folgenden Jahrzehnten voll bestätigt.

Karl Heinrich Bauer starb am 7. Juli 1978. Er hat selbst die Krankheit, der er sein Leben widmete, am eigenen Leib zu spüren bekommen und sie in mustergültiger Selbstdisziplin nicht nur äußerlich, sondern auch geistig überwunden. Dies war ganz sicher nicht einfach, besonders, wenn man, wie er als Chirurg, um alle Komplikationsmöglichkeiten dieser Erkrankung wußte. Um so höher ist seine Haltung der Krankheit gegenüber einzuschätzen.

Fragt man sich nun, was die beschriebenen Persönlichkeiten in ihrem Lebenswege an Gemeinsamkeiten aufweisen, so fällt zunächst auf, daß es eigentlich immer die Anregungen geistig führender Ärzte und Naturwissenschaftler waren, die den seinerzeit jungen Mann auf seinen späteren wissenschaftlichen Lebensweg lenkten. Die Bedeutung des akademischen Lehrers tritt also besonders plastisch hervor. Bemerkenswert dabei war, daß es stets Persönlichkeiten waren und nicht irgendwelche anonymen Gruppen. Als weiteres gemeinsames Charakteristikum ist zu verzeichnen, daß jeweils eine enorme Beweglichkeit des Geistes, des Denkens und die Anpassung an neue Fragestellungen den Erfolg der wissenschaftlichen Arbeiten bestimmen. Die Tätigkeit des Forschers zeichnet sich ganz offenbar vor der des nur in der Routine Verhafteten dadurch aus, daß er in der Lage sein muß, neue Zusammenhänge zu erkennen und diese mit neuen Methoden anzugehen. Dabei ist Originalität ebenso erforderlich wie Kritikfähigkeit, besonders den eigenen Resultaten gegenüber. Schließlich sei ganz besonders unterstrichen, daß nur die ständige Beschäftigung mit dem Problem es mit sich bringt, die nötige Tiefe und damit Kenntnis zu gewinnen. Einseitigkeit ist dabei unangebracht, denn der Gesamtüberblick über das Problem ist erforderlich, um dann im Detail arbeiten zu können. Kreativität und breit fundiertes Wissen sind letztlich die Garanten für einen wissenschaftlichen Erfolg, wie diese Beispiele lehren.

Fragt man heute nach den Perspektiven der Krebsforschung und den möglichen Erfolgsaussichten zur Bekämpfung dieser Krankheit, so erhält man je nach Standpunkt des Befragten die verschiedensten Antworten. Ich will versuchen, einige wesentliche Möglichkeiten kurz aufzuführen.

In unseren Breiten stirbt heute jeder fünfte an einem malignen Tumor. Die Krebsmortalität ist somit 20%. Nehmen wir alle Tumorformen zusammen, haben wir eine Heilungsrate von etwa 35%. Daraus errechnet sich, daß etwa jeder 4. bis 3. an einem Krebs erkrankt. Die Krebsmorbidität ist damit bei etwa 30% zu suchen. Diese Zahlen belegen, daß Krebs ganz zweifellos zu einer der wesentlichsten Erkrankungen der Jetztzeit gehört. Er wird nur noch von Herz- und Kreislauferkrankungen übertroffen.

Ein Teil der heute aktiven Forscher ist der Ansicht, daß Krebs eine mehr oder weniger schicksalsbestimmte Absterbeerkrankung sei, die als ein Fatum des Menschen aufzufassen ist. Diese Ansicht wird dadurch untermauert, daß es trotz aller Anstrengungen in den letzten zwei Jahrzehnten kaum gelungen ist, die Heilungsraten beim Krebs wesentlich zu steigern. Hierbei gibt es indessen entscheidende Ausnahmen. Durch die Vorsorgemedizin ist es nämlich möglich geworden, diejenigen Tumorformen, die einer direkten Inspektion zugänglich sind, so frühzeitig zu diagnostizieren, daß hier Heilungsraten von 90% und mehr erreicht werden (etwa

frühzeitige Erkennung des Gebärmutterhalskrebses). Bei anderen Tumorformen ist dies nicht der Fall. Gleichwohl erscheint es mir aber wichtig, die Bevölkerung dahingehend zu motivieren, sich über das Erscheinungsbild des Krebses so gründlich zu informieren, daß bereits beim Auftreten erster verdächtiger Symptome der Arzt aufgesucht wird. Ich bin sicher, daß bei einer Vorverlegung der Erstdiagnose um nur wenige Monate die Heilungsrate insgesamt von derzeit 35% vielleicht auf 45% erhöht werden könnte. Um dies zu erreichen, wäre es freilich auch notwendig, in der ärztlichen Ausbildung und Fortbildung den Krebserkrankungen eine größere Aufmerksamkeit zu schenken, als dies heute bei uns der Fall ist. Wenn wir also optimistischerweise annehmen können, daß es durch Kooperation zwischen Arzt und Patient und entsprechende Aufklärungskampagnen gelingen könnte, die Heilungsrate beim Krebs zu erhöhen, dann bliebe immer noch ein Restsatz von etwa 50%, der nicht geheilt werden würde. Will man hier nun langfristig zu weiteren Fortschritten kommen, so ist es erforderlich, die wertfreie Grundlagenforschung zu intensivieren, um auf diese Weise weitere Einblicke in die Ursachen, das Wachstumsverhalten und die Therapiemöglichkeiten des Krebses zu gewinnen. Es erscheint mir unmöglich, vorauszusagen, ob und wann derartige Bemühungen bereits in Zahlen auszudrückende Erfolge zeitigen werden.
Wir wissen, daß ein Teil der menschlichen Krebse durch exogene chemische Noxen ausgelöst wird. Einem Teil dieser Noxen sind wir offenbar ubiquitär und unvermeidlich ausgesetzt. Diese zu erkennen ist Aufgabe der experimentellen Toxikologie und der Epidemiologie. Bei Anwendung der gewonnenen Erkenntnisse könnte es gelingen, einige dieser krebserzeugenden Noxen nach Maßgabe der technischen Möglichkeiten aus unserer Umwelt zu eliminieren oder wenigstens zu reduzieren. Daß dies grundsätzlich möglich und erfolgversprechend ist, zeigen uns die Beispiele der sogenannten »Berufskrebse«. Hier waren früher Arbeiter bestimmten krebserzeugenden Substanzen ausgesetzt und erkrankten an denjenigen Tumortypen, die für die chemischen Substanzen typisch waren. Nach Elimination dieser Noxen aus der Arbeitswelt

konnten die damit verbundenen Tumorformen auf Null reduziert werden. Dieses Beispiel zeigt überdeutlich die Möglichkeiten und Erfolgsaussichten einer Krebsprävention. Wenngleich derartige eindrucksvolle Beispiele sich kaum im gleichen Umfang auf die Allgemeinbevölkerung übertragen lassen, so sollte man doch die Ansätze für eine erfolgversprechende Prävention nicht aus dem Auge verlieren.

Ein wesentliches Bemühen der Krebsforschung muß es daher für die Zukunft sein, der Krebsprävention das Wort zu reden. Wir wissen heute, daß sowohl die chirurgische wie auch die radiologische Technik an die Grenze des Möglichen gestoßen sind. Entscheidende Verbesserungen der Heilungsziffer des Krebses sind von diesen beiden Behandlungsarten nicht mehr zu erwarten. Dabei sollte allerdings mit aller Klarheit betont werden, daß die Heilungen, die heute bei Krebskranken erreicht werden, und die immerhin mit 35% nicht so schlecht dastehen, allein der chirurgischen oder radiologischen Methodik zu verdanken sind, also »Stahl und Strahl«. Das Bestreben der Krebstherapeuten muß sich daher logischerweise nach Zusatzverfahren richten, die in der Lage wären, die Effektivität der Operation oder Bestrahlung zu unterstützen oder als neues Behandlungsverfahren zu den Krebsheilungen beizutragen. Hier hatte man seit vielen Jahrzehnten große Hoffnungen auf die Immunologie gesetzt, die sich indessen bis heute nicht bewahrheitet haben. Leider muß gesagt werden, daß es eine wissenschaftlich begründete immunologische Krebstherapie bis heute nicht gibt und wohl in absehbarer Zukunft auch nicht geben wird. Es haben sich dagegen sowohl im Experiment wie auch beim Menschen chemotherapeutische Maßnahmen als wirkungsvoll erwiesen. In Ausnahmefällen können wir bestimmte Krebserkrankungen heute sogar heilen, in anderen Fällen können sie lebensverlängernd wirken. Dabei darf indessen nicht übersehen werden, daß bei der Mehrzahl der Geschwülste im Menschen etwa im Magen-Darm-Trakt, in den Atemwegen oder im Uro-Genital-Trakt chemotherapeutische Eingriffe kaum wirksam sind. Da aber die Chemotherapie heutzutage unsere einzige reelle Chance darstellt, die Heilungsraten des Krebses zu verbessern, müssen

besondere Aktivitäten auf dem Gebiet der Erforschung der Krebschemotherapie gelegt werden. Es scheint mir auch hier unmöglich, Voraussagen zu treffen, ob derartige Untersuchungen bald zum Erfolg führen werden. Die Chance und damit die Hoffnung dazu sind jedoch gegeben.
In vielen Fällen bleiben wir heute bei den Forschungen im Rahmen der Krebserkrankungen mehr im Beschreibenden als im Erkennenden. Dieser Trend wird scheinbar mehr und mehr verstärkt durch die Einführung der Computermedizin, die uns mit einer Fülle von Zahlen eindeckt, die zu bewerten bisweilen außerordentlich schwierig erscheint. Sicher ist, daß wir moderne Techniken brauchen; sicher ist auch, daß uns der Computer als Ausdruck modernster Technik dabei sehr viel helfen kann. Es sollte indessen nicht übersehen werden, daß wesentliche Fortschritte wohl nur von der originären Idee zu erwarten sind. Ich möchte daher mit der Hoffnung schließen, daß die Technik nicht in der Lage sein möge, die Idee zu verdrängen.

Weiterführende Literatur

Ackerknecht, Erwin H.: Kurze Geschichte der Medizin. 3. Aufl. Stuttgart 1977

—: Geschichte und Geographie der wichtigsten Krankheiten. Stuttgart 1963

—: Therapie von den Primitiven bis zum 20. Jahrhundert. Mit einem Anhang: Geschichte der Diät. Stuttgart 1970

Artelt, Walter: Einführung in die Medizinhistorik. Stuttgart 1949

Diepgen, Paul: Geschichte der Medizin. Die historische Entwicklung der Heilkunde und des ärztlichen Lebens. Bd. I, II/1,2. Berlin 1949—65

Dumesnil, René, u. Schadewaldt, Hans (Hg.): Die berühmten Ärzte. 2. Aufl. Köln o. J.

Edelstein, Ludwig: Der Hippokratische Eid (Lebendige Antike). Mit einem forschungsgeschichtlichen Nachwort von Hans Diller. Zürich u. Stuttgart 1969

Hirsch, August (Hg.): Biographisches Lexikon der hervorragenden Ärzte aller Zeiten und Völker. 8 Bde. 3. Aufl. München u. Berlin 1962

Lesky, Erna: Meilensteine der Wiener Medizin. Große Ärzte Österreichs in drei Jahrhunderten. Wien, München u. Bern 1981

Lichtenthaeler, Charles: Geschichte der Medizin. Die Reihenfolge ihrer Epochen-Bilder und die treibenden Kräfte ihrer Entwicklung. 2 Bde. Köln-Lövenich 1974

Müri, Walter (Hg.): Der Arzt im Altertum. Griechische und lateinische Quellenstücke von Hippokrates bis Galen mit der Übertragung ins Deutsche (Tusculum-Bücherei). 4. Aufl. München 1979

Rothschuh, Karl Eduard: Prinzipien der Medizin. Ein Wegweiser durch die Medizin. München u. Berlin 1965

—: Konzepte der Medizin in Vergangenheit und Gegenwart. Stuttgart 1978

Schipperges, Heinrich, Seidler, Eduard u. Unschuld, Paul U. (Hg.): Krankheit, Heilkunst, Heilung (Historische Anthropologie I.). Freiburg u. München 1978

Sigerist, Henry E.: Große Ärzte. Eine Geschichte der Heilkunde in Lebensbildern. 6. Aufl. München 1970

—: Anfänge der Medizin. Von der primitiven und archaischen Medizin bis zum Goldenen Zeitalter in Griechenland. Zürich 1963

Sournia, Jean-Charles, Poulet, Jacques, u. Martiny, Marcel (Hg.): Illustrierte Geschichte der Medizin (deutsche Bearbeitung von Richard Toellner u. a.). 9 Bde. Salzburg 1980 ff.

Sudhoff, Karl (Hg.): Klassiker der Medizin. 34 Bde. Nachdruck Leipzig 1968 (Zentralantiquariat der DDR)